Drone Technology and Terminology

드론 기술 Q&A와 전문용어

이 강 희 지음

The Future Of Drones !
Ready to fly drone, Have fun fly!

비행연구원

▪ 이강희

청주대학교 영문과, (학점제) 심리학, 장교영어반, 육군3사관학교, (미)항공고등군사반 수료, 육군항공학교 헬리콥터 이론 및 비행교관, FAA 이론 및 비행교관(비행기), 비행연구원 설립 및 집필활동(1996~현재). 저서 및 역서로는 『운항학 개론』, 『계기비행』, 『계기절차 지침서』, 『항공우주용어사전』, 『제트엔진』, 『항공기 I』, 『항법개론』, 『항공상식』, 『항공교육』, 『항공기상』, 『항공정보지침서(AIM)』, 『조종사 입문서』, 『헬리콥터 비행과 역학』, 『항공무선통신』, 『가스터빈엔진(제트엔진)에 도전하다』, 『여객기와 전투기 터보팬 엔진』, 『드론기술 Q&A와 전문용어』, 『VFR 항공도 범례집』, 『IFR 항로도와 계기접근차트 범례집』, 『비행착각』, 『도심 항공교통 개론』 기타 문제집

▪ 드론기술 Q&A와 전문용어

초판발행 2022년 2월 14일
2쇄발행 2024년 3월 29일
저자 이강희
펴낸곳 비행연구원
정가 19,000원
등록번호 1996년 6월 12일 제17-174호
홈페이지/e-mail www.flightin.com / flight-in@hanmail.net
YouTube 비행연구원
ISBN 978-89-87015-71-2 93550

머리말

대형 행사에 수백 때로는 수천 대의 드론이 밤하늘을 수놓은 영상은 감탄을 자아내기 충분했다. 드론 자체는 간단히 비행체에 불과하지만, 드론에 탑재된 각종 센서는 어느 기기에 못지않은 첨단 센서들을 탑재하고 있기에 가능한 기술이다. 최신 드론은 비행경로 주변에 있는 각종 장애물을 피하면서 자율비행 할 수 있는 성능까지 발달하였다. 첨단드론이 인간에게 준 최고의 선물은 새의 눈을 가능하게 했다는 점이다.

드론이 항공역학, GNSS, 초소형 전자기기(MEMS), 디스플레이, 정보 통신, 그리고 인공지능(AI)에 이르기까지 첨단 과학 기술과 결합하면서 드론 산업은 대형화와 함께 자율비행으로 드론 간 적절한 통신으로 공중에서 상대 위치를 인식하고 자율적으로 회피할 수 있는 기술의 정점에 도달한다면 미래 "도심항공교통(UAM)"의 실현을 앞당길 것이다. 무인항공기 모델이 발전하여 인간이 탑승할 수 있는 "도심항공교통(UAM)" 수단으로 발전해 가고 있다. 대부분 국가에서 도심 교통망의 포화상태로 인한 사회적 문제가 시급한 과제로 떠올랐고, 지구 환경을 위한 새로운 동력원을 찾아야 하는 피할 수 없는 과제가 되었다.

드론이 전 산업 분야에 적용될 수 있는 활용성 때문에 다양한 직업군에서 드론 조종자격을 취득하려는 사람이 급격하게 증가하고 있다. 어린이용 완구드론부터 지구상 구석구석을 탐색하고 지도제작과 영화 제작까지 전문가용 드론 그리고 미래 전장을 지배할 것으로 예상하는 군사용 드론에 이르기까지 드론의 활용성은 무한하다. 이에 많은 대학에서 드론 학과가 개설되고 지자체에서 드론과 도심항공교통을 개발하기 위한 조직을 발족시키는 것은 드론이 차세대 산업의 핵심 역할을 할 것으로 예상하기 때문이다.

드론에 관한 대부분 서적이 드론 조종자 자격증명과 관련된 내용으로 구성되었다. 드론에 관한 좀 더 깊은 지식과 용어를 다룬 책이 필요하다는 점을 고려해서 1부는 "드론 기술 Q&A" 그리고 2부는 "전문용어"로 나누어 구성했다.

| 제1부 드론기술 Q&A |

2부 "전문용어"에서는 드론의 첨단 기술과 관련된 용어 약 550개를 엄선하여 표제어와 함께 이해를 돕기 위해서 설명을 곁들였다.

미래 도심항공교통 시장은 2030년에 연평균 33.7%로 급성장하면서 2040년에는 약 1조 달러 규모로 확대될 것으로 전망하고 있다. 2021 모건스탠리에 따르면 2050년에는 약 9조 달러로 커지면서, 대표적인 미래 항공산업으로 전 세계 유수 기업들이 많은 투자와 연구가 진행되고 있다.

드론은 무선에 의존하는 기본 특성상 해킹에 취약하다. 드론과 도심항공교통 산업 발달과 함께 드론 방어책 산업도 함께 성장하지 않으면 안 되는 상황이 되었다. 이 모든 것이 첨단 기술을 갖추고 있는 국내 항공산업에는 일류에 도전하기 위한 인프라와 고급 인력을 양성해야 하는 과제에 놓여 있다. 얼마 전 국내업체에서 수소연료 드론을 개발하여 시연해 보였다. 현재 LiPo 배터리를 사용하는 드론은 비행시간이 20~30분 이내로 제한되어 장시간 임무 수행에 상당한 제한이 있었지만, 이 업체에서 개발한 수소연료전지는 2시간 이상을 비행할 수 있는 능력을 선보여 새로운 동력원에 대한 기대를 한껏 높였다.

이 책이 드론 발전의 밑거름이 될 것을 기대하면서 대학의 무인항공기 학과 면접시험과 군 무인항공기 병과는 물론 관련 회사 입사 면접을 위한 자료로도 활용될 수 있다. 끝으로 많은 성원과 자료를 보내주신 분들께 감사드리고 이 책이 미래 드론 기술의 기초지식으로 활용될 것을 기대한다.

이 강 희

제 1 부

드론 기술 Q&A

Q1. 드론이란 무엇인가?

"드론(drone)"은 모든 종류의 무인 비행체를 포괄하는 용어가 되었다. 이처럼 드론이 대중화될 수 있었던 배경에는 비행이라는 특별한 영역에 누구나 도전해 볼 수 있고 하늘의 눈을 간접 체험할 수 있으며, 첨단 기술의 산물을 다양한 분야에 적용할 수 있다는 점에서 4차 산업을 견인할 차세대 유망 산업으로 드론의 발전 가능성 때문이다. 초소형 드론은 13세 미만 어린이도 특별한 자격증명 없이 운용해 볼 수 있을 정도로 안전해졌다.

인간이 하늘을 날아보고자 하는 욕구를 실현하는 모델은 단연 새(birds)이고, 새들의 날개와 몸체뿐만 아니라 나는 모습까지도 연구와 모방의 대상이 되어왔다. 이 중 벌새(humming bird)는 나뭇잎 사이를 빠르게 자유자재로 비행할 수 있는 탁월한 기동성과 공중에 정지한 상태로 꿀을 빨아 먹는 독특한 비행 능력은 현재 쿼드콥터의 전형적인 모델이다.

드론 범주는 기술적인 면에서 물이나 육지 그리고 심지어 자율(autonomous) 비행할 수 있는 모든 종류의 비행체를 지칭한다. 현대 드론의 정의는 원격조종(remote control)에 자율비행이 가능한 비행체까지 확대됐다. 따라서 드론을 정의하는 간단한 방법은 "비행체에 인간 조종사가 탑승하지 않고 운용할 수 있는

▲ 소형 쿼드콥터는 어린이도 조종할 수 있고, 고속 비행과 제자리비행 그리고 높은 안정성은 대중화의 기반이 되었다.

모든 비행체"이다.

"드론(drone)" 용어가 무인 비행체의 포괄적 용어라면 좀 더 기술적인 면에서 무인 비행체는 "UAV"와 "UAS"라는 용어를 사용한다. 이들 용어는 고정날개 모델과 멀티콥터(multicopter) 모델 모두를 가리키는 데 사용될 수 있지만, 후자의 유형이 오늘날 훨씬 더 많이 보급되어 활용되고 있다. "드론" 용어가 영화나 TV와 같은 대중매체에서 주로 사용되지만, 기술적 서술에는 다소 불충분할 수 있다.

"드론"의 초기 용어는 1920~1930대 전함(warship)의 대공 포격을 위한 원격조종 표적 비행체를 지칭하는 용어로 사용되었다. 2005년 미국 국방성과 FAA가 UAS 로드맵에 따라 무인항공기 시스템(unmanned aerial system; UAS)이라는 용어를 채택했다. 국제민간항공기구(ICAO)와 영국민간항공청 역시 2020년 유럽연합(EU)의 항공교통관리(Air Traffic Management; ATM) 로드맵에 이 용어를 채택했다. 이 용어는 비행체 이외의 다른 구성요소의 중요성을 강조하였고, 지상 관제소, 데이터 링크(data link) 및 기타 지원 장비들이 포함된다. 이외에도 유사한 용어로는 무인항공기 시스템, 원격조종 비행체, 원격조종 항공기 시스템 등이 있다.

◀ 드론 명칭이 처음으로 부여된 무인 비행기 (de Havilland Queen Bee target drone, 1941) [출처, wikimedia.org]

- UAVS(unmanned aircraft vehicle system)
- RPAV(remotely piloted aerial vehicle)
- RPAS(remotely piloted aircraft system)

UAV(unmanned aerial vehicle)는 "인간 운용자가 탑승하지 않고, 공기역학적 힘으로 비행체 양력 발생으로 자율비행하거나 원격으로 조종할 수 있으며, 소모성 또는 반복 사용(expendable or recoverable)이 가능하고, 치명적 또는 비살상적 페이로드(payload)를 운반할 수 있는 "비행체"라고 정의한다. 따라서 미사일(missiles)은 일부 원격으로 유도하기도 하지만, 비행체 자체가 재사용되지 않는 무기(weapon)이기 때문에 UAV로 간주하지 않는다. UAV는 군사적 사용 사례에 더 많이 적용되는 용어이다. "드론" 용어는 대중적으로 가장 많이 사용되는 무인항공기이지만, 단순 대중적 용어를 넘어서 무인항공기는 사용 주체와 개발자에 따라 다양한 용어로 사용되고 있는 것도 사실이다. 대중화된 드론을 대표하는 것은 4개의 프로펠러로 작동되는 쿼드콥터(quadcopter)이다.

미래 드론은 5G 기반 실시간 빅데이터 수집과 활용성의 초연결성, 인공지능 기반의 자율비행과 운영관리의 초기능성, 그리고 다양한 수요에 대응한 IT, 센서, 임무 장비 등 융복합 등의 특징을 가지고 있어 첨단 기술이 융합된 4차 산업 핵심으로 볼 수 있다. 드론의 활용에 대해서는 인터넷 매체라든지 언론 그리고 드론 관련 서적을 통해서 많이 알려져 있다. 따라서 이 책의 중점은 드론의 일반적 운용에 관한 내용보다 기술 분야의 주요 주제를 질의응답 방식으로 다루어보고자 한다.

Q2. 멀티콥터 드론이 대중화에 성공할 수 있었던 배경?

드론이 대중화에 성공할 수 있었던 것은 현재는 물론 미래 무한 확장 가능성이다. 단순 무인 비행체의 활용 영역은 극히 제한되어 있으나 현대 드론은 손바닥 크기에서부터 180kg의 화물을 운송할 수 있는 수준에 도달했다. 드론의 미래 유형은 무거운 화물(cargo)은 물론 승객을 운송할 수 있는 기술 수준을 목표로 하고 있다.

1994년 Henri Seydoux가 설립한 "Parrot" 회사는 무선, 블루투스를 바탕으로 운전자가 핸즈프리 기기를 개발 및 판매하는 기업으로 출발한 후 "1인 1드론" 시대를 준비하며 혁신적인 드론 개발에 나섰다. 이 회사는 상업용 드론보다 개인 소비자를 대상으로 판매 전략을 수립했다. 2010년도에 출시 당시 블루오션으로 여겨지던 개인 취미용 드론 시장을 공략해 레저용 드론의 시대를 연 제품으로 평가받고 있다. 이들 소형 드론은 스마트폰, 태블릿과 연동해 초보자도 쉽게 조종할 수 있고, 비행 중 사진 캡처와 동영상 녹화 및 전송할 수 있는 기능을 탑재한 드론을 출시했다.

드론의 최대 장점은 공간적 한계를 초월하고 미래 지향성과 생존을 고려한다면 민간이나 군사용 드론 산업의 발전 가능성은 무한이기 때문이다. 드론은 공중촬영, 측량(survey), 지리정보, 산불감시, 정찰 및 감시, 배송, 레크리에이션, 그리고 최근에는 미래 도심항공교통(UAM; urban air mobility) 수단 등 다양한 목적으로 연구 및 활용되는 비행체이다.

멀티콥터 드론이 주목받는 이유는 항공우주, 로봇공학, AI, 자율비행, 복합소재, 첨단 전자공학 등이 결합한 완성체이기 때문이다. 소형 드론은 군용으로 사용되는 유인 항공기와 매우 유사한 기능을 갖춘 첨단 자율비행 드론에서부터 공원에서도 어렵지 않게 아이들(청소년)이 드론을 날리는 모습을 어렵지 않게 볼 수 있

◀ DIY 쿼드콥터는 필요한 부품을 구매해서 원하는 목적의 쿼드콥터를 제작해 볼 수 있는 것도 매력적 요소이다.

◀ 전형적인 쿼드콥터로 민간, 군과 경찰 등에서도 다양한 목적으로 사용되고 있다. 그러나 테러단체 역시 이들 드론을 활용하고 있다.

다. 드론은 기본적으로 무인항공기이므로 인간의 접근이 어렵거나 위험한 장소 이착륙 또는 발진(launching) 장소에 크게 구애받지 않고 운용할 수 있다는 점이 주요 장점 중 하나이다.

이처럼 드론이 대중화에 성공할 수 있었던 배경에는 스마트폰 기술이 큰 역할을 했다. 스마트폰 기술의 핵심은 초소형 전자기계기기(MEMS)의 집적회로, 고해상도 디스플레이, 소형 카메라 등으로 무선전화 기능뿐만 아니라 사진과 동영상, 지리정보, 항법, 건강 관리에 이르기까지 다양한 애플리케이션이 개발되어 거의 모든 분야에 적용되고 있다. 스마트폰에 관한 한 삼성과 애플이 주도적 역할을 해 왔으나 이 기술을 드론에 접목해 시장을 선점한 것은 중국이다. 2020년 3월 현재 DJI는 세계 소비자 드론 시장의 약 70%를 점유하고 있으며, 5%를 초과하는 다른 회사는 없는 것으로 조사되었다.

쿼드콥터는 로터 블레이드 피치를 동적으로 변화시켜 양력과 추력을 얻는 헬리콥터와 다르다. 초기 헬리콥터가 수직 비행의 전형적인 모델이 되었지만, 쿼드콥터는 토크 제어 문제를 역회전을 통해 해결하였고, 비교적 짧은 프로펠러는 제작하기가 훨씬 쉽다. 1920년대와 1930년대에 많은 유인 수직이착륙 항공기에 대한 시도가 있었다. 이 비행체들은 최초로 성공한 수직이착륙(VTOL) 비행체 중 하나이지만, 성능 저하와 함께 안정성 증대 및 제어 권한 제한으로 인해 너무 많은 조종실 업무가 제기되는 등 크게 진전하지 못했다.

2000년대 후반 초소형 전자부품과 소형 카메라 그리고 경량 소재가 개발되면서 소형 쿼드콥터가 인기를 끌게 되었다. 초경량, 소형과 기동성을 갖춘 쿼드콥터는 실외뿐만 아니라 실내에서도 비행할 수 있다.

드론 활용성을 극대화한 것은 다양한 종류의 센서(sensors)이다. GPS 센서는 지구 어느 곳에서라도 정밀 항법을 가능하게 하였고, 장애물 회피 센서 또는 근접 센서는 주변에 있는 다른 드론과 상호작용할 수 있는 능력을 부여하였다. 그러나 크기가 커질수록 고정 프로펠러 쿼드콥터는 기존 헬리콥터와 비교해서 여러 문제점이 발생한다. 블레이드 크기가 커지면 블레이드의 운동량이 증가한다. 이것은 블레이드 속도의 변화가 더 오래 걸리고, 이는 제어에 부정적 영향으로 작용한다.

멀티콥터의 또 다른 장점은 회전 중심 주변의 추력과 토크뿐만 아니라 비행체의 비행 방향 반대로 항력을 생성한다. 예를 들어 쿼드콥터의 로터 1번과 3번이 시계방향으로 회전하고 로터 2번과 4번이 반시계 방향으로 회전하는 상태에서 모든 로터가 동일 각속도로 회전할 때 순 공기역학적 토크, 즉 요 축(yaw axis) 주변 각가속도는 "0"이므로 헬리콥터와 같이 꼬리 로터가 필요 없다.

드론에 더 많은 첨단 기능을 탑재하면서 이제는 못 하는 것이 없다 할 정도로 다방면에 활용되고 있고, 이 활용성은 더 확대될 것으로 본다. 얼마 전 국내에서도 드론 택시(drone taxi)가 비행하는 모습을 시연하였다. 국내뿐만 아니라 전 세계적으로 드론 택시 개념이 도심항공교통(urban air mobility; UAM)에 관한 연구로 발전하였다.

쿼드콥터 외에도 모터와 프로펠러 수를 더 많이 장착한 헥사콥터라든지 옥토콥터 등으로 진화하고 있는 것은 안정성과 더 많은 페이로드를 탑재할 수 있는 비행체를 개발하기 위한 것이지만, 때로는 이 비행체가 기존의 헬리콥터를 닮아 간다는 점에서 기술적 한계가 있음을 알 수 있다. 다만, 로터 프로펠러를 회전시킬 수 있는 동력원은 분명 달라질 것이다.

▲ UAM 컨셉은 멀티콥터와 기존 헬리콥터 동체의 결합이지만, 첨단 제어 기술과 센서, 경량 소재 그리고 새로운 동력원의 조화가 핵심이다.

Q3. 드론(drone), UAV, UAS의 차이는 무엇인가?

현대 사회에서 드론이 급격한 검색어로 떠오른 것은 그리 오래되지 않았지만, 무한 활용성으로 인해서 대중의 주목을 받게 되었다. 특히 방송 매체에서 현장을 중계하기 위한 주요 수단으로 기존에는 헬리콥터나 비행선이 수행하던 임무를 아주 저렴한 비용으로 쉽게 운용할 수 있는 장점으로 주목받으면서 일반 대중에게도 폭발적 수요를 창출하였다. 이외에도 드론은 대중적 수요를 넘어 미래 도심항공교통수단으로 연구되고 있다. 또한, 드론은 사람의 접근이 어려운 장소의 수색이나 구조 활동에 없어서는 안 될 필수 장비가 되었다. 그러나 드론이 공항 주변에서 항공기의 운항에 지장을 초래하는 사례가 있고 때로는 마약 운반용으로 활용되는 등 부정적 측면이 함께 존재한다.

"드론 발전과 드론 보안성은 함께 해결해야 할 과제이다."

"드론"이라는 용어는 모든 종류의 무인 비행체(unmanned vehicle)를 일컫는 용어로 대중적으로 사용됐다. 매스컴의 주목을 받기 시작한 전형적인 드론은 미 공군의 "Predator"라든지, 글로벌 호크(Global hawk) 역시 전형적인 무선조종 무인항공기(unmanned aircraft)이다. 또한, 현재 출시되는 드론은 어린이가 간단한 모바일 앱을 이용하여 날릴 수 있는 몇만 원짜리 비행체로도 활용된다. 이들 용어의 혼란을 초래하는 것은 "드론"에 관한 법적 용어에서 "UAV" 또는 "UAS"로 지칭한다는 사실이다. 이 같은 용어상의 혼란을 해소하기 위해 드론, UAV, UAS의 3개의 용어를 명확히 정의할 필요가 있다.

무인 비행체(unmanned aerial vehicle; UAV)는 무인기의 정의를 자율비행 또는 원격조종(autonomously or remotely) 비행이 가능한 항공기로만 좁혀준다. "UAV"와 "Drone"이라는 용어는 실질적으로 모든 매체 기사, 웹사이트, 뉴스에서 구분 없이 혼용해서 사용하고 있다.

"모든 Drone은 UAV는 아니지만, 모든 UAV는 Drone 범주에 속한다."

이를 좀 더 구체적으로 정의하면 UAV는 비행체(항공기) 그 자체만을 가리키

▲ MQ-9 Reaper의 지상활주 그리고 글로벌 호크의 비행

며, 항공기 작동에 필요한 다른 지원 및 부속품들과 장비들은 고려되지 않는다는 것을 의미한다. 이것은 우리가 UAV와 UAS를 구분할 수 있는 명확한 특성이다.

무인항공시스템(UAS)은 앞서 언급한 것과 같이 UAV와 쉽게 구별할 수 있다. 이를 정리하면 UAS는 GPS 모듈, 지상제어모듈, 전송 시스템, 카메라, 모든 소프트웨어, 그리고 지상에서 드론을 조종하는 사람을 포함하여 UAV의 작동과 운용에 필요한 모든 요소가 포함된다. 이 정의에 따라 UAV는 UAS의 한 구성요소라는 것이 명확해졌다. "UAV"와 "UAS"라는 용어는 주로 군에서 사용됐지만, 오늘날에는 드론 관련 정책뿐만 아니라 기술 지향적 드론 정책을 수립하는 데 주로 사용된다. 이들 용어의 구분은 때로는 매우 명확하게 법률, 제한, 그리고 기술 문제 해결의 주제에서 중점적으로 다루어야 할 중요한 문제이다.

초기 드론은 군사용으로 테러 근거지를 감시하거나 공격하는 무인항공기라고 많이 알려졌다. 그러나 오늘날 "드론" 용어는 훨씬 더 일반적이고 일반 사람들이 쉽게 접근할 수 있다. 드론(또는 UAV) 분야는 최근에 등장한 용어이지만, 이들 용어와 관련하여 향후 몇 년 내에 정확한 용어가 정착할 것으로 기대한다. 일부에서는 "원격 조종사 항공기(Remote Pilot Aircraft; RPA)"라는 용어를 사용하고 있다. 이것은 상당한 양의 훈련이나 경험이 필요한 고난도 드론(high-level drones)과 레크리에이션 비행만을 위한 단순 모델과 차별화하기 위한 노력으로 이뤄지고 있다. 용어 "RPA"는 특히 의도된 의미에 근거해 아직 잘 알려지지 않았지만, 오늘날 "RPA"와 "UAV" 용어는 서로 혼용해서 사용된다. 일상적인 대화, 기사, 그리고 뉴스 보도에서 단순한 "드론" 용어가 그 목적에 잘 부합되고, 대중에게 표준 멀티콥터 드론의 이미지를 떠올린다. 멀티콥터의 높은 인기를 고려할 때 이러한 인식이 결코 잘못된 것은 아니다. 그러나 UAV와 UAS의 명확한 차이는 기술적 맥락에서 이야기할 때 구별해야 한다. UAV는 드론 자체이고 UAS를

◀ 지상 무선조종실은 무인기를 지상에서 조종할 수 있도록 조종실 환경과 유사하게 설계되었다. 이를 조종하는 조종자 역시 높은 수준의 훈련을 받아야 한다.

◀ 현대 출시되는 드론은 단순 무인 비행체(UAV)가 아닌 고난도의 임무를 수행할 수 있는 무인항공시스템(UAS) 개념이 더 적합하다. [출처] https://pinimg.com

구성하는 하드웨어, 소프트웨어, 기술, 지상에서 드론을 조종하는 사람을 포함하여 UAV의 작동과 운용에 필요한 한 구성요소이다.

◀ 완구 드론은 어린이와 일정 거리를 유지할 수 있어야 하고 손짓에 따라 움직일 수 있는 첨단 기술이 적용되어야 한다. [출처] https://toptoyusa.s3

Q4. 드론은 공식 명칭이 아닌 초경량비행장치로 분류한다.

항공안전법에서 "드론"이란 공식용어로 사용되지 않는다. 앞서 언급한 바와 같이 법적 또는 기술적 용어를 사용할 때는 관련한 용어를 사용해야 한다. 무인 멀티콥터를 포함한 무인항공기가 대중적으로 사용되는 용어가 "드론"이다. 항공기는 공중에서 비행을 위해 활용되거나 활용할 의도가 있는 나는 기계라고 할 수 있지만, 대부분 조종사가 탑승해서 직접 조종행위로 항공기의 원하는 기동을 수행하는 것으로 인식된 비행기(고정날개) 또는 헬리콥터(회전날개)이다.

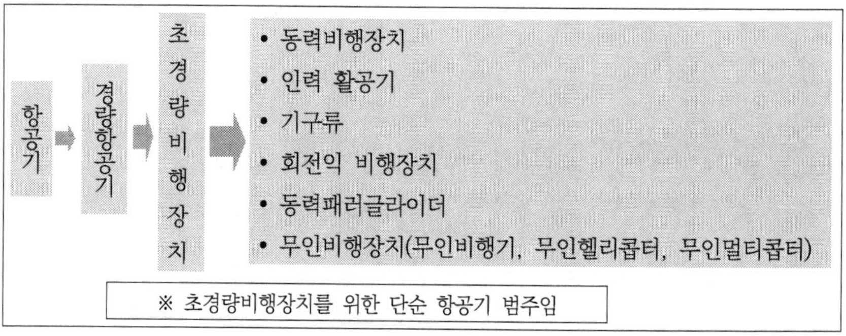

경량항공기는 최대이륙중량 600kg 이하인 항공기(2인승)이다. 다음 하위 범주로 초경량비행장치는 자체중량 115㎏ 이하인 항공기(1인승)이다. 초경량비행장치는 위의 [표]와 같이 세분한다. 여기서 무인비행장치는 사람이 탑승하지 않은 항공기로 다음과 같이 4종으로 분류한다.

구분	최대이륙중량	자체중량 (연료 중량 제외)	기체 신고	자격요건(비행경력)
1종	25kg 이상	150kg 이하	소유자	필기+20시간
2종	7kg 이상	25kg 이하		필기+10시간
3종	2kg 이상	7kg 이하		필기+6시간
4종	250g 이상	2kg 이하	불필요	온라인 교육
-	250g 이하	-	불필요	불필요

항공안전법에 따르면 4종 이상은 상업용이든 비상업용이든 모두 자격증명을 받아야 한다. 다만, 4종의 경우는 "교통안전공단 사이버 연수원"에서 온라인 교육

▲ 초경량비행장치

을 받은 후 합격하면 자격증명을 받을 수 있다. 결론적으로 국내 항공안전법상 일명 드론(무인항공기)은 초경량비행장치의 한 종류이기 때문에 초경량비행장치와 관련한 규정에 따라야 한다. 항공기에 탑승하여 조종행위를 하는 사람을 조종사(pilot)라고 한다. 항공에서 조종사(pilot)는 유인이나 무인항공기를 직접 조종사는 사람을 의미하는 것으로 때로는 PIC(pilot in command) 또는 기장(captain)이라 한다.

"PILOT OF AN ULTRALIGHT VEHICLE" (ROK)
"REMOTE PILOT" (USA)

항공안전법에서 무인항공기와 초경량비행장치를 조종하는 사람을 "조정자 또는 조종자"라고 구분한다. 이처럼 구분하고 있지만, 영어는 "PILOT"으로 같다. 그리고 뒷면에는 "무인 멀티콥터/1종"과 같이 기종 한정이 표기된다. 다만, 초경량비행장치에서 동력비행장치(초경량 비행기), 열기구, 회전익비행장치(초경량 헬리콥터), 그리고 동력패러글라이더는 유인 항공기라는 점에 유의해야 한다.

Q5. 무선조종 모형 항공기 기능을 뛰어넘는 드론의 첨단 기술과 활용성!

최근 매스컴에 자주 사용되는 용어 중 하나가 드론(drone)이다. 드론 역시 무선조종 항공기의 한 종류이기 때문에 무선조종 모형 항공기와 혼동할 수 있지만, 이 둘의 관계는 명확하게 다르게 사용되고 있다. 무선조종 모형 항공기(비행기, 헬리콥터)는 한강 변이나 넓은 공터에서 개인이나 동호회 회원들이 모여 날리는 것을 볼 수 있다. 무선조종 모형 항공기는 지상의 조종자가 휴대용 무선송신기(hand-held radio transmitter)로 원격조종하는 소형 나는 기계이다. 지상 운용자는 송신기(transmitter)의 조이스틱(joystick)을 조작해서 비행기의 조종면이나 헬리콥터의 로터 블레이드를 작동시켜 실제 비행기 또는 헬리콥터와 같이 움직임을 제어한다. 드론(drone) 역시 무인항공기의 한 범주이고, "드론"이란 용어로 대중화되면서 무인 비행체 또는 무인항공기 용어를 대체하고 있다.

드론은 컴퓨터와 특별하게 설계된 소프트웨어 응용 프로그램으로 조종되는 자율 또는 반자율 무인항공기라는 점이 가장 큰 차이점이다. 드론과 무선조종 모형 항공기 모두 원격 제어 방식이지만 기술적 차이점이 있다. 실제 이 둘의 차이를 결정할 수 있는 것이 제어 방식이라는 점에서 무선조종 모형 항공기보다 드론이 제어 방식과 용도에서 더 전문적이다.

드론은 외부 조종 명령 없이 자율 또는 반자율 방식으로 비행할 수 있는 기술을 탑재하고 있어 무선조종 모형 항공기보다 더 다양한 환경에서 기동할 수 있어 활용성 면에서 월등하다. 또한, 드론이 첨단 AI 기술, 소형 영상 매체, GPS, 지자기 센서, 그리고 지리정보와 통합되어 다양한 무게의 물체와 정밀한 공중촬영이 가능한 동영상 촬영 장비와 카메라를 탑재할 정도로 정교하면서도 위험한 환경에서 안전하게 사용할 수 있는 탁월한 성능에 비해 저렴한 비용이 드론 대중화의 큰

▲ 무선조종 모형 비행기와 모형 헬리콥터

몫을 하고 있다.

무선조종 모형 항공기는 주로 취미와 오락용에 사용되지만, 드론은 오락과 취미를 넘어 다양한 목적과 다른 중요한 임무 모두를 위해 사용된다. 따라서 드론은 더 정교한 기계이지만, 무선조종 모형 항공기보다 기동성이 뛰어나고 안정적이라는 장점이 있다. 드론은 제작과 설계가 정교해 단순히 기기가 날아가는 것을 보는 것 이상을 원하는 사용자들을 위한 것으로, 드론은 엔터테인먼트와 산업, 군사적인 목적에 이르기까지 더 많은 응용을 할 수 있다.

대부분의 무선조종 모형 항공기는 스티로폼이나 판지 등 저렴한 재질로 제작할 수 있어 누구나 쉽게 조립하고 날려 볼 수 있다. 때로는 특정 목적을 갖고 실제 항공기를 제작하기 전 공기역학적 모델링(aerodynamic modeling)으로 제작하여 항공기의 공기역학적 특성을 테스트하기 위해 풍동 터널에서 사용되기도 한다. 이외에도 정부, 군사 및 과학 기관의 실험에 RC 비행기를 사용하기도 한다.

"드론은 무선조종 모형 항공기보다 우수한 기동성에 더하여 가격이 저렴하면서도 정교함은 전 세계 여러 산업 분야에서 드론 활용성이 입증됐다."

최근 출시되는 드론은 상업용과 취미 및 오락용 조종자가 카메라를 장착한 드론을 띄워 그동안 지상에서는 가능하지 않았던 공중촬영이 가능하게 되었고, 영화를 위한 복잡한 장면을 촬영할 수 있으며, 스포츠 이벤트에서 더욱 개인화된 관람 체험을 할 수 있다. 영화 촬영에 드론이 활용되면서 헬리콥터로는 촬영이 어려운 저고도에서 고고도까지 그리고 접근할 수 없는 위치에서 드론 촬영을 가능하게

◀ 드론에는 GPS 신호를 수신할 수 있는 장치를 갖추고 있다. 이 기능은 전 세계 어디서나 정확한 위치를 찾아가는 데 필수 센서이고, 드론 대중화의 핵심적 기능이다. [출처] https://www.dronesglobe.com

▲ 현대 대부분 항공기의 동력은 왕복엔진과 터빈엔진이지만, 무선조종 모형 항공기의 동력은 통상 2행정 엔진 그리고 드론의 동력은 배터리 전원에서 공급된다.

했다. 무선조종 모형 항공기나 드론 동력장치가 필수라는 점에서 차이는 없으나, 최근 배터리 기술이 발달하면서 가볍지만, 용량이 큰 배터리는 드론 작동을 위한 동력원으로 사용되고 있다.

전통적으로 무선조종 모형 항공기의 동력원 2-행정 내연기관으로 메탄올이나 가솔린을 연료로 사용한다.

"드론은 전기모터를 사용하는 전기동력장치로 미래 동력원의 모델이다."

일반적으로 리튬 폴리머 배터리를 사용하는데, 이는 환경에 더 깨끗한 동시에 구성요소의 비용과 무게를 줄여 더 효율적이다. 무선조종 모형 항공기는 반드시 지상에 조종자가 필요하지만, 드론은 외부 조종 없이 자율적으로 비행할 수 있다. 마찬가지로, 군사적 목적으로 사용되는 무인기와 같은 더 정교한 무인기는 지상 조종실(ground cockpit)이라고도 알려진 지상관제시스템(GCS)이 필요하다. 무선조종 모형 비행기는 일반적으로 잘 알고 있는 프로펠러 방식이지만, 쿼드콥터는 수직 프로펠러(vertical propeller) 방식이다. 무선조종 모형 헬리콥터는 1개 또는 2개의 메인로터로 구성된다는 점에서 드론과 다르다.

Q6. 무선, 원격 무선조종, 그리고 무선통신에서 고려 사항은 무엇인가?

드론 조종의 기본은 무선이다. 드론에 탑재된 각종 전자기기 역시 무선제어 및 영향을 받을 수 있다. 대부분 소형 드론은 2.4GHz 또는 5.8GHz 대역의 주파수를 사용한다. 이 주파수 대역은 드론뿐만 아니라 다양한 가전제품에도 사용된다. 2.4GHz는 드론 조종기에 사용하는 무선 주파수로 전자레인지, 블루투스, 드론 등에 가장 많이 사용된다. 이 대역에서 드론을 사용하는 것은 다른 무선 장치나 다른 드론의 간섭을 받을 수 있다. 반면 5.8GHz는 2.4GHz에 비해 주파수 간섭이 낮은 높은 대역폭에서 작동하기 때문에 취미용 또는 전문가용 드론에 더 많이 사용된다.

무선통신은 드론의 또 다른 중요한 요소이다. 지상 운용자는 기지국 소프트웨어가 설치된 현장 컴퓨터에 무선 링크를 연결하여 비행 중 드론을 프로그래밍하고 모니터할 수 있다. 드론에는 기지국에 데이터를 전송하는 양방향 무선 시스템이 탑재될 뿐만 아니라 운용자가 명령을 내릴 수 있다. 드론으로부터 수신된 원격 측정 데이터를 통해 운영자는 대기속도, 배터리 상태 또는 연료 레벨, 위치 및 방향 등 비행 상태를 모니터할 수 있다.

무선조종(radio control)은 무선으로 전송된 제어 신호를 사용하여 장치를 원격으로 제어하는 것이다. 무선조종장치는 주변 가전제품을 제어하거나 산업 현장에서 각종 장치의 작동 및 중지뿐만 아니라 원하는 위치로 이동하거나 물건을 옮기는 등 원격제어장치의 활용은 거의 무한 확장성이 있다.

"드론은 무선조종(제어) 시스템의 결정체다."

원격 무선조종은 보이는 거리로만 한정되는 것은 아니다. 인공위성을 이용한 지구 반대편에 있는 무인항공기를 조종하는 데 사용되는 사례처럼 광범위하게 사용되고 있다. 미국항공우주국(NASA)은 인류 최초로 화성(Mars)에서 소형 헬리콥터의 비행에 성공했다고 발표했다. 인공위성이나 달 또는 화성에 있는 비행체를 제어할 수 있는 것 역시 무선 제어장치가 있었기에 가능한 것으로 원격 무선제어의 가장 뛰어난 사례이다.

◀ 화성에 있는 소형 헬리콥터를 지구 관제소에서 무선으로 제어하여 이륙하고 있다.

민간용과 군사용 무인항공기(UAV 또는 드론)의 조종 및 제어 시스템은 재래식 애플리케이션보다 더 정교한 제어 시스템을 갖추고 있다. 일부 원격제어장치를 로봇이라 하지만, 무선 제어장치로 분류되는 것은 자율적으로 작동하는 것이 아니라 사람이 조종해야 하기 때문이다. 산업용 무선 리모컨(radio remote control)은 사람이 조작하거나 기계 간(machine to machine, M2M) 모드의 컴퓨터 제어 시스템으로 조작할 수 있다.

무선통신의 기본은 전파(radio waves)라는 매체를 통해서 전송된다. 전파는 전자기 스펙트럼(electromagnetic spectrum)의 파장이 적외선보다 긴 전자기 방사(electromagnetic radiation)다. 무선 주파수는 300GHz~30Hz까지이다. 300GHz 파장은 1mm이고, 30Hz 파장은 10,000km(지구 반경보다 큼)이다.

전파(진공 상태)는 지구 대기에서 빛의 속도(speed of sound)로 이동한다. 전파는 송신기에서 신호를 생성하여 안테나를 통해 신호를 전송하고 수신기 안테나를 통해 수신한다. 전파는 고정 및 이동무선통신, 방송, 레이더, 항법 시스템, 통

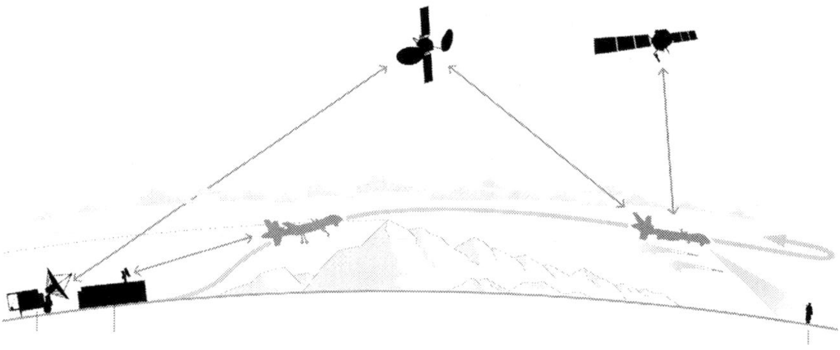

▲ 드론 통신은 가시권뿐만 아니라 위성을 이용한 통신까지 광범위하게 활용된다.

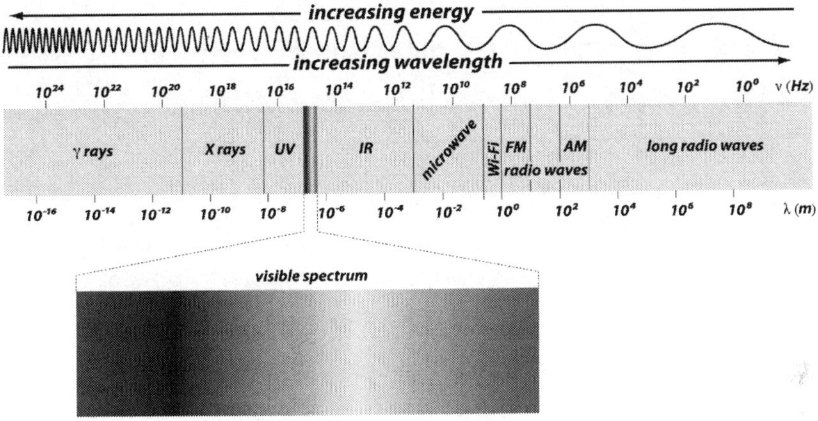

▲ 전자기장 스펙트럼(뒤표지 참고-컬러)

신 위성, 무선 컴퓨터 네트워크 및 기타 많은 애플리케이션을 위한 현대 기술에 매우 광범위하게 사용된다.

전파는 주파수에 따라 서로 다른 확산(propagation) 특성이 있다. 예를 들어 긴 파장의 전파는 산과 같은 장애물을 따라 회절하고 지표면 등고선을 따라 이동(ground waves)한다. 반면 짧은 파장은 전리층에서 반사되어 수평선 넘어 지구로 돌아온다. 그러나 파장이 짧을수록 매우 짧게 굽힘 또는 회절하고, 가시권에서만 이동하기 때문에 확산 거리는 가시적 수평선까지로 제한된다.

전파는 파장길이가 길고 확산 특성이 양호하여 다른 전자기파에 비해 통신에 널리 사용된다. 전파는 대기, 나뭇잎, 그리고 대부분의 건축 자재를 통과하며 장애물에 부딪혔을 때 휘어질 수 있는 회절 특성이 있다. 또한, 다른 전자기파와 달리 이들 파장보다 큰 물체에 흡수(absorbed)되기보다 산란(scattered)하는 경향이 있다. 전파가 자유 공간과 지표면에서 어떻게 이동하는지, 실용적 무선 시스템의 설계에 있어 중요한 요소이다. 이것은 환경이 다른 공간을 통과하는 전파는 반사, 굴절, 편광, 회절 및 흡수 현상이 발생할 수 있기 때문이다. 실용적 무선통신을 위해 다음과 같은 세 가지 확산 특성을 고려해야 한다.

- ▶ 가시선
- ▶ 지상파
- ▶ 공중파

"가시선은 송신기와 수신기 사이 전파의 직선 이동 경로이다."
"지상파는 지표면 등고선을 따라 수평선 넘어까지 확산한다."
"공중파는 전리층에 반사되어 지평선 넘어까지 수신할 수 있다."

가시선 또는 가시권(line of sight; LOS)은 전파가 송신 안테나에서 수신 안테나로 직선으로 이동하는 것을 의미한다. 그러나 이것이 전파의 특성을 고려한다면 반드시 장애물이 없는 직선 경로를 의미하는 것은 아니다. 저주파에서는 전파가 건물, 나뭇잎 및 기타 장애물을 통과할 수 있기 때문이다. 이것은 30MHz 이상의 주파수에서 가능한 유일한 확산 방법이다. 지표면에서 가시선 확산은 시각 수평선에 의해 약 64km로 제한된다. 이것은 휴대폰, FM, 텔레비전 방송, 레이더에 사용되는 방법이다. 마이크로웨이브의 빔을 전송하기 위해 접시형 안테나(dish antennas)를 사용함으로써, 점대점(point to point) 마이크로파 릴레이 링크(microwave relay links)는 가시거리까지 장거리 전화와 텔레비전 신호를 전송한다. 지상국(ground stations)은 지구에서 수십억 마일 떨어진 위성 및 우주선과 통신할 수 있다.

전파는 회절과 반사(diffraction and reflection) 특성이 있어 가시권을 벗어난 지점까지 수신할 수 있다. 회절은 건물 가장자리, 차량 또는 홀(hole)의 회전과 같은 장애물을 중심으로 전파가 휘어져 통과하는 현상이다. 또한, 전파는 벽, 바닥, 천장, 차량 및 지면과 같은 표면에서 부분적으로 반사된다. 이러한 전파 방법은 휴대폰, 무선전화, 무전기, 무선 네트워크와 같은 단거리 무선통신에서 발생한다. 이 모드의 단점은 전파가 다중 경로를 통해 송신 안테나에서 수신 안테나로 이동하는 다중 경로 확산(multipath propagation)이지만, 때로는 전파가 간섭을 받아 페이딩(fading; 전파의 강도가 약해지는 현상)이나 수신에 문제가 있을 수 있다.

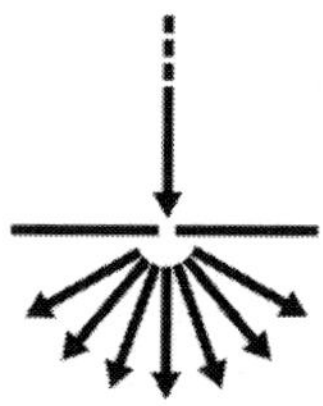
▲ 전파의 특성(회절)

지상파(ground wave)는 2MHz 미만의 중파 및 장파 대역 저주파로 회절 수직극성 확산으로 인해서 산과 언덕에 부딪혔을 때 굽어져 통과하고 지구의 등고선을 따라서 이동하는 지표파(surface waves)와 같이 수평선 넘어서까지 확산한다. 중파 및 장파(medium wave and long wave)를 이용하는 방송국은 수평선 너머에서 수백 마일에 있는 위치에서 수신할 수 있다. 주파수가 낮을수록 손실이

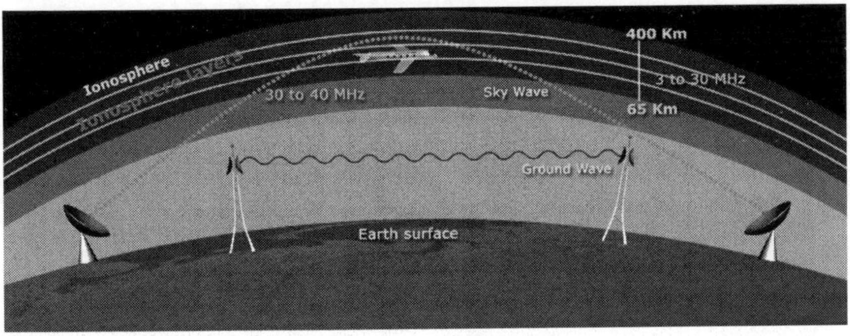

▲ 전파의 확산 특성(지상파와 공중파)

감소하여 통달 거리가 증가한다. 실제 군사용 저주파(very low frequency; VLF)와 초저주파(extremely low frequency; ELF) 통신 시스템은 지구 대부분에서 그리고 수백 피트 수중에서 잠수함과 통신 수단으로 사용된다.

공중파의 중파와 단파 파장(shortwave wavelength)은 전리층(ionosphere)에서 반사하는 특성을 이용해서 지평선 넘어 지구로 돌아올 수 있다. 이를 스킵(skip) 또는 공중파 확산이라 한다. 공중파는 대륙과 대륙 사이의 거리에서 여러 번의 스킵(skip)을 통해 통신이 이루어진다. 다만, 공중파 확산은 주변의 영향을 받아 가변적이고 대기 조건에 따라 달라질 수 있다. 공중파 통신은 신뢰성이 떨어져 대부분 중단되고 일부는 군사 OTH(Over-the-Horizon) 레이더 시스템, 일부 자동화된 시스템, 무선 아마추어, 단파 방송용으로 사용되고 있다.

Band	Frequency	Wavelength
VLF(Very low frequency)	3kHz~30kHz	100km~10km
LF(Low frequency)	30kHz~300kHz	10km~1km
MF(Medium Frequency)	300kHz~3MHz	1km~100m
HF(High Frequency)	3MHz~30MHz	100m~10m
VHF(Very High Frequency)	30MHz~300MHz	10m~1m
UHF(Ultra High Frequency)	300MHz~3GHz	1m~10cm
SHF(Super High Frequency)	3GHz~30GHz	10cm~1cm
EHF(Extremely High Frequency)	30GHz~300GHz	1cm~1mm

▲ 주파수와 파장길이

Q7. 마이크로파 주파수와 활용은 무엇인가?

일반적으로 마이크로파 스펙트럼은 1GHz부터 100GHz 이상의 주파수로 정의한다. 마이크로파 주파수(microwave frequencies)에서 대기 가스는 전파를 흡수하기 시작하므로 실제 무선통신 시스템의 통달 범위는 주파수에 따라 감소한다. 이것은 대략 약 20GHz 미만 주파수에서 감쇠의 원인은 주로 수증기(water vapor) 때문이다. 그러나 20GHz 이상에서는 밀리미터파 대역(millimeter wave band)에서 다른 대기 가스가 파장을 흡수하기 시작하여 실제 송출 거리를 1km 이하로 제한된다. 300GHz 이상이면 테라헤르츠 대역(terahertz band)에서 사실상 모든 전력이 몇 미터 이내로 흡수되므로 대기는 사실상 부전도성이다. 이 대역에서 다시 세부 주파수 대역으로 분류하여 각각 문자로 식별한다.

Letter Designation	Frequency Range	Wavelength Range
C band	4~8GHz	3.75cm~7.5cm
D band	110~170GHz	1.8mm~2.7mm
F band	90~110GHz	2.1mm~3.3mm
K band	18~26.5GHz	11.3mm~16.7mm
Ka band	26.5~40GHz	5.0mm~11.3mm
Ku band	12~18GHz	16.7mm~25mm
L band	1~2GHz	15cm~30cm
Q band	33~50GHz	6.0mm~9.0mm
S band	2~4GHz	7.5cm~15cm
U band	40~60GHz	5.0mm~7.5mm
V band	50~75GHz	4.0mm~6.0mm
W band	75~110GHz	2.7mm~4.0mm
X band	8~12GHz	25cm~37.5cm

▲ 마이크로파 문자식별과 주파수 대역

① C-Band: 이 대역 주파수는 기상 레이더, 와이파이 버전과 5GHz 범위의 무선 LAN에도 사용된다.

② L-Band: GPS, 갈릴레오(Galileo), GLONASS, BeiDou 등을 포함한 모든 GNSS 기술에 사용된다.

③ Q-Band: 위성 통신, 지상 극초단파 통신, 무선 천문학 연구 및 자동차 레이더를 포함한 광범위한 응용 분야에 사용된다.

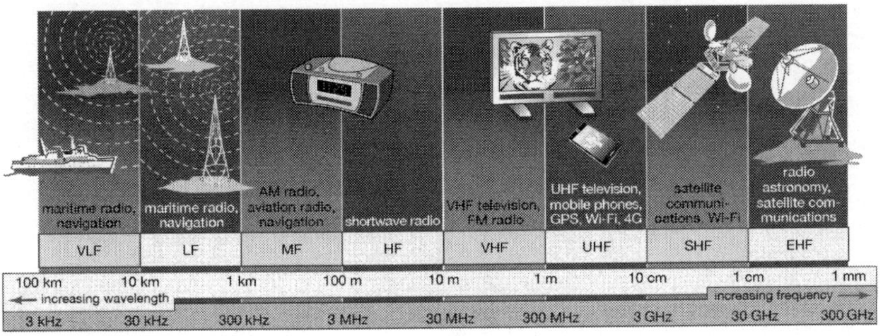

▲ 마이크로웨이브 활용 [출처] https://1.bp.blogspot.com

④ S-Band: 2.4GHz 대역은 블루투스, Wi-Fi, Zigbee, 드론을 포함한 다양한 기술에 사용되는 주파수 대역이다.

⑤ X-Band: 파장이 매우 짧아 표적 식별을 위한 고해상도 이미지가 가능하여 레이더에 주로 사용된다. 기상관측, 항공교통관제, 해상선박교통관제, 방공 추적, 경찰의 속도 측정 장치 등 민간과 군용 레이더에 활용된다.

⑥ W-Band: 이 대역의 주파수는 자동차 레이더, 위성 통신, 천문학, 국방, 보안 등 다양한 분야에 사용된다.

블루투스(Bluetooth)는 2.402GHz~2.48GHz의 ISM(산업과학의료) 대역의 UHF 전파를 사용하여 단거리에서 고정 기기와 모바일 기기 간에 데이터를 교환하는 개인 영역 네트워크(personal area networks; PAN)를 구축하는 데 사용되는 단거리 무선 기술 표준이다. 원래 이 케이블은 RS-232 데이터 케이블의 무선 대안으로 고안되었다. 주로 유선 연결을 위한 대안으로 근처의 휴대용 기기 간에 파일을 교환하고, 휴대전화와 음악 플레이어를 무선 헤드폰으로 연결하는 데 사용된다. 이 중 가장 널리 사용되는 모드에서 전송 전력(transmission power)은 최대 10m(30피트)의 매우 짧은 거리를 제공하는 2.5밀리와트(milliwatts)로 제한된다.

WiFi(Wireless Fidelity)는 인터넷 연결에 사용되는 무선 네트워크(wireless network) 기술의 일종이다. Wi-Fi 주파수는 2.4GHz 또는 5GHz이고, 전송 중 휴대폰(cellphones), 방송 무선, TV 안테나 및 양방향 무선과의 간섭이 발생하지 않는다. 기본적으로 와이파이는 전파를 감지하고 해독한 후 데이터를 다시

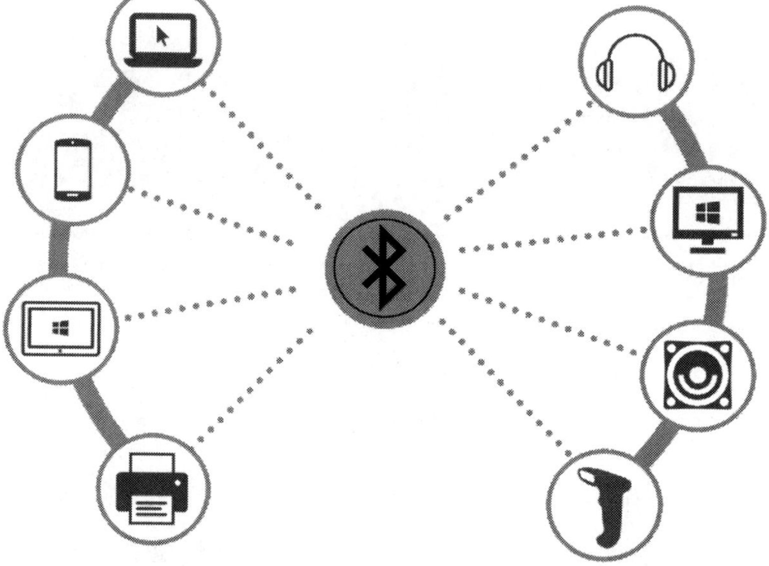

▲ 블루투스 네트워크(10m 이내 단거리 PAN 구축)

보내는 기기인 Wi-Fi 라우터(router)로부터 전송하는 것이다. AM/FM 라디오와 매우 유사한 원리이지만, 양방향 통신 채널이라는 점이 다르다. 와이파이는 Bluetooth나 적외선보다 먼 거리에서도 송수신할 수 있고, 저전력 경량 기술(low power unobtrusive technology)로 노트북, 팜탑(laptops and palmtops) 등 휴대용 기기에 적합하다.

와이파이는 비교적 좁은 지역에서 고성능 무선통신을 가능하게 하는 통신 기술이다. WiFi를 이용하려면 WiFi를 지원하는 지역에 있어야 하며, 컴퓨터에는 무선 랜 카드와 무선 랜 카드를 위한 드라이버가 필요하다. 가정이나 회사에서는 무선 공유기를 사용하면 WiFi를 사용할 수 있다. 여러 무선 랜 기술 중에서 가장 많이 쓰이는 기술로 WiFi가 설치되면 컴퓨터끼리의 통신뿐만 아니라 스마트폰도 데이터 통신을 할 수 있게 된다.

최근에는 무선 외장 하드 디스크에서도 WiFi 기술이 사용된다. 케이블 연결에 기반한 근거리 컴퓨터 네트워크 방식인 랜(LAN: Local Area Network)은 1970년대부터 개발되어 1990년대에 이르러서는 완전히 대중화되었다. 그러나 노트북과 같은 휴대용 컴퓨터 시스템의 보급이 늘어나면서 네트워크 연결에 케이블이

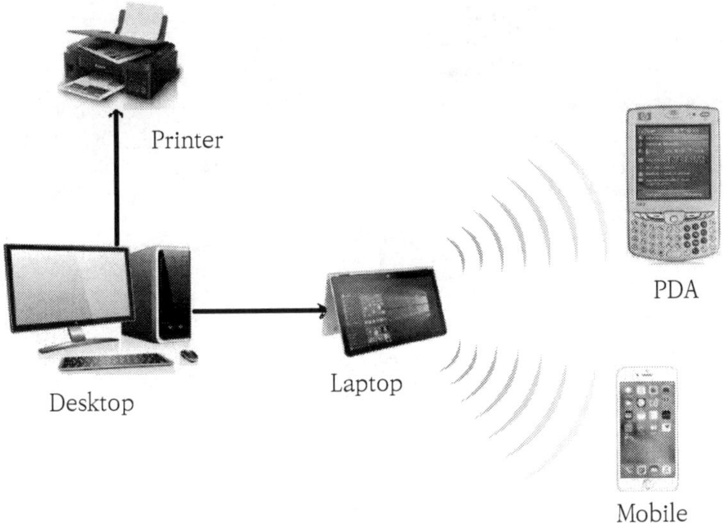

▲ PAN, 개인의 작업 공간을 중심으로 장치들을 서로 연결하기 위한 컴퓨터 네트워크이다.

필요한 랜만으로는 활용성에 한계를 느끼게 되었다. 따라서 랜을 무선화하고자 하는 시도가 1990년대 초반부터 본격화되기 시작했다. 와이파이 기술은 무선으로 인터넷에 접속할 수 있는 장치인 "라우터(router)"가 필수이다. 라우터는 안테나가 달려 있고, 인터넷에 연결이 되어 있는 기기이다. 라우터에서 전파를 내보내면 무선 인터넷 연결이 가능한 컴퓨터나 스마트폰이 이 전파를 잡아 인터넷에 접속할 수 있도록 만든 장치이다. 와이파이 전파가 닿을 수 있는 범위는 약 100m 정도이고, 전파의 크기를 확장할 수 있는 안테나를 사용한다면 그 범위는 더 넓어질 수 있다.

라우터(router; 일종의 공유기)는 컴퓨터 네트워크 사이에 데이터 패킷(data packets)을 전달하는 네트워크를 구성하는 장치이다. 네트워크는 여러 대의 컴퓨터가 연결선을 통하여 구성된다. 그러나 통신 방법이나 신호가 달라 다양한 네트워크들이 정보를 주고받기 위해서는 중간에서 이것을 정리하고 길을 안내하는 장치가 있어야 하고 이를 라우터라고 한다. 웹이나 이메일과 같이 인터넷을 통해 전송되는 데이터는 데이터 패킷(data packet)의 형태이다. 패킷은 일반적으로 대상 노드(node; 네트워크의 분기점이나 단말 장치의 접속점)에 도달할 때까지 네

▲ 와이파이는 근거리 컴퓨터 기반 무선 네트워크이다.

트워크(예: 인터넷)를 구성하는 네트워크를 통해 한 라우터에서 다른 라우터로 전달된다. 라우터는 여러 개의 네트워크 사이에서 적절한 통신이 이뤄질 수 있도록 길 안내자의 역할을 한다. 라우터를 잘 활용하면 전체 네트워크의 성능이 향상될 뿐 아니라 종류가 다른 통신 수단이나 장치 사이에 쉽게 연결할 수 있다. 통신 종류나 방법에 얽매이지 않고 대규모 네트워크망을 구성할 수 있다.

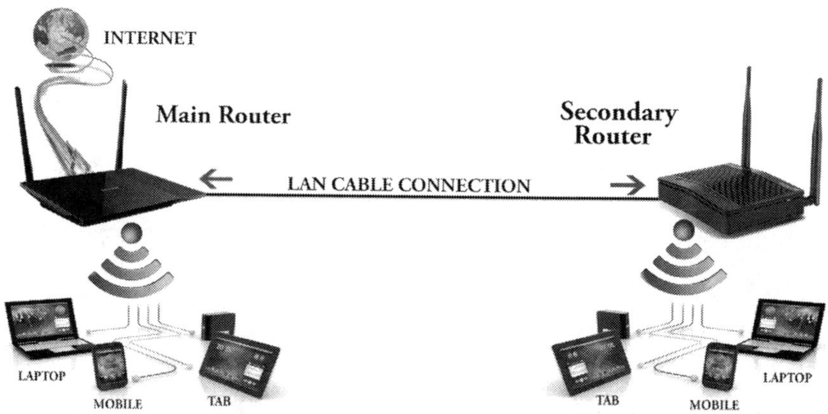

▲ 라우터(공유기)는 다른 통신 매체 사이를 연결해주는 네트워킹 기기로 랜 케이블 연결과 또 다른 라우터를 이용한 네트워크를 확장할 수 있다.

Q8. 멀티콥터의 대중성과 어떠한 형상이 있는가?

쿼드콥터는 주변에서 쉽게 볼 수 있는 대중화 드론으로 4개의 모터와 프로펠러로 구성되었다. 드론 발전 추세로 본다면 최근 쿼드콥터는 프로펠러 등을 접어넣을 수 있는 소형 초경량으로 간편하게 휴대할 수 있는 제품이 개발되고 있다. 또 다른 적용에는 사물인터넷(Internet of Things; IoT)의 한 구성요소로 하늘의 눈과 주변을 관찰할 수 있는 반경을 크게 확장해가고 있다.

대부분 소형 멀티콥터는 저렴한 비용으로 필요한 부품을 구매해서 조립할 수 있어 원하는 기능의 자가제작(DIY) 드론도 많은 인기를 끌고 있다. 이 중 가장 대중화된 모델이 쿼드콥터이지만, 모터/프로펠러를 어떻게 배열하는가에 따라 다양한 형상(configuration)이 있을 수 있다. 예를 들어 쿼드콥터에 속도를 높이기 위해서 기체 전방이나 후방 아니면 양쪽에 모터를 장착한 형상 등 원하는 성능을 얻기 위한 다양한 변형이 있을 수 있다.

멀티콥터(multicopters)는 여러 개의 프로펠러 또는 로터로 구성되어 있다. 이를 멀티로터(multirotors)라고도 하고 고정 피치 프로펠러를 사용하므로 각 모터의 상대 속도를 조절하여 비행체 움직임을 제어한다. 대부분 멀티로터는 기체를 중심으로 대칭 프레임(붐)을 확장해서 끝단에 모터를 장착하는 형식이다. 멀티콥터는 사용되는 모터의 수에 따라 다음과 같이 분류한다.

- Bicopter
- Tricopter (Y3, T3)
- Quadcopter (X4, Y4, V-Tail, A-Tail)
- Pentacopter
- Hexacopter (Y6)
- Octocopter (X8)

▲ 일반적인 프로펠러 수에 따른 분류이지만, 그 이상의 모터/프로펠러 형식이 있다.

대부분 멀티콥터는 기체(airframe)를 중심으로 여러 개의 프레임을 이용해서 모터/프로펠러가 장착된다. 이들 각 암(arm) 끝에는 모터/프로펠러(블레이드)가 장착되고, 중앙에는 비행 제어기(flight controllers), 짐벌(gimbals), 그리고 전자장치(electronic gear)가 장착되어 있다.

드론에서 무게는 성능에 중요한 요소이다. 드론 대부분 무게는 무게중심(CG) 주변에 위치하도록 유지함으로써 최상의 비행 특성을 얻을 수 있다. 드론 기체가 무거울수록 양력은 그만큼 감소한다. 그러나 부주의한 작은 충격으로 쉽게 부서지는 것을 원하지 않기 때문에 대부분 드론은 탄소 섬유재(carbon fiber)를 사용함으로써 충격에 강하면서도 가벼워 드론 제작 소재로 많이 사용된다. 대부분 멀티콥터는 기하학적 구조가 대칭을 이루기 때문에 자체 무게중심의 변화는 없지만, 페이로드를 탑재할 때 무게중심이 한계를 벗어나지 않도록 주의해야 한다.

멀티콥터는 프레임이 대칭으로 확장되는 형상이기 때문에 프레임을 배열하는 방식은 전형적으로 "+" 형상과 "×" 형상이 있다. 이 형상은 드론 앞쪽(front)을 결정하는 기준에 따른 것이고 일반적으로 "×" 형상이 더 선호된다. 동일 모터 및 소프트웨어 설정이라 할지라도 "+" 또는 "×" 형상에 따라 다르게 느낄 수 있다.

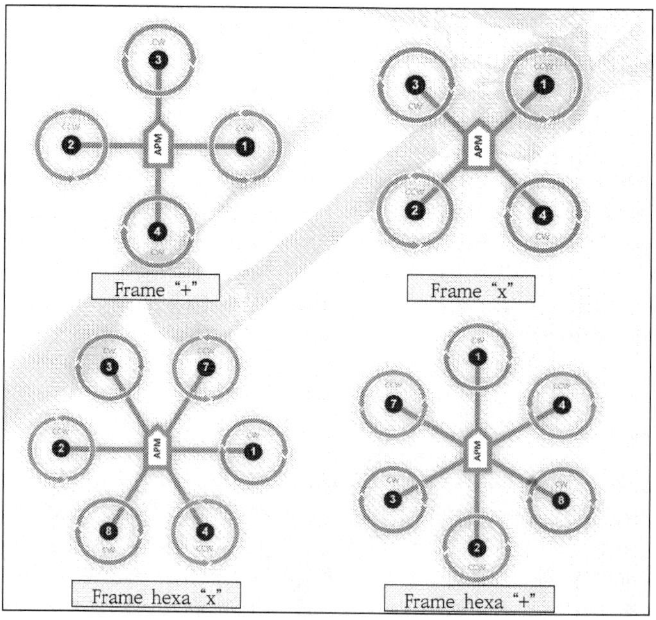

[출처] http://storage.ning.com

쿼드콥터를 제어하기 위한 힘을 계산할 때 회전축으로부터 떨어져 있는 거리가 모터에 의해 생성되는 토크를 결정한다. 각 모터 암의 길이가 드론 질량 중심에서 멀리 떨어진 쿼드콥터의 한 축 움직임(롤 또는 피치)을 고려했을 때 "+" 형상에서 추력은 거리(r) 값에서 적용된다. 반면 "×" 형상에서 추력은 암이 회전축에서 45도 각도에 있으므로 추력은 대략 0.71이 적용된다. 이것은 "×" 형상이 "+" 형상보다 약 41% 더 많은 회전 가속을 얻을 수 있다는 것을 의미한다. 쿼드콥터의 요(yaw)를 판단하기에 "+" 형상의 한 개의 암보다 "×" 형상의 2개의 전방 암이 더 쉽다. 또한, "×" 형상이 선호되는 것은 프레임의 방해물 없이 카메라를 전방으로 향할 수 있기 때문이기도 하다.

멀티콥터의 모터 수와 형상(configuration)은 비행 성능에 영향을 미치며 각각의 장점이 있다. 단순한 사례로 모터가 많을수록 전력 및 양력이 커 더 많은 페이로드를 운반할 수 있다. 또한, 모터가 많을수록 어느 한 모터의 고장이 발생했을 때 다른 모터들로 안전성을 확보할 수 있다. 그러나 전력 효율이 떨어질 수 있고, 추가 하드웨어 및 유지보수 비용이 증가하는 단점이 있다. 쿼드콥터나 트리콥터는 레이싱(racing)이나 프리스타일(freestyle)을 위한 우수한 기동성을 제공하지만, 사진이나 영상 촬영 그리고 무거운 물건을 운반하고 더 안정적이고 믿을 수 있는 플랫폼을 원한다면 헥사콥터나 옥토콥터를 고려해야 한다.

"바이콥터는 2개의 모터/프로펠러의 조합이다."

바이콥터(bicopter)는 2개의 모터를 기체 좌우에 장착하여 서보로 원하는 경사각(tilt angle)으로 조절해서 이동할 수 있는 형상이다. 멀티콥터에서 이 형상은 많이 사용되지 않지만, 모터 2개와 서보 2개만 사용하므로 저렴한 멀티콥터 구성

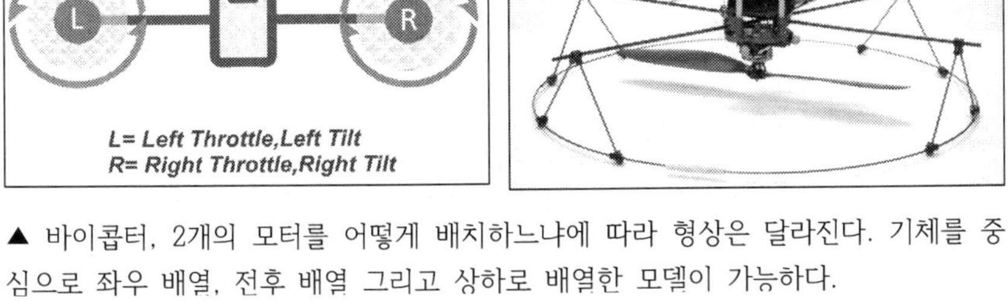

▲ 바이콥터. 2개의 모터를 어떻게 배치하느냐에 따라 형상은 달라진다. 기체를 중심으로 좌우 배열, 전후 배열 그리고 상하로 배열한 모델이 가능하다.

이 될 수 있다. 그러나 2개의 프로펠러에서 발생하는 양력이 제한될 수 있고, 어느 한 모터의 고장이 발생했을 때 안전성 보장이 어려운 모델이기도 하다. 바이콥터 모델의 전형은 영화 "Avatar(아바타)"에 등장하는 "Gunship"이다. 이외에도 하나의 축(axis)에 상하로 모터를 배열하는 방식이나 기체 전후로 배열하는 "Chinook(CH-47)" 모델도 있다. 이를 트윈콥터(twincopter)라고도 한다.

"트리콥터는 3개의 모터/프로펠러로 구성된 멀티콥터이다."

트리콥터(tricopter)는 3개의 모터로 구성된 멀티콥터이다. 트리콥터는 기체를 중심으로 프레임을 "Y" 모양(120도 간격)으로 배열하는 것이 일반적이지만, 일부 모델은 "T" 모양으로 배열하기도 한다. 이 형상에서 전면 암의 프로펠러 2개가 서로 반대 방향으로 회전하여 토크를 상쇄한다. 후방 모터는 서보에 의해 좌우로 기울여 요(yaw) 메커니즘을 활성화할 수 있다.

일반적으로 트리콥터는 쿼드콥터나 헥사콥터보다 안정성이 떨어지고, 다른 형상에 비해 착지할 때 테일 프로펠러와 서보 모터의 충돌 가능성이 더 크다. 트리콥터의 요(yaw) 기동은 특별한 사례이다. 쿼드콥터나 헥사콥터가 요(yaw) 기능을 할 때 모터의 절반 속도를 늦추고 나머지 절반의 속도를 높여야 한다. 멀티콥터가 이미 최대 속도(모든 모터 100%)에 있는 경우 속도를 낮춰야 요 기능을 수행할 수 있다는 의미이다. 트리콥터 형상에서 서로 반대 방향으로 회전하는 2개의 로터가 토크를 상쇄하지만, 요 기동을 위해서 별도의 로터가 필요하다. 이 때문에 트리콥터는 헬리콥터 테일 로터와 같은 방식으로 이 토크를 발생하기 위해서 로터를 기울일 수 있는 서보 모터를 사용한다. 이것은 다른 짝수 멀티콥터보다 요 민첩성(agile)이 뛰어나다.

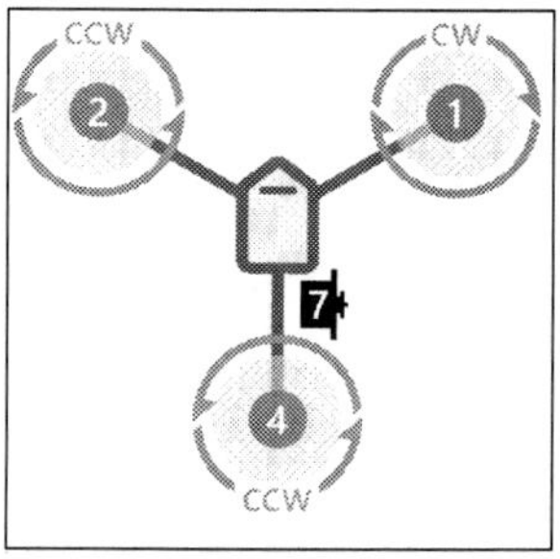

▲ 트리콥터 형상

"쿼드콥터는 4개의 모터/프로펠러로 구성된 가장 대중화된 모델이다."

쿼드콥터(quadcopters)에는 4개의 모터가 대칭 프레임에 장착되어 있으며, 각

암은 X4 형상의 경우 90도 간격이다. 2개의 모터는 시계방향(CW)으로 회전하고, 나머지 두 모터는 반시계방향(CCW)으로 회전하여 토크를 상쇄한다. 쿼드콥터는 가장 인기 있는 멀티로터 유형이고, 또한 가장 간단한 기계적 구조이기도 하다. 전형적인 쿼드콥터 형상은 "× 또는 +" 배열이 있다. "×" 형상은 프로펠러가 카메라 범위에서 벗어날 수 있으므로(FPV 및 항공 촬영용) 더 인기가 있다. 이에 반해 "+" 형상은 직관적이고 비행기처럼 날기 때문에 방향 판단이 더 쉽다. 또한, 카메라를 프레임에 잘 배치하여 카메라 시야에 프로펠러가 들어오지 않도록 하는 "H" 형상도 있다.

쿼드콥터가 표준인 이유는 유비쿼터스(ubiquitous) UAV 형상의 기계적 단순성 때문이다. 로터가 기체(비행체)의 질량 중심에서 어느 정도 떨어진 거리에서 회전할 때, 그것은 기체에 토크를 유도한다. 만약 이 토크가 어떻게든 균형을 이루지 못한다면 장치는 원하지 않게 회전하게 될 것이다. 이것이 헬리콥터가 테일로터(tailrotor; 꼬리 회전날개)가 필요한 이유이기도 하다.

트리콥터 형상은 짝수의 로터가 없으므로 항상 토크 불균형 문제가 있다. 트리콥터에서는 적어도 2개의 모터가 같은 방향으로 회전한다. 이 문제를 해결하는 방법은 3개의 모터 중 하나에 회전 조인트(swivel joint)를 통합하는 것이다. 이것은 분명히 설계의 복잡성이 따른다. 이것은 이론적으로 트리콥터가 쿼드콥터보다 단순히 비행시간 면에서 더 효율적이라는 것을 의미하지만, 프로그래밍과 조립의 단순성 그리고 더 많은 페이로드를 운반할 수 있는 점에서 쿼드콥터가 트리콥터보다 더 대중성을 갖는 이유이다.

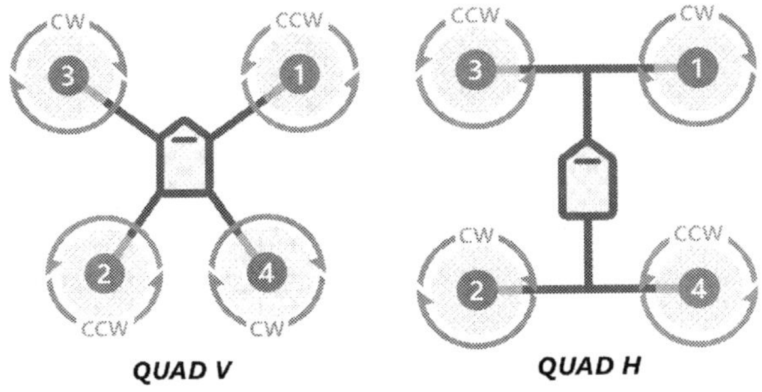

▲ 쿼드콥터의 변형

 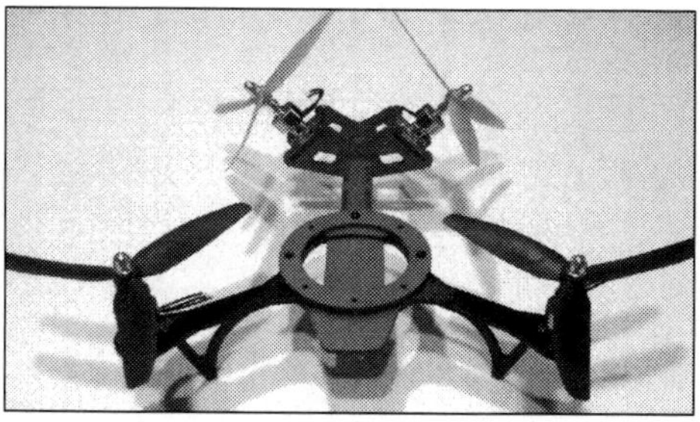

▲ 표준 쿼드콥터의 변형

① Y4-형상 쿼드콥터

이 모델은 트리콥터처럼 보이지만 꼬리 서보 모터가 없다. 전면에 있는 2개의 암에는 2개의 모터/프로펠러가 있고, 후방에 있는 한 개의 암에는 한 개의 축에 위아래로 모터가 장착된 동축 형상이다. 이 형상은 트리콥터와 같은 요 조종을 위한 기계장치가 없어 상대적으로 더 간단하다. 무게는 거의 동일하지만, 양력 발생은 트리콥터보다 약 1/3 정도 더 크다. 또한, 서보가 없어 안정성과 신뢰성이 더 우수하다.

② V-Tail과 A-Tail 형상 쿼드콥터

V-Tail 및 A-Tail 쿼드콥터 형상은 전방에 2개의 모터가 서로 반대 방향으로 회전하고 후방에 있는 2개의 모터는 안쪽 또는 바깥쪽으로 수직 각도로 기울어져 있다. 이 모델은 쿼드콥터와 트리콥터의 혼합형으로 Y4 형상과 매우 유사하다. 이 형상은 테일 모터의 공기 흐름 간섭으로 인해 전력 효율이 낮다.

"펜타콥터는 5개의 모터/프로펠러로 구성된다."

펜타콥터(pentacopter)는 5개의 모터와 프로펠러로 구성된다. 기본적으로 전체 모터를 평면에 배열하고 적절한 각도로 프레임을 배열하는 방식이지만, 최근에는 쿼드콥터 모델에 후방 수직 프로펠러를 하나 더 추가해서 더 빠른 속도로 비행할 수 있게 설계되었다. 펜타콥터의 분명한 장점 중 하나는 프로펠러가 카메라 시야에서 최대한 멀리 떨어질 수 있도록 두 개의 전방 프레임을 광각으로 설치할 수 있다.

▲ 펜타콥터, 왼쪽은 추력을 높이기 위해 한 개의 모터를 후방에 장착한 모델이다.

"헥사콥터는 6개의 모터/프로펠러로 구성된 형상이다."

헥사콥터(hexacopter)는 6개의 모터가 대칭 프레임에 60도 간격으로 장착되는 CW/CCW 모터/프로펠러 세트로 구성된다. 헥사콥터는 쿼드콥터와 매우 유사하지만, 여분의 모터로 더 많은 양력을 생산한다. 또한, 어느 한 모터의 고장에도 나머지 모터로 안전하게 착륙할 수 있는 안전성이 더 보장된다. 그러나 기체가 상대적으로 커야 하고 제작 비용이 비싸다. 헥사콥터 형상에서 3개의 프레임에 모터를 상하로 장착한 "Y" 형상 헥사콥터를 구성한다. 이 유형의 멀티콥터는 트리콥터와 같이 작게 만들 수 있지만, 6개의 모터/프로펠러로 양력은 동일하다. 그러나 Y6 형상은 동축 모터 배열이라는 점에서 효율이 다소 낮다.

"옥토콥터는 8개의 모터/프로펠러로 구성된 형상이다."

옥토콥터(octocopter)는 쿼드콥터나 헥사콥터와 유사하지만, 동일 평면에 8개의 모터가 있고, CW/CCW 프로펠러 4개 세트로 구성된다. 옥토콥터는 더 큰 양

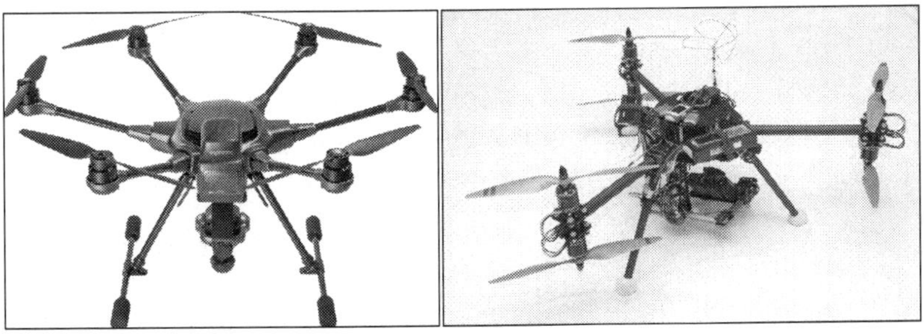

▲ 헥사콥터

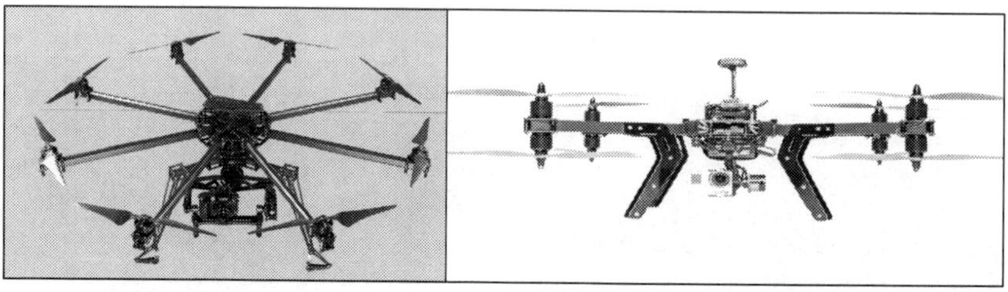

▲ 옥토콥터, 8개의 프레임이 있을 수 있고, 4개의 Y-형 프레임에 8개의 모터/프로펠러가 장착될 수 있다.

력과 안전성을 제공하지만, 모터 수가 많아 더 많은 전류를 소모함으로 여러 개의 배터리 팩을 휴대해야 한다. 옥토콥터는 항공 사진 플랫폼으로 매우 인기가 있고 무겁고 전문적인 촬영 장비를 탑재할 수 있는 장점이 있다. X8 옥토콥터 형상은 Y6 형상과 유사하게 4개의 프레임에 장착된 8개의 모터를 사용하며, CW/CCW 프로펠러 4세트가 장착된 "X" 모양 프레임에 장착된다.

"동축 형상은 한 축에 위아래로 모터/프로펠러를 장착한 모델이다."

일부 멀티콥터는 한 개의 축에 위아래로 모터/프로펠러를 장착한 Y6, X8, Y4와 같은 동축 모터 배열(coaxial motor arrangement)이 있다. 일반 평면 모터 배열과 비교했을 때 다음과 같은 장단점이 있다.

[장점]

첫째, 동축 멀티콥터가 5개 이상의 모터/프로펠러로 구성되어 있다면 안전성이 더 보장한다. 1개의 모터가 고장 나더라도 비행 중 균형을 유지하고 안전하게 착륙할 수 있다.

둘째, 동축 멀티콥터는 프레임 수를 반으로 줄여 공간과 무게를 절약한다.

셋째, 동축 멀티콥터는 휴대하여 이동할 수 있도록 프레임을 접을 수 있게 설계될 수 있다.

[단점]

첫째, 동축 멀티콥터는 전력 효율의 약 10~20% 손실이 있을 수 있다. 이것은 기본적으로 하부 모터는 상부 모터의 빠른 공기를 통해 회전하고 있기 때문이다.

둘째, 동축 멀티콥터 프로펠러가 위아래에 있어 조종자가 볼 수 없는 장애물에 더 쉽게 걸릴 수 있다.

셋째, 동축 멀티콥터 프로펠러가 프레임 위아래에 위치하기 때문에 카메라 시야가 제한될 수 있다.

넷째, 동축 멀티콥터는 프로펠러 때문에 프로파일이 낮아 착륙장치 장착 지점을 설계하기가 쉽지 않다.

최근 몇 년 동안 가장 급성장한 멀티콥터는 단연 쿼드콥터일 것이다. 대중의 관심을 받지 못했지만, 일부 드론 제작사에서는 동축 바이콥터를 출시했다. 얼마 전 인류 최초로 화성에서 비행에 성공한 모델이 동축 바이콥터(Ingenuity)이다. 이를 "Tdrone"라고도 한다. 동축 트윈-프로펠러(coaxial twin-propeller) 드론의 비행 원리는 동축 로터 헬리콥터의 비행 원리와 유사하다.

이 유형에서 헬리콥터처럼 스와시플레이트(swashplate)는 비행체의 피치와 롤 자유도(degree of freedom)를 제어하기 위한 피치 변화 메커니즘으로 사용된다. 동축 바이콥터에서 프로펠러는 위아래로 배열되고 통상 위에 있는 프로펠러 피치는 가변형이고 아래 프로펠러 피치는 고정형으로 설계된다. 이로써 기계 구조를 최대한 단순화하여 제조 및 정비를 단순화할 수 있다. 그러나 더 나은 성능을 위해서 위아래 프로펠러 모두 가변 피치 프로펠러로 구성할 수 있다.

위의 형상들은 대부분 시중에 출시된 제품들이지만, 이들의 구성을 어떻게 배열하는지는 제작자의 상상에 달려 있다.

▲ 동축 멀티콥터 또는 Tdrone 이라고도 한다.

Q9. 멀티콥터 동력장치를 구성하는 모터와 프로펠러의 적절한 조합은?

동력장치(powerplant)는 항공기를 추진시킬 수 있는 동력을 생산하는 엔진만을 의미하지만, 엔진만으로 항공기 추력을 생산할 수 없어 반드시 프로펠러가 필요하다. 따라서 항공기 동력장치는 프로펠러와 엔진의 조합 또는 제트엔진을 일컫는다. 멀티콥터의 동력장치는 모터와 프로펠러의 조합 형태이고, 왕복엔진 대신 전기모터(electric motor)가 사용된다.

전기모터는 전기 에너지를 기계적 에너지로 변환하는 전기 기계이다. 대부분 전기모터는 권선(코일)의 모터 자기장과 전류 사이의 상호작용을 통해 작동하여 모터 샤프트에 가해지는 토크 형태의 힘을 생성한다. 드론 전기모터는 통상 배터리와 같은 소스로부터 전원을 공급받을 수 있다. 전통적으로 비행기 엔진은 왕복엔진(피스톤 엔진)이지만, 드론은 전기 또는 수소(hydrogen) 동력원을 채택한 소형 수직이착륙 항공기이다.

"모터는 양력과 추력을 생산할 수 있는 능력에 따라 결정된다."

드론에 무거운 물체를 장시간 운반하고자 한다면 저속 회전(slower-spinning) 모터를 선택함으로써 최대 비행시간을 달성할 수 있고 토크(torque)가 더 높은 모터가 이상적이다. 또 다른 드론 운용자는 고속 회전 모터(faster-spinning)를 장착한 기동성(maneuverability)이 높은 드론을 원할 수 있다. RPM 또는 로터 속도는 kV 값(kilovolt)으로 결정한다. 고속 버전은 1,400kV 이상이고, 배터리 수명이 더 긴 저속 버전 드론은 통상 300~900kV 범위이다.

소형 드론은 프로펠러를 이용해서 드론의 속도를 높이거나 낮추기가 쉬워졌지만, 대형 프로펠러는 속도 변경에 시간이 소요되기 때문에 가능하지 않다. 또한,

◀ 멀티콥터의 동력장치는 전기모터와 프로펠러로 구성된다.

소형 드론 프로펠러는 더 높은 모터 RPM에서 작동하고 블레이드가 빠르게 회전함으로써 드론이 비행할 수 있는 원동력이 된다. 그러나 프로펠러의 크기가 클수록 이를 구동하기 위한 더 낮은 kV 값의 모터가 필요하지만, 모터의 kV가 커지면 프로펠러의 크기는 작아진다. 아래 [표]는 전형적인 kV 값과 프로펠러 크기의 적절한 조합이다.

Frame size	Prop size	Motor size	kV
150mm or smaller	3″ or smaller	1306 or smaller	3000 or higher
180mm	4″	1806	2600
210mm	5″	2204-2206	2300-2600
250mm	6″	2204-2208	2000-2300
350mm	7″	2208	1600
450mm	8″, 9″, 10″	2212 or larger	1000 or lower

프로펠러(propeller)는 비행기의 추력 발생 장치로 동체에 수직으로 장착되는 것이 일반적인 개념이다. 헬리콥터와 같은 회전날개(rotary wing aircraft) 항공기는 로터 블레이드(rotor blades)라고 하는 회전날개가 동체와 수평으로 장착되어 있다. 프로펠러와 로터 블레이드의 주요 차이점은 프로펠러는 추력만을 생산하는 장치이지만, 로터 블레이드는 양력과 추력(lift and thrust)을 동시에 발생시키는 장치이다.

그러나 최근 멀티콥터는 기체와 수평으로 프로펠러를 장착하고 있다. 이 프로펠러는 회전날개 로터 블레이드의 양력과 추력 발생 원리와는 다르게 수직 추력(vertical thrust)과 전진 추력(forward thrust)을 얻을 수 있도록 고안되었다. 수직 추력은 헬리콥터의 양력과 같이 비행체를 부양시키는 역할을 하고 추력은 기체가 기울도록 프로펠러 속도를 조절하여 전진 추력을 얻는 방식이다. 최근 수

▲ 전통적으로 프로펠러는 전방 추력을 발생하는 장치로 인식되었다. 수직이착륙 항공기에 관한 연구가 진행되면서 수직 프로펠러에 관한 관심이 높아졌고 멀티콥터에서 프로펠러는 수직 추력과 양력을 발생하는 장치이다.

▲ 프로펠러 지름이 크면 프로펠러 효율이 높지만, 모터에서 더 많은 전류를 소비한다. 대형 쿼드콥터는 대형 프로펠러와 낮은 kV 모터를 탑재하는 것이 더 효율적이다.

직이착륙 항공기 수요가 증가하면서 로터 블레이드와 프로펠러에 관한 개념의 구분이 모호해졌다.

"프로펠러의 기본 사양은 지름과 피치이다."

피치(pitch)는 프로펠러 1회전에 이동한 거리이다. 예를 들어 프로펠러 제원이 8×6(length & pitch)이라고 한다면 이 프로펠러는 길이 8인치, 피치 6인치라는 것을 의미한다. 이외에도 다음과 같이 나타내기도 한다.

"L×P×B 또는 LLPP×B (L: 길이, P: 피치, B: 블레이드 수)"

예를 들어 6×4.5(6045라고도 함) 프로펠러의 길이는 6인치이고 피치는 4.5인치이다. 또 다른 사례는 5×4×3(또는 5040×3)은 피치가 4인치인 3-블레이드

▲ 프로펠러 피치는 1회전당 이동한 거리이다.

5인치 프로펠러이다. 일부 프로펠러는 테두리가 마치 주걱 모양으로 설계되어 있고 이를 "Bullnose(BN)" 프로펠러라 한다. 이외에도 일부 프로펠러 사양에는 "5×3R"과 같은 크기 숫자 뒤에 "R" 또는 "C"가 표기될 수 있다. R은 프로펠러의 역회전을 나타내는 것으로 시계방향으로 회전하는 모터에 장착해야 한다. C는 그 반대이며 반시계 방향으로 회전하는 모터와 함께 사용해야 한다.

프로펠러 피치가 클수록 회전 속도가 느리고 토크는 작다. 이 조건에서 드론 속도는 빠르게 이동할 수 있고 모터의 전류 소비는 크다. 반면 낮은 피치 프로펠러는 더 큰 토크를 발생시킬 수 있으며 모터의 전류 소비는 낮다. 이는 마치 자동차의 저단 기어(높은 토크, 저속주행)와 고단 기어(낮은 토크, 고속주행)의 작동 원리와 유사하다. 높은 피치 프로펠러를 사용하는 것은 더 많은 공기를 취함으로써 강한 난기류성 하강풍이 발생할 수 있고 이것은 드론을 흔들리게 할 수 있다. 따라서 피치가 낮은 프로펠러의 사용을 권장한다.

프로펠러는 다양한 지름과 피치가 있으며 플라스틱, 탄소 섬유 또는 목재로 제작된다. 프로펠러 지름은 한쪽 끝에서 다른 쪽 끝단까지의 길이로 프로펠러의 크기(size)를 나타낸다. 지름 8인치 미만의 소형 프로펠러는 통상 높은 kV 모터와 함께 경주 및 곡예용 드론에 주로 사용된다. 그러나 지름 8인치 이상의 프로펠러는 사진이나 영상 촬영을 위한 무거운 페이로드를 들어 올리기 위한 설계에서 낮은 kV 모터를 사용한다.

드론 운용자는 모터와 프로펠러를 적절하게 조화시키는 것은 안정성을 위한 요소이다. 대부분 소형 드론에 사용되는 프로펠러는 2개의 블레이드로 구성된다. 이것은 소형 드론에는 3~4개 블레이드보다 더 효율적이기 때문에 선호된다. 어느 한 프로펠러로 최고속도와 동력을 얻기 위해서는 드론 운용 목적에 맞는 적절한 프로펠러 크기와 피치(size and pitch)를 선택해야 한다.

"플라스틱 또는 탄소 섬유 프로펠러의 선택은 개인의 취향에 따른 문제이다."

대부분 멀티콥터 프로펠러 재질은 플라스틱(plastic)으로 저렴하며 상당히 신뢰할 수 있어 소형 드론에 많이 사용된다. 그러나 최근 출시되는 프로펠러는 탄소 섬유(carbon fiber) 재료를 사용하지만, 일반 플라스틱과 비교하면 3~4배 더 비쌀 수 있다. 그렇다면 탄소 섬유 프로펠러를 사용했을 때 드는 추가 비용은 그만큼의 성능 향상 효과가 있는지 판단해 보아야 한다.

플라스틱 프로펠러의 유연성은 회전하면서 공기 저항을 통과하기 때문에 탄소 섬유 프로펠러보다 훨씬 더 유연하다. 이로 인해 추력이 낮고 과도한 진동이 드론 프레임에 전달된다. 반면 탄소 섬유 프로펠러의 강성(rigidity)은 공기를 더 효율적으로 취함으로써 더 많이 양력 또는 추력으로 변환시킨다. 이것은 배터리 효율과 진동 감소 효과를 동시에 얻을 수 있다. 특히 프로펠러 보호대(guard)가 없는 멀티콥터가 장애물에 부딪히거나 추락 또는 경착륙할 때 프로펠러는 쉽게 부러지거나 파손될 수 있다. 결론적으로 탄소 섬유 프로펠러는 플라스틱 프로펠러보다 더 견고하다.

"탄소 섬유 프로펠러는 무게 대비 강도가 현저하게 높다."

이것은 플라스틱보다 탄소 섬유 프로펠러가 상대적으로 가볍다는 의미이다. 탄소 섬유와 플라스틱 프로펠러의 무게 차이는 급격한 방향 전환 기동에서 뚜렷하게 경험할 수 있다. 드론이 방향이나 속도를 바꿔야 할 때마다 프로펠러가 회전하는 속도도 달라져야 한다. 플라스틱 프로펠러는 드론이 무거울수록 과도한 추력 때문에 방향 전환이 더 느리다. 반면 경량 탄소 섬유 프로펠러 드론은 조종자의 입력에 훨씬 더 신속하게 반응한다. 특히 레이싱 드론이라면 이러한 빠른 반응성은 필수 경쟁력이다.

대부분의 탄소 섬유 프로펠러는 플라스틱 프로펠러보다 날렵하고 외형이 훨씬 더 좋아 보이는 것도 한 장점이다. 일부 드론 운용자는 탄소 섬유 프로펠러의 민첩성(agility)을 선호하는 반면 일부는 불안정하게 느끼기도 한다. 대부분의 드론 조종자들은 플라스틱 프로펠러 드론으로 비행을 시작했고 이에 익숙해 있기 때문이다. 플라스틱 섬유와 탄소 섬유 중 어느 것이 더 나은지는 드론 운용자 사이에 지속해서 제기돼 온 질문이다. 이 질문에 대한 확실한 답은 없다. 프로펠러 유형 중 어느 것을 선택할지는 개인의 취향에 따른 문제이다. 확실한 것은 탄소 섬유 프로펠러는 플라스틱보다 강하고 기동성에서 더 적합하지만, 고가이고 높은 반응성은 초보자에게 부담이 될 수 있다.

"프로펠러 접이식 드론은 간편하게 휴대할 수 있다."

최근 출시되는 드론은 간편하게 휴대할 수 있도록 프로펠러를 기체에 접어 넣을 수 있도록 설계된 접이식 프로펠러가 있다. 드론을 날리기 위해 프로펠러를 펼쳐 양력 발생에 충분한 RPM을 높였을 때 모터 회전으로 인한 원심력이 프로펠러를 적절한 위치에 유지하기에 충분하다. 따라서 드론을 이륙시키고 높은 스로틀 세팅에 놓았을 때 접이식 프로펠러는 균형을 유지하도록 설계되어 추력 발생 효율을 잃지 않는다. 접이식 프로펠러에는 고정 프로펠러와 비교해서 또 다른 이점이 있다. 고정 프로펠러에서 높은 스로틀 세팅에서 모든 모터 토크가 프로펠러로 전달된다. 접이식 프로펠러에는 드론에 가해지는 충격을 약간 흡수하는 효과가 있다. 이것은 빠르게 균형이 잡히고 프로펠러에 최대 토크가 적용된다. 쿠션 효과는 카메라에 가해지는 충격을 줄이는 데 유용하다.

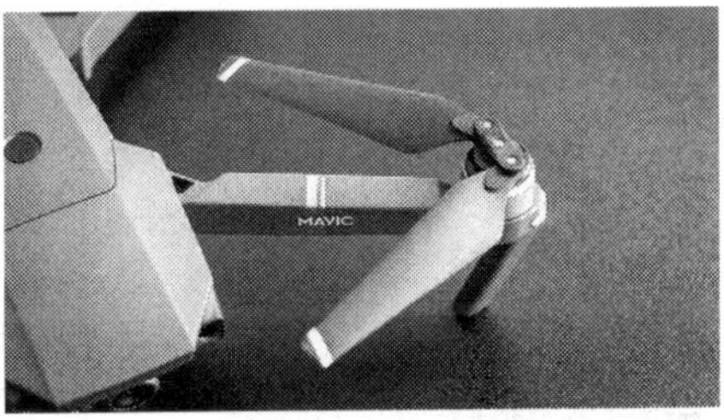

▲ 접이식 프로펠러

프로펠러가 얼마의 추력을 생산할지를 알기 위해서는 대부분의 제조업체가 제공하는 모터 추력 테스트 데이터를 검토해야 한다. 서로 다른 두 모터의 동일 프로펠러는 설계, 토크, 출력 및 RPM의 차이로 인해 성능이 크게 달라질 수 있다. 그러나 이러한 벤치 테스트(bench test)는 정적 환경에서 수행된 데이터로 실제 환경을 반영하지 않은 것이다. 따라서 실제 비행에서 벤치 테스트 데이터와 비교하면 추력이 약 5~10% 정도 감소한다는 점을 고려해야 한다.

"불노즈(BN)는 표면적이 넓어 더 많은 공기를 취할 수 있는 프로펠러이다."

드론 프로펠러의 표면적이 넓을수록 더 많은 공기를 취할 수 있어 더 높은 추력을 낼 수 있지만, 전류 요구량이 더 높고 항력이 증가하며 전력 효율이 떨어진다. 불노즈 프로펠러는 최신 쿼드콥터에서 더 일반적으로 사용되고 있다. 이 유형의 프로펠러는 표면적(surface area)이 넓어 추력 생산이 더 크다. 테이퍼 프로펠러는 팁 와류가 적지만 프로펠러가 얇아질수록 추력은 감소한다. 항공 사진과 같은

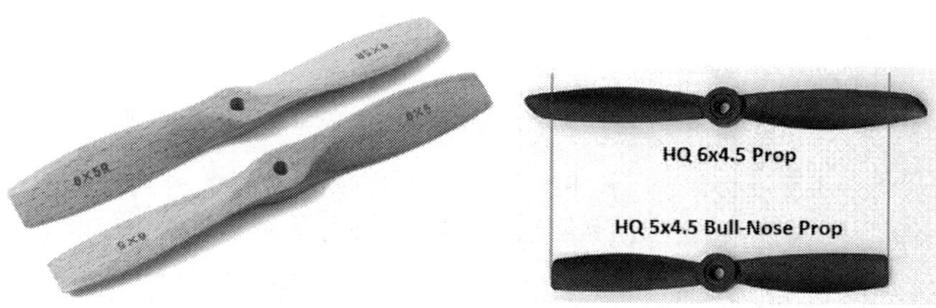

▲ 불노스(BN) 프로펠러와 표면적 효과

응용 분야에서 안정성이 더 중요한 저속 이동 쿼드콥터에 적합하다. 이 프로펠러의 부가 표면적은 특히 허브에서 더 멀리 떨어진 곳에 무게를 더하고 있음을 의미한다. 따라서 프로펠러의 관성 모멘트가 증가하고 모터가 더 많은 토크를 가해야 하므로 배터리에서 많은 전력을 소비한다. 이 유형은 작은 크기로 더 높은 추력을 얻기 위해 소형 경주용 프레임에 일반적으로 사용된다. 프로펠러의 모양은 표면적과 밀접한 관계가 있는 팁 설계로 다음과 같은 종류가 있다.

- Pointy nose
- Bull nose(BN)
- Hybrid bullnose(HBN)

HBN은 Pointy nose보다 표면적이 크고 BN은 HBN보다 표면적이 더 크다. Pointy nose가 3개 중 가장 효율적이지만 추력이 가장 낮다. 다른 2개의 프로펠러는 더 높은 전류 비용으로 더 큰 동력을 낼 수 있다. 프로펠러 팁의 모양 역시 회전할 때 공기 흐름과 상호 작용하는 방식에 영향을 줄 수 있다. 일반적으로 smooth/round 팁보다 blunt/square 팁의 효율이 더 높다.

Q10. 토크는 무엇이고 드론에서 이를 어떻게 해결하는가?

드론은 공원에서 아이들도 쉽게 날려 볼 수 있는 비행체인 만큼 앞서 언급한 것처럼 기술적으로 복잡하지만, 작동과 운용 방식은 아주 단순하게 설계되어 있다. 쿼드콥터(quadcopter)는 4개의 회전체를 갖춘 드론으로 주변에서 가장 많이 사용되고 있는 모델이다. 쿼드콥터는 4개의 모터와 각각 프로펠러로 구성되고 4개의 암(arm)으로 사각 모양을 형성한다. 여기서 주의해야 할 것은 프로펠러가 회전하면서 아래에 있는 동체 또는 모터는 프로펠러 회전 반대 방향으로 회전하려는 경향이 발생한다. 이를 토크(torque)라 한다. 따라서 이를 적절하게 상쇄해 주지 못하면 원하는 기동을 할 수 없다.

항공에서 토크에 대한 일반적인 정의는 축을 중심으로 회전하는 힘이다. 때로는 선형 힘이 밀거나 당기는 것처럼 토크도 특정 축 주변의 물체에 대한 비틀림이라고 정의할 수 있다. 항공기에서 토크의 전형적인 사례는 프로펠러 회전에 따른 동체의 회전 경향이 발생하는 것과 단일로터 헬리콥터의 메인로터 회전에 따른 동체의 반대 방향으로 회전하는 경향이 모두 토크 현상으로 뉴턴의 제3의 운동법칙에 따른 것이다.

"모든 작용에는 동등하고 반대되는 반작용이 있다."

단일로터 헬리콥터에서 볼 수 있는 꼬리 회전날개(tail rotor)가 토크를 상쇄시

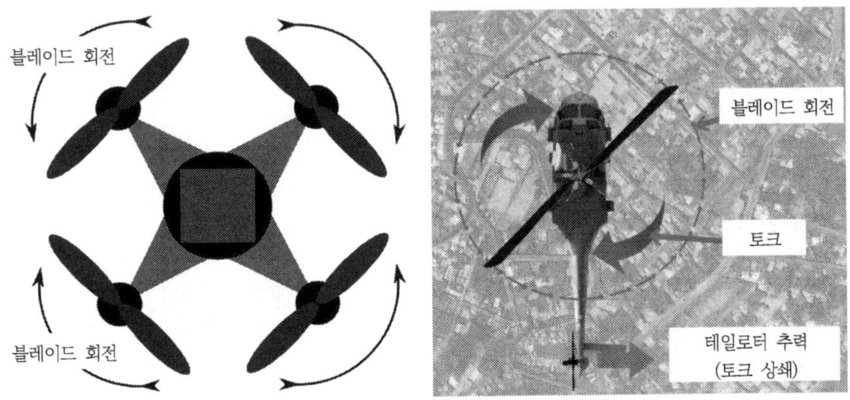

▲ 프로펠러 회전 방향을 반대로 하여 토크를 상쇄한다.

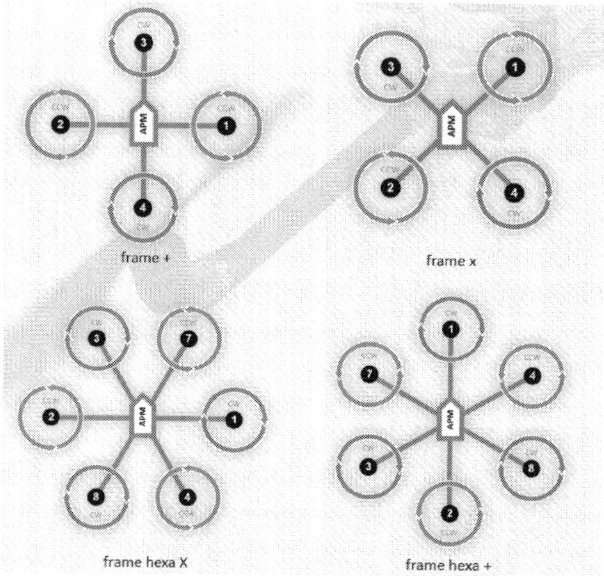

◀ 드론 토크와 회전 방향

키는 기능을 하지만 쿼드콥터에서는 꼬리 회전날개가 필요하지 않기 때문에 더 많은 동력을 프로펠러 회전에 활용할 수 있다.

프로펠러 회전으로 인한 토크를 상쇄시켜주기 위한 첫 번째 기술은 프로펠러를 상하로 배열하여 서로 반대 방향으로 회전하게 하는 방식이 있다. 또 다른 방식은 프로펠러를 전후 또는 좌우 한 쌍을 이루어 2개씩 서로 반대 방향으로 회전하도록 배열함으로써 고유의 토크를 상쇄한다. 쿼드콥터는 후자의 방식으로 토크를 상쇄하고 있다.

이외에도 모터 위아래로 프로펠러를 장착한 방식의 동축 방식의 드론은 위아래 프로펠러의 회전을 서로 반대 방향으로 회전하게 배치해서 토크를 상쇄한다. 이것은 동축 로터(coaxial rotors) 헬리콥터와 같은 방식이다.

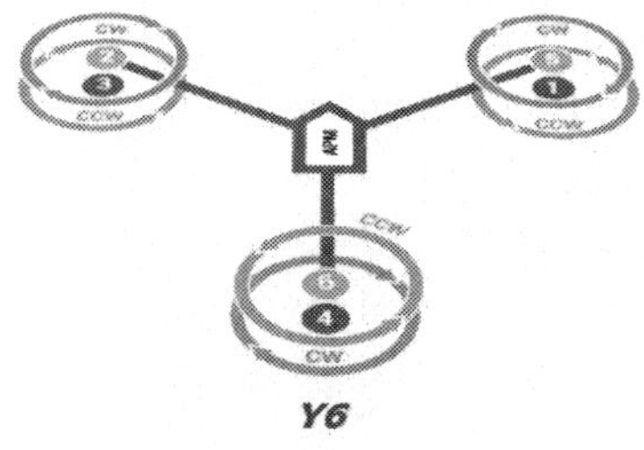

▲ 동축 엇회전 방식 토크 상쇄

Q11. GPS(위성항법시스템)의 기본원리와 활용은 무엇이 있는가?

모든 드론에는 GPS 신호를 수신할 수 있는 수신기를 갖추고 있다. 자동차가 지상 교통수단의 일대 혁명을 일으켰다면 항법 위성은 이들 교통수단에 우주의 눈을 달아준 항법 체계의 새로운 장을 열었다. GPS라고 하는 위성항법의 공식 명칭은 "Global Navigation Satellite System"으로 통상 GNSS라고 한다. GNSS는 가장 최근에 개발된 항법 시스템으로 항법에 관한 모든 문제를 거의 완벽하게 해결해 가고 있다. 요즘 GPS를 모르는 사람이 없을 정도로 널리 알려져 있을 뿐만 아니라 초정밀 산업에서 일상생활까지 큰 도움을 주고 있다. GPS는 자동차 내비게이션 장치나 스마트폰 그리고 항공기에 사용되는 GPS와 다르지 않다. 드론 운용자로서뿐만 아니라 미래 발전을 위해서라도 드론에 어떠한 GPS 기술이 사용되고 있는지를 아는 것은 중요하다.

GPS는 미국 정부가 소유하고 있고 미 공군이 운영하고 있다. 이외에도 러시아에서 운용하고 있는 GLONASS, 중국의 베이더우(BeiDou), 유럽연합의 갈릴레오(Galileo) 그리고 인도의 IRNSS가 있다. 이들 위성항법 시스템은 상호 접속할 수 있어 드론이 어느 한 신호 불량으로 인해 고장 날 경우를 대비해서 다른 GNSS에 접속하여 중단없는 항법 서비스를 활용할 수 있다.

GPS 수신기의 위치결정(positioning)은 삼각 측량(triangulation) 개념이 적용된다. 네트워크를 구성하는 각 위성은 GPS 수신기에서 수신할 수 있는 타임스탬프 신호(time-stamped signals)를 지속 전송한다. 이들 신호는 빛의 속도로 이동하는 전파로 보내진다. 신호가 위성에서 수신기까지 도달하는 데 걸리는 시간을 계산하여 둘 사이의 거리를 확인할 수 있다. 여러 위성의 데이터를 사용하여 지구상에 있는 GPS 수신기의 정확한 위치를 추론할 수 있다.

그러나 드론 운용자와 설계자들은 위성항법 시스템에는 해결해야 할 오차와 불확실성의 원인이 존재한다는 사실을 알아야 한다. 이 중 가장 중요한 고려 사항은 정확한 시간 계산을 위해 수신기 시계를 위성과 완벽하게 동기화해야 한다. 이 문제를 해결하려면 모든 위성 시계(satellite clocks)와 수신기 시계(receiver clocks)가 공통 보정 계수를 적용해야 한다.

또한, 위성들이 신호를 전송하는 순간에도 지구 궤도를 따라 움직인다는 문제도 있다. 이러한 움직임은 비록 미미하지만, 위성과 지구의 거리를 고려했을 때

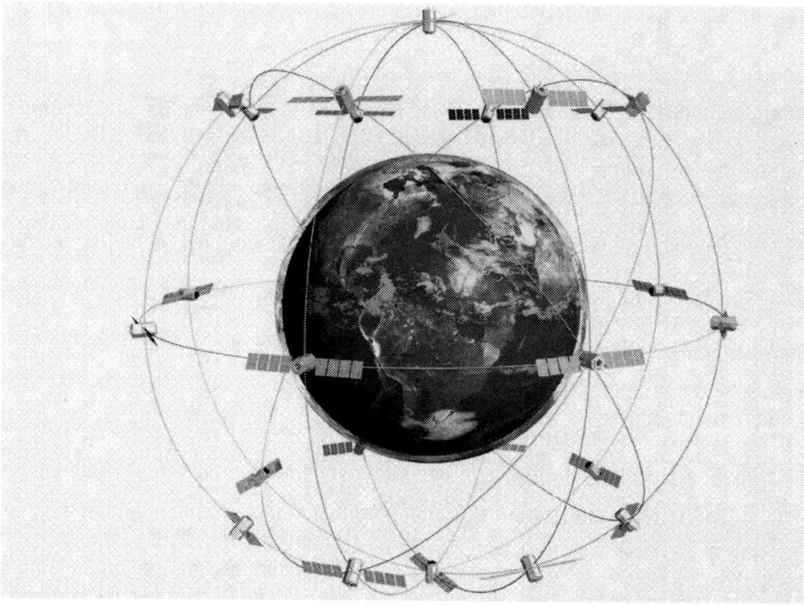

▲ GPS 위성은 지구의 자전 속도보다 두 배의 빠른 속도로 지구를 일일 2회씩 회전한다. GPS가 완전운용을 위해서 최소한 24개의 위성이 필요하다. GPS는 지구 둘레에 6개의 궤도면을 형성하고 각 궤도면에 최소한 4개 이상의 위성이 배열되어 지구상의 어느 위치에 있더라도 사용자는 가시권에 들어올 수 있도록 설계되어 있다.

거리 계산에 반드시 반영해야 한다. 일부 수치 모델은 위성의 이동 궤적을 예측하여 시간과 거리 정보의 오차를 줄일 수 있다. 따라서 궤도를 돌고 있는 GPS 위성의 위치와 움직임을 추적하는 지상국이 꼭 필요한 이유이다.

GPS 신호가 대기를 통과할 때 신호 속도에 미치는 영향도 고려해야 한다. 전파는 빛의 속도로 이동할 수 있지만, 이것은 진공 상태일 때이다. 위성으로부터 신호가 지구의 대기를 통과할 때 본질적인 지연(delay)이 발생한다. 이러한 지연은 전리층(ionosphere)과 대류권(troposphere)의 영향 그리고 위성과 수신기의 위치에 따른 경로 거리의 변화를 고려한 수치 모델(mathematical models)을 통해 예측된다. GPS 네트워크가 수신기의 위치를 정확하게 결정하기 위해 사용하는 시스템은 데이터의 실시간과 신속한 조정이 필수라는 것을 알 수 있다.

초기 개발된 GPS는 자연적 또는 인위적 원인에 의해서 정밀도(accuracy)가 낮아 초정밀이 필요한 분야에서 제한적으로 사용됐으나 지속적인 기술개발과 다양한 성능증대 시스템과 통합되어 정밀도가 획기적으로 높아졌고 오차 "0"의 최종목표를 향한 기술개발이 진행되고 있다.

GPS는 가시선 상에 있는 최소 4개의 GPS 위성으로부터 지표면이나 해수면 또는 상공에 있는 GPS 수신기에 정밀한 위치와 시간 정보를 제공한다. 그러나 산이나 건물 같은 장애물은 상대적으로 약한 GPS 신호가 차단될 수 있다. GPS는 사용자가 데이터를 전송할 필요가 없어 전화나 인터넷 수신과 독립적으로 운용되기 때문에 이러한 기술은 GPS 위치 정보의 유용성을 높일 수 있다.

GPS는 초기 군사 목적으로 개발되었으나 현재는 군, 민간 및 상업 사용자에게 중요한 위치 정보를 제공한다. GPS 사용자는 수신기만 있으면 전 세계 어느 곳에서나 정밀한 GPS 위치와 시간 정보를 수신할 수 있다. 러시아 위성항법시스템(GLONASS)은 GPS와 동시대에 개발되었고, GLONASS를 GPS 장치에 추가할 수 있어 더 많은 위성을 사용할 수 있다. 이로써 2m(6.6ft) 내에서 더 빠르고 정확하게 위치를 식별할 수 있다. 중국의 BeiDou GNSS는 2018년에 글로벌 서비스를 시작했으며 2020년에 전체 구축을 완료했다.

현대 사회에서 GPS는 운송수단뿐만 아니라 소형 휴대폰이나 사물인터넷에 이르기까지 그 활용성은 계속 확대되고 있어 이 기술이 없는 세상은 상상하기 어려울 정도가 되었다. 실제 GPS 기술은 내비게이션, 위치별 데이터, 교통 정보를 가지고 핸드폰으로 지도를 검색하고 원하는 위치를 찾을 수 있으며, 레이더 기반 추적 시스템에 대한 더 빠르고 정확한 대안을 제공함으로써 안전한 항공교통관제를 가능하게 했다. 최근 GPS 기술은 다른 센서들과 결합하여 자동차를 비롯한 항공기 자율비행의 핵심 기술로 채택되고 있다.

이처럼 다양한 산업 기술에 접목할 수 있었던 것은 GPS 기술의 소형화이다. 휴대용으로 개발된 각종 전자기기에 GPS 센서가 내장되고, 초소형 드론에도 일반 장비가 되었다. GPS는 안전과 자율 비행(safety and autonomous flight) 성능을 달성할 수 있도록 드론 기술을 향상하였다. 드론 대중화에서 안전이 필수이고 드론의 기술적 핵심이라는 점을 고려할 때 GPS 기술은 많은 안전 관련 기능들을 가능하게 했다.

초보자도 드론을 안전하게 날릴 수 있는 모드부터 포괄적인 트래킹 모드와 지오펜싱(tracking and geofencing)까지 GPS는 드론의 접근성을 높이고 드론 조종자들은 공역(airspace) 침범에 관한 우려를 덜어준다. GPS 기술은 현대 드론

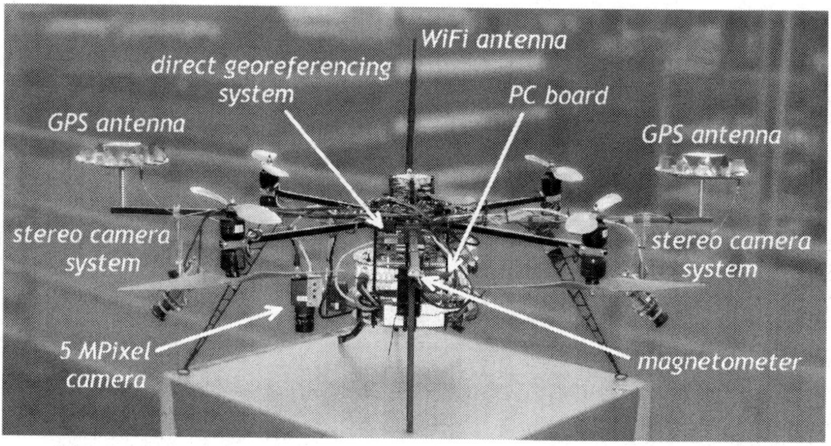

▲ 최신 드론에는 듀얼 GPS 안테나를 비롯한 다양한 센서를 갖추고 있다.
[출처] https://www.mdpi.com

의 첨단 기능 중 하나인 오토파일럿(autopilot)의 기본이다. 최소한의 드론 조종자 입력으로 드론이 이리저리 날아다니는 것을 보는 것은 매우 재미있을 뿐만 아니라 GPS 지원 드론 비행의 정확성과 반복성은 상업적으로 유용한 드론의 많은 응용 분야에 문을 열어주었다. 농업 관리에서부터 수색구조 작업에 이르기까지, 드론과 GPS의 통합은 여러 산업에 걸친 드론 기술의 광범위한 채택을 위한 혁신적 대상이 되어왔다. GPS 센서를 탑재한 드론의 주요 기능은 다음과 같지만, 이들로 한정하는 것은 아니다.

"GPS 센서를 탑재한 드론의 중요한 기능 중 하나가 안정성이다."

이 기능은 드론 조종자의 수동 입력 없이 제자리에서 비행할 수 있다. 드론이 제자리비행(hovering)하는 동안 바람으로 약간씩 밀려갈 수 있지만, 드론은 현재의 GPS 위치를 결정함으로써 이 위치에서 벗어나면 즉시 자동으로 원래 위치로 이동한다. 이 기능은 초보자는 물론이지만, 특히 사진이나 영상을 촬영하는 작가들에게 매우 유용한 것으로 입증되었다. 드론은 GPS 수신기의 정확도로 시차를 두고 영상을 촬영할 수 있을 정도로 안정적인 위치를 유지할 수 있다.

◀ 드론의 RTH 기능은 신호가 불안정하거나 끊어졌을 때 최초 발진 또는 이륙 위치로 돌아오는 매우 유용한 기능이다.

"GPS 탑재 드론은 최초 발진(이륙) 위치로 자동 복귀 기능이 가능하다."

드론은 원격신호가 끊어지거나 배터리 전력이 한계점 이하로 떨어지면 통상 복귀(return to home; RTH) 기능을 작동시킨다. 그러면 드론이 원래 이륙 위치 또는 원격조종기가 있는 위치로 돌아온다. 이 안전 기능은 초보 드론 조종자들이 배터리가 다 되어서 드론이 날아가거나(flyaway) 추락하는 것을 방지하는 중요한 안전 기능이다.

"GPS 탑재 드론 당신의 움직임을 따라 이동한다(fellow me)."

드론 GPS 기술과 첨단 카메라를 탑재한 일부 드론은 피사체를 식별하여 카메라의 초점을 맞추면서 자동으로 따라갈 수 있는 획기적인 기술을 선보였다. 이 기능은 자전거를 타거나, 오솔길을 따라 하이킹, 또는 눈 덮인 슬로프를 스키를 타고 내려오는 사람들에게 극적인 장면을 제공한다. 이 기술에는 광학 인식(optical recognition) 기능이 활용되지만, GPS 지원 트래킹 옵션(GPS-aided tracking)도 제공한다. 이는 피사체가 움직이는 동안 들고 있는 휴대용 비콘을 이용하여 드론이 GPS 위치에 따라 움직일 수 있게 한다. 휴대용 비컨의 사용은 드물지만, 유용성에는 의심의 여지가 없다. 이것은 특히 부피가 큰 원격조종기에 신경 쓰고 싶지 않은 드론 조종자에게 유용하다.

"GPS 탑재 드론은 지정된 비행경로를 따라 자율비행한다."

드론에서 GPS 센서는 드론 조종자가 자동으로 비행경로(flight path)를 지정하기만 하면 된다. 드론은 조종자의 입력에 따라 배터리가 위험 수준 이하로 내려가거나 경로가 완성되었을 때만 정지하면서 한 웨이포인트(waypoints)에서 다른 웨이포인트로 비행하게 된다. 이 기능으로 드론은 광역 감시 및 원격 감지 연구에 매우 유용하다. 예를 들어 지역을 측량할 때 조사 범위나 특정 비행경로만 지정하면 된다. 그런 다음 드론은 이 경로를 따라 비행하면서 필요한 모든 데이터를 수집한다. 조종자의 개입이 없는 것 외에도 이 기능의 이점은 필요할 경우 비행경로를 저장하고 복제할 수 있다.

"GPS 센서를 이용해 특정 지역이나 공역으로의 비행을 거부할 수 있다."

지오펜싱(GeoFencing)은 드론의 GPS 수신기를 이용해 드론의 비행 위치에 따라 자동으로 경고나 제한하는 기능이다. 이 시스템은 일반적으로 비행금지구역과 활성 드론 제한이 있는 지역을 지정하는 디지털 공역 차트와 통합된다. 그러나 이 기능에 대한 찬반 논란은 계속되고 있다. 드론의 지오펜싱은 2010년대 초부터 도입되기 시작했고, 드론 선도 업체인 DJI는 항공도 제작업체와 협력하여 이 기능의 도입을 추진하는 데 앞장서 왔다.

기본적으로 이 기능은 드론의 GPS 위치를 제한하는 기능이고, 드론에 탑재된 공역의 데이터베이스와 비교하는 방식으로 작동한다. 따라서 드론이 비행금지구역 안에 있다면 비행하기 전에 잠금을 해제해야 한다. 비행금지구역의 비행 제한 수준에 따라 드론을 잠금 해제하는 여러 방법이 있다. 이 기능은 제한된 공역으로 부주의하게 진입하는 것을 방지하는 드론 대응책으로 유용하지만, 일부 드론 제작자에 의해 해제 또는 조정될 수 있다는 점에서 우려 또한 없지 않다. 따라서 지오펜싱에 관한 찬반 논쟁이 여러 형태로 계속되고 있다.

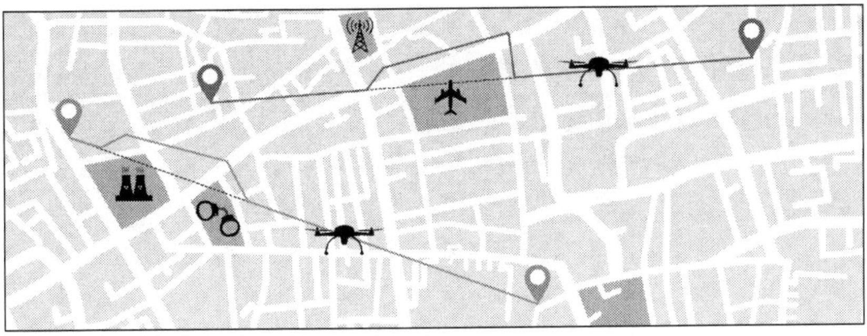

▲ GPS 지오펜싱은 드론 조종자가 주요 공항이나 시설에 불법적으로 침범하는 것을 방지해 주는 매우 유용한 기능이지만, 등록해야 하는 등 개인적으로 일부 제한이 따른다는 점이다.

이 기능을 활성화하기 위해서는 인증을 받아야 한다. 이 과정에서 드론 조종자의 신원뿐만 아니라 드론 등록번호에 대한 정보를 제공하는 것이 포함될 수 있고, 인증을 받으면 드론은 특정 고도 또는 지리적 제한이 있는 지역 내에서 작동할 수 있다. 드론은 관리하고 특정 드론의 불법 행위를 차단하는 데는 효율적이지만, 비상상황에서 인명 구조 작업을 포함하여 드론 조종자의 여러 전문적 사용이 지연되거나 순위가 뒤로 밀리게 될 수 있다. 이 같은 제한에도 불구하고 지오펜싱의 순기능은 다음과 같다.

첫째, 부주의한 공역 침범을 방지하여 공역 안전을 달성할 수 있다.

이 기능의 최종목표는 불법 드론이 주요 공역이나 공항 또는 원전 시설과 같은 주요 시설에 침범하는 위험을 방지하기 위한 일종의 제도적 대응책이다. 실제 드론 조종자들이 유인 항공기에 너무 가까이 비행하거나 심지어 주요 공항의 활주로로 비행한 사례들이 자주 보고되고 있다. 만약 이 기능을 탑재했다면 드론 조종자는 공역이나 주요 시설에 불법으로 침입했는지에 대한 문제를 떨쳐버릴 수 있다. 이것은 엄격한 비행금지구역과 제한구역의 시행을 훨씬 더 쉽게 만들 것이다.

둘째, 드론 조종자에게 책임감을 부여하는 효과가 있다.

드론 조종자가 지오펜싱의 제한을 해제하고자 한다면 조종자 자신과 비행하고

자 하는 드론에 대한 상세한 정보를 제공해야 한다. 따라서 드론이 불안전하게 또는 불법 행위를 했을 때 추적 가능성을 높여 준다. 드론이 대중화되면서 드론 조종자는 부지불식간에 불법 비행하는 사례가 점점 많아지고 있다. 이것이 드론 기술의 한계이지만, 현재까지 제도적 또는 제작자의 의도에 따라 드론 조종자의 책임감과 추적성(accountability and traceability)을 규제할 수 있는 최소한의 방법이다.

셋째, 드론 등록은 불법적 사용에 대한 첫 방어선이다.

등록 제도는 드론의 불법적 사용에 대한 첫 번째 방어선으로 등록된 드론이 불법 사용을 어렵게 한다. 지오펜싱은 무등록 드론의 운용을 방해할 또 다른 장벽을 추가한다. 무등록 드론이 아무런 제한 없이 그 지역에서 비행하는 것이 여전히 가능하지만, 지오펜싱은 이러한 드론을 통제 또는 제한구역과 다른 비행금지구역을 침범하는 것을 효과적으로 방지한다.

이처럼 많은 이점이 있음에도 반대의 의견도 적지 않다. 이 중 가장 중요한 것이 단 몇 분 이내에 상황의 성공 여부를 결정할 수 있는 시간이다. 전 세계의 많은 기관이 응급 구조대에서 드론을 사용하기 시작했다. 드론은 전개가 쉽고 먼 거리를 빠르게 비행할 수 있으며, 내장 카메라의 실시간 영상을 제공할 수 있어 수색과 구조, 법 집행, 소방에 중요한 역할을 하고 있다. 이러한 대부분 상황은 시간을 다투는 사건들이다. 이 같은 상황에서 승인받는 절차를 밟아야 한다면 몇 분간의 시간이 삶과 죽음을 결정할 수 있다. 또한, 드론에 지오펜싱 기능을 갖추면 드론의 자연스러움이 사실상 사라진다. 드론 조종자들은 자율성 문제에 대해 상당히 민감하게 반응했다. 드론 조종자의 책임감 있게 하는 한 드론의 운용을 제한할 이유가 없다고 주장한다.

또 다른 문제는 드론의 지오펜싱 기능은 소프트웨어 중심 기능으로 GPS 수신기만 있다면, 지오펜스 기능을 탑재할 수 있다. 이는 펌웨어 업데이트를 통해 지오펜싱을 제거하거나 드론에 추가할 수 있음을 의미한다. 따라서 의도적이든 아니든 지오펜싱 기능이 없는 드론도 얼마든지 등장할 수 있어 드론 방어책에 대한 중요성이 상대적으로 높아지고 있다.

Q12. GPS와 GLONASS의 차이점과 협업 기능은 무엇인가?

드론에 GPS가 필수 기능이라는 것은 많이 알려진 사실이다. 그런데 드론을 구매했을 때 "Double or Dual GPS"라고 표기되어 있거나 "GLONASS"가 표기된 것을 알 수 있다. 이것은 GPS와 GLONASS 위성항법 시스템 모두 가용함을 나타낸다.

"GLONASS"는 러시아에서 운용하는 GNSS이다."

GLONASS는 구소련은 1976년에 개발해서 현재는 러시아에서 운용하고 있는 GNSS이다. GPS는 지구 전체를 커버하는데 6개의 궤도면(orbital planes)에 필수 4개의 위성에 추가로 7개의 위성이 네트워크(총 31개)를 형성하고 있다. 반면 GLONASS는 지구 전체를 커버하는 3개의 궤도면에 각각 8개씩 배열된 총 24개의 위성 네트워크를 형성하고 있다. 이들 두 GNSS 시스템은 여러 면에서 다를 수 있지만, 적절한 수신기만 갖추면 전 세계 어디에서나 사용할 수 있다.

GLONASS의 정밀도는 최대 2.8m 정도로 알려져 있다. L5(1176.45MHz)를 사용하는 GPS의 정밀도는 30cm(12인치) 정도라고 한다면 차이가 있음을 알 수 있다. 민간 GLONASS가 단독으로 사용되는 것은 GPS보다 정밀도가 매우 낮다. 그러나 고위도(북쪽 또는 남쪽)에서는 위성의 궤도 위치 때문에 GLONASS의 정밀도가 GPS보다 높은 장점이 있다.

GLONASS도 여러 차례 기술개발을 거쳐 최근 A(Assisted)-GLONASS 버전을 개발하였다. 이 버전은 기존 GLONASS와 매우 유사하지만, 최신 전자기기에 더 다양한 기능을 제공한다. 이 기능은 턴 바이 턴 내비게이션(turn by turn navigation), 실시간 교통 데이터 등의 기능을 제공한다. 사용자 위치 근처의 셀 타워를 사용하여 데이터 연결의 도움을 받아 빠르게 위치를 지정한다.

GPS	Galileo	GLONASS
6 Orbital planes	3 Orbital planes	3 Orbital planes
24 Satellites+spare	27 Satellites+3 spares	21 Satellites+3 spares
55° Inclination angle	56° Inclination angle	64.8° Inclination angle
Altitude 20,200km	Altitude 23,616km	Altitude 19,100km

GPS와 GLONASS를 사용하면 전 세계 55개 위성 그룹이 장치(수신기)를 더 정확하게 식별할 수 있다. 따라서 드론이 많은 건물이나 지하철 사이에 GPS 신호가 갇혀 있는 곳에 있을 때 GLONASS 위성이 이를 보조하여 작동할 수 있을 것이다. GPS 시설을 지원하는 모든 하이엔드(high-end; 최고급) 전자기기, 특히 내비게이터는 위치 기반 서비스를 사용하기 위해 칩(chip)에 GLONASS 수신기가 포함되어 있다. 오늘날 대부분의 하이엔드 스마트폰이나 전자기기에는 네트워크 기능을 사용하여 사용자의 위치를 찾는 A-GPS(assisted global positional system)가 탑재되어 있다.

GLONASS가 공공서비스로 제공됨에 따라 위치 찾기 듀얼 코어(dual core) 위치기반 서비스인 GPS+GLONASS 기술을 탑재한 전자기기가 늘고 있다. GLONASS 기술에 관심을 보이는 기업과 칩 제조사가 점점 더 많아지고 있어, 이 기술로 출시되는 전자기기가 점점 더 늘어날 것으로 예상한다. 이외에도 실내, 도시 협곡 또는 산악 지역에서는 GPS만 사용하는 것보다 정밀도(accuracy)를 크게 높일 수 있다. 두 항법 시스템을 동시에 사용하는 경우, GLONASS+GPS 항법의 정밀도는 2.37~4.65m 정도로 알려져 있다.

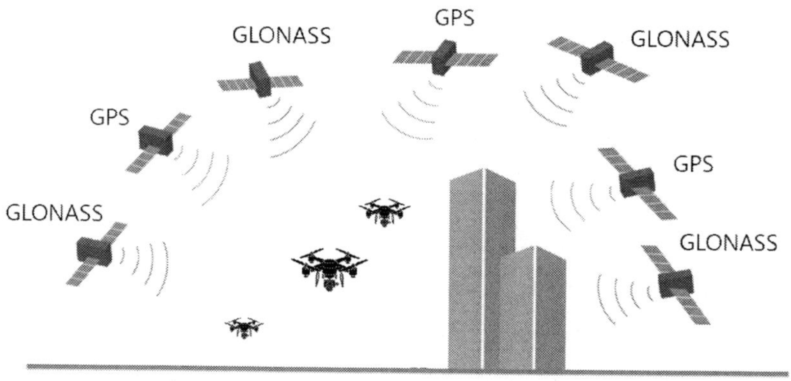

▲ 대부분 고가 드론은 GPS+GLONASS 신호를 수신할 수 있는 기술을 적용함으로써 정밀도 향상과 운용 범위가 확장되었다.

Q13. GPS의 정밀도는 어느 정도인가?

GPS를 사용하는 사람들의 관심 사항 중 하나가 GPS의 정밀도(accuracy)일 것이다. 과연 당신이 사용하고 있는 GPS 수신기가 어느 정도의 정밀도를 갖고 있는가에 대한 해답은 GPS에 대한 신뢰성과 장차 GPS의 보급을 촉진하는 계기가 될 것이다. GPS는 군사용으로 개발되었다. 이는 곧 철저한 운용 제한(limitations)과 사용자(users)가 극히 제한되었다는 것을 의미한다. 또한, GPS 운용 국가로서는 다른 국가 특히 적국의 불법 사용과 다른 범죄조직의 불법적 사용을 통제할 목적으로 의도적으로 정밀도를 조작했다. 그러나 2000년 5월(대한항공 민항기의 소련 미사일 피격) 이후 이 같은 의도적인 정밀도 조작이 금지되어 사실상 군이나 민간이 동일 조건의 정밀도를 확보할 수 있도록 보장되었다.

"GPS는 근원적 오차가 존재한다."

GPS 위성은 우주에서 정상적으로 신호를 송출하지만, 수신되는 신호는 위성 배열, 신호 차단, 대기 상태 및 수신기 설계 특징 등에 따라 다르다. 예를 들어 GPS가 지원되는 스마트폰의 경우 구름이 없는 맑은 하늘 아래서 반경 4.9m 내에서 정확하다. 그러나 건물, 다리, 나무 근처에서는 정확도가 떨어진다. 이처럼 GPS는 근원적 오차가 존재하기 때문에 이를 수정하는 별도의 장치를 통해 정밀도는 실시간 위치 정보는 몇 센티미터 이내의 정밀도를 보장하고 장기간 측정에서는 밀리미터 수준까지 가능하다.

FAA에서 발표한 GPS의 정밀도에 관한 자료에 따르면 민간에서 사용할 수 있는 GPS의 기술기준은 수평으로 100m, 그리고 수직으로 150m로 규정하였다. 물론 이 정밀도는 의도적으로 조작된 결과이고, 조작되지 않은 정밀도는 약 20m 단위까지 감소한다. 그러나 수많은 실측에서 얻은 최대의 정밀도는 수평으로 약 2m 단위까지 측정되었으나 이것을 평균치로 채택할 수는 없다. 분명한 것은 상당한 오차가 존재한다는 사실이다. 이 같은 오차를 보정하기 위하여 지표면에 기준국(reference station)을 설치하여 오차를 수정하는 방법이 개발되었다.

기준국은 사전에 정밀하게 측량된 장소에 설치되어 GPS 수신기에서 수신한 위치 정보와 정밀하게 측정된 기준국의 위치 정보를 비교한다면 GPS 위성에서

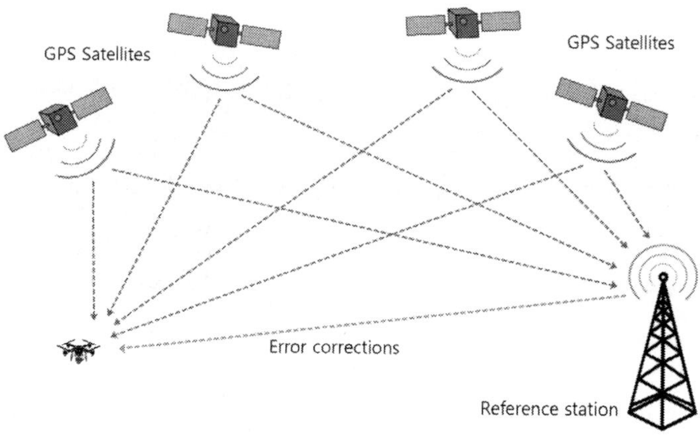

▲ 기준국은 정밀하게 측정된 위치이다. 여기서 수신된 위성 위치 정보와 비교하면 오차를 유추할 수 있다. 이를 사용자 수신기에 전송하여 오차를 처리하는 방식이다.

수신한 위치 정보의 오차를 결정할 수 있다. 이를 DGPS(Differential GPS)라 하고, 정밀도는 최상의 조건에서 공칭 GPS 정밀도 15m에서 약 1~3cm까지 위치 정보의 정밀도를 높였다.

지상에 기지를 둔 항법 시스템은 아래에서 위로 신호를 전송하는 개념이었으나 GPS는 위에서 아래로 신호를 전송하는 기본적인 개념의 변화를 가져왔다. GPS 위성은 지구로부터 20,200km 상공의 궤도를 지구의 자전 속도보다 2배가 빠른 속도로 일일 두 차례 지구 주위를 돌고 있다. GPS를 효율적으로 운용하기 위해서는 GPS에 관한 기본 특성을 알아야 한다.

"GPS 신호는 가시선 특성과 저출력이다."

무선의 발달과 함께 현재의 무선항법이 발달할 수 있었으며 지상 신호의 품질 역시 전파의 특성에 따라 다르지만, 오차는 거의 발생하지 않는다. 무선파는 광속으로 이동하기 때문에 송신기와 수신기는 거의 동시에 정보를 교환할 수 있다. 그러나 위성에서 송출되는 신호는 매우 높은 주파수로 전송된다고 할지라도 20,200km를 통과하는 동안에 발생하는 신호의 왜곡(distortion) 현상을 완전히 제거하는 데는 많은 기술이 요구된다. 무선파 특성 중 하나가 물체가 부딪쳤을 때 반사나 회절하는 현상이다. GPS 위성에서 송출된 신호가 지상 GPS 수신기까지 전달되기 위해서는 완벽한 가시선이 형성되어야 하고, 위성에서 전송되는 신호의 출력이 20~50와트(Watt)의 매우 낮은 점을 고려한다면 이 같은 가시선의 확보가 얼마나 필수적인지를 알 수 있을 것이다. GPS 신호는 가시선의 영향을 받고 있어 신호는 구름(clouds), 강수(precipitation), 유리(glass), 플라스틱(plastic) 등은 통과하지만 산과 같은 거대한 자연장애물이나 콘크리트 빌딩의 내부, 지하 그리고 수중에서 신호는 차단(block off)된다.

"GPS 극초단파 대역에서 운용 코드와 펄스 변조 주파수를 채택하고 있다."

GPS는 극초단파 대역(UHF band)의 펄스 변조(pulse modulation) 방식을 채택하고 있다. GPS 위성에서 전송되는 신호에는 위성의 위치를 식별하고 GPS 수신기에 정확한 PNT(position, navigation, timing) 정보를 제공하기 위한 데이터들이 반송되어 있다. 초기 GPS 위성에서 전송되는 마이크로파는 L1, L2 코드로만 한정되었으나 다양한 목적을 달성하기 위해서 L3, L4, L5 코드가 추가되었다. 이들 코드는 현재 운용 중인 것도 있지만 미래 GPS의 기능에 부가될 코드이기도 하다. 다음 [표]는 GPS 주파수이다.

Band	Frequency	Description
L1	1575.42 MHz	Coarse-acquisition (C/A) and encrypted precision (P(Y)) codes, plus the L1 civilian (L1C) and military (M) codes on future Block III satellites.
L2	1227.60 MHz	P(Y) code, plus the L2C and military codes on the Block IIR-M and newer satellites.
L3	1381.05 MHz	Used for nuclear detonation (NUDET) detection.
L4	1379.913 MHz	Being studied for additional ionospheric correction.
L5	1176.45 MHz	Proposed for use as a civilian safety-of-life (SoL) signal.

Q14. GPS 필수 운용 부문에는 무엇이 있는가?

GPS는 기본적으로 위성 기반(satellite based) 항법 시스템이다. 사용자 수신기는 지구상의 어느 곳에서도 정밀한 위치 정보를 받을 수 있다. 비록 GPS 수신기만으로 정밀한 위치 정보를 받아 보고 있지만, 이 같은 위치 정보가 수신기에 전달되기 위해서는 첨단 과학기술이 자리하고 있다. GNSS가 정상 기능을 수행하기 위해서는 우주, 관제 그리고 사용자 부문(segments)이 상호 조화되어야 최상의 결과를 얻을 수 있다.

"GPS의 운용부문은 우주, 관제 그리고 사용자 부문으로 구성된다."

우주 부문(space segment)은 위성들로 구성된 GNSS의 핵심이다. 한 위성이 지구 주위를 돌면서 한 개의 궤도면(plane of obit)을 형성하지만, 지구 전체를 커버하기 위해서는 여러 개의 궤도면이 필요하다. GPS 위성은 약 20,200km 상공에 있는 중고도 궤도에서 돌고 있으며, 고도가 높을수록 더 넓은 지역에 전파를 송출할 수 있다. GPS가 정상 기능을 수행하는데 24개의 위성이 필요하고 1994년 이들 위성 모두가 정상 위치로 배열되었다. GPS 위성은 6개의 궤도면을 형성하고 한 궤도면에는 최소 4개의 위성이 돌고 있다.

이처럼 궤도면이 지구 둘레에 배열되어 있어 지표면의 어느 곳에 있다 하더라도 최소한 6개의 위성을 항상 볼 수 있도록 배열된다. 1978년 첫 GPS 위성이 발사된 이래 2012년 12월까지 32개의 위성이 지구 구석구석을 24시간 커버하고 있다. 추가로 발사된 위성 수의 증가로 인하여 위성 배열(satellite arrangement)은 불규칙한 정렬로 변경되었으나 위성 간의 중복 측정(redundant measurement)으로 GPS 수신기의 신뢰성과 가용성(availability) 그리고 정밀도(accuracy)를 높였다. 또한, 어느 한 위성에서 결함(malfunctions)이 발생하더라도 지속 서비스받을 수 있는 신뢰성(reliability)을 더욱 증가시켰다.

관제부문(control segment)은 위성이 정확한 궤도를 돌고 있는지 모니터하고 조정하는 지상 관제시설(control facility)이다. 주관제소에서는 각 모니터 관제소에서 취합된 데이터를 종합 분석하여, 수정이 필요한 위성에 지상 안테나를 통해서 데이터를 올린다. 위성이 정상 궤도를 이탈했을 때 궤도를 수정하고 이때

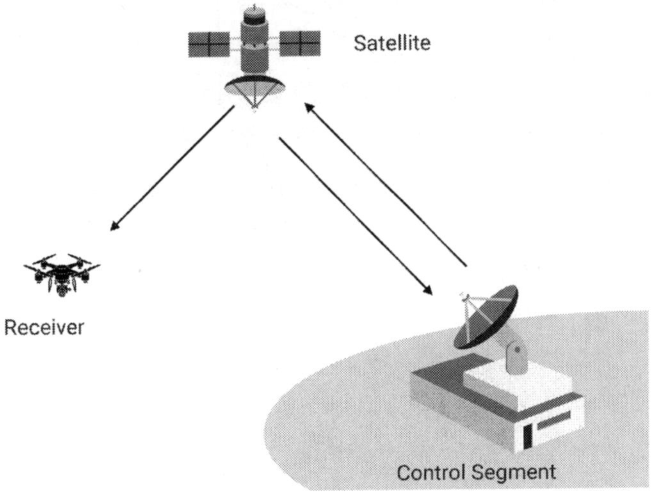

▲ GPS 시스템은 위성부문, 지상관제부문, 그리고 사용자 부문이 있다.

해당 위성은 "unhealthy(비정상)"로 표시되어야 한다. 이 상태의 위성에서 보낸 데이터는 신뢰할 수 없어 사용해서는 안 된다. 주관제소에서는 위성의 위치를 조정하여 정상 궤도에 진입시키고, 새로운 천체력이 업로드(upload)되면 그 위성은 다시 "healthy(정상)" 표시가 나타난다.

사용자부문(user segment)은 GPS 수신기(receivers)이다. 수신기는 사용자가 찾고자 하는 목적지의 위치, 항행 그리고 시간(PNT) 정보가 필요한 레저스포츠, 항공, 선박, 차량, 측지, 군사용 등 산업 전반에서 다양하게 사용되고 있다.

GPS 수신기 역시 각 분야의 특성에 맞게 개발되고 있다. 시장에는 다양한 종류의 GPS가 제작되어 소비자의 선택을 기다리고 있으며, 사용 목적에 가장 적합한 기능의 GPS 수신기를 구매할 수 있다. 항공분야에서도 GPS 수신기가 매우 광범위하게 보급되고 있으며 최근에 제작되는 항공기에는 필수적으로 GPS와 이동지도(moving map)가 조합된 시스템으로 더욱 편리하고 정확한 항법 정보를 제공하는 필수품으로 등장하고 있다.

Q15. GPS는 어떻게 정밀한 위치를 결정하는가?

GPS가 어떻게 당신의 위치를 정확하게 측정하는가에 대한 물음은 GPS 사용자라면 한 번쯤 생각해 보았을 것이다. GPS로부터 완전한 3차원(위도, 경도, 고도) 위치 정보를 수신하기 위해서는 최소 4개의 위성 배열이 필요하다. GPS 수신기가 사용자의 위치를 정확하게 식별하는 데는 삼각측량법(triangulation)의 적용으로 설명할 수 있다. 삼각측량법은 알고 있는 3개의 지점으로부터 원(circle)을 그려 그 원이 만나는 점의 위치를 결정하는 것이다.

2-D 삼각측량법은 평면상의 물체를 기준으로 판단하여 비교적 단순하지만, 지구상의 위치를 측정한다는 것은 단순한 원(circle)이 아닌 구체(sphere)를 대상으로 하는 것이기 때문에 좀 더 복합한 형태로 인식되어야 한다. 당신은 1개의 GPS 위성으로부터 신호를 받았다. 지구상의 어디에 있는가를 결정하는 것은 1개의 GPS 수신기로 인식하기가 불가능하다. 이것은 GPS 수신기가 판독하는 것은 둥그런 지구상의 어딘가에 위치한 것으로 판단하기 때문이다. 만약 2개의 위성으로부터 신호를 수신했다면 각각의 위성으로부터 각기 다른 구체를 형성할 수 있고, GPS 사용자는 2개의 위성으로부터 신호를 수신했으므로 분명 두 구체는 접하게 된다. 2차원에서 두 원이 교차하는 것과 달리 3차원 구체에서는 어딘가에 교차하는 지점이 존재하게 될 것이다. 이 상태에서 GPS 수신기는 당신이 두 지점 중의 한 곳에 있는 위치를 판단하게 된다.

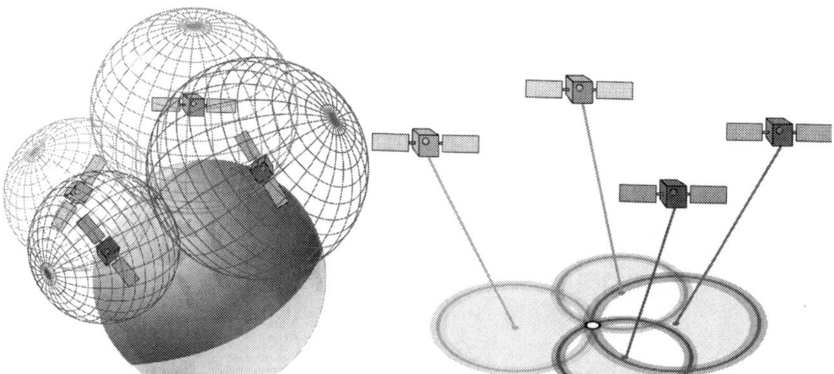

▲ 각각의 위성은 하나의 구체를 형성하고 3개의 위성 구체가 교차하는 지점이 당신의 위치이다. (삼각측량법)

실제 지구를 대상으로 한 위치는 두 지점 사이의 거리가 수백 킬로미터 이상의 거리가 될 수 있다. 이 상태에서 만약 당신이 대략적인 위치를 알 수 있다면 두 지점 중 어느 곳이 당신의 위치인가를 판단할 수 있을 것이다. 또 다른 세 번째 위성은 형성된 구체 상의 두 지점 중 어느 한 지점과 교차하게 될 것이다. 이로써 GPS 위성은 당신의 위치를 정확하게 인식하게 되는 것이다. GPS 위성의 배열은 당신이 지구상의 어디에 있더라도 최소 4개의 위성을 볼 수 있도록 배열되어 있다. 현재 지구상에서 32개의 헨 위성이 돌고 있고 GPS 수신기에 수신된 중복 신호는 위치측정의 정밀도를 높여 준다.

GPS를 이용한 위치 결정은 2개의 수학적 개념이 도입된다. 첫 번째는 삼각측량법이고 두 번째는 이동 거리(distance), 이동 속도(rate or speed) 그리고 이동 시간(time) 간의 관계로 다음과 같이 나타낼 수 있다.

[Distance=Rate × Time]

GPS 무선 신호는 빛의 속도(299,792,458m/초)와 같다. 신호는 GPS 위성에서 지구상의 GPS 수신기로 이동하는 데 걸리는 시간에 따라 결정된다. 이제 속도를 알았고, 시간을 알았다면 위성과 수신기 사이의 거리를 해결할 수 있다. 정밀 위치를 위해서 최소한 3개의 위성으로부터 거리를 결정한다면 지구 표면에서 3차원 위치를 결정할 수 있다. 신호가 GPS 위성을 떠난 시점부터 사용자의 위치에 도달한 시점까지 시간이 경과한 것이다. 위성의 위치가 지도에 표시되기 때문에 위성이 신호를 보낼 때 위성이 어디에 있었는지도 알 수 있다. 경과한 시간을 기준으로 현재 위치를 결정해야 한다. 따라서 GPS 신호의 속도(R)와 경과 시간(T)을 알고 있으므로 거리(D)를 결정할 수 있다. 이때 실제 3차원 GPS 위치 지정에서는 위성의 신호가 구(sphere)로 표시된다.

Q16. GPS 오차와 주요 원인은 무엇이 있는가?

GPS PNT 정보가 어떠한 원인에 의해서 오차가 발생하는가를 아는 것은 GPS 수신기를 보유한 사람으로서 기본적으로 알아야 할 요소이고, GPS 수신기의 오차를 최소화하기 위한 가능한 방법을 연구할 수 있을 것이다.

GPS 위성은 지구로부터 약 20,200km 상공에서 시속 7,000마일로 지구 둘레를 회전하면서 약 20~50W(watts)의 저출력 신호를 송출한다. GPS 신호가 사용자에게 도달하는 과정에서 다양한 형태의 오차가 발생한다. GPS 위성은 지구-중심, 지구-고정(earth-centered earth fixed) 원리에 기초하고 있다. 이것은 각 위성은 지구 중심으로부터 정확한 위치에 있어야 항상 동일 값을 제공할 수 있다. 만일 위성이 지정된 궤도에서 조금이라도 이탈했을 때 비록 미세한 변화라 할지라도 지구에서 발생하는 오차의 양은 엄청나다.

GPS 수신기가 정확한 위치를 산출해 내기 위해서는 현재 시각, 위성 위치, 그리고 신호 지연 양이 필요하고 주로 위성 위치와 신호 지연(signal delay)에 달려 있다. 전자기술은 신호 지연을 1비트 시간의 약 1% 이내까지 신호 오프셋(signal offsets)을 측정할 수 있다. 이는 C/A 코드를 위한 약 10나노초에 해당하는 것으로 광속 GPS 신호를 고려했을 때 이 신호 지연은 지구상에서 약 3m의 오차로 나타난다. 이 같은 위치 정밀도(position accuracy)는 고주파수 P(Y) 코드를 사용함으로써 향상시킬 수 있다. 위와 동일한 1비트 시간의 1% 이내의 신호 오프셋으로 가정했을 때 고주파수 P(Y) 신호는 약 30cm의 정밀도를 얻을 수 있다.

이들 모든 요소를 종합했을 때 독립 민간 GPS 수신기의 수평 위치 오차는 약 15m(50피트) 정도이다. 그러나 더 혁신적인 기술로 제작된 민간 GPS는 수평적 평균 정밀도를 약 5m까지 낮추었다.

- 신호도달(Signal arrival-C/A); ±3m
- 신호도달[Signal arrival-P(Y)]; ±0.3m
- 전리층 효과(Ionospheric effects); ±5m
- 천체력 오차(Ephemeris errors); ±2.5m
- 위성시계 오차(Satellite clock errors); ±2m
- 다중경로 오차(Multipath distortion); ±1m
- 대류권 오차(Tropospheric effects); ±0.5m

• 수치 오차(numerical error); ±1m

"전리층과 대류권을 통과할 때 전파는 왜곡될 수 있다."

GPS 위성에서 지구의 사용자 수신기(user receiver)까지 광속으로 이동하는 전파가 불안정한 대기권(Earth's atmosphere)을 통과하면서 전파는 상당한 지연(delay)이 발생할 수 있고 이로 인한 문제를 해결하는 것이 가장 어려운 과제 중 하나이다. 대기 효과(atmospheric effects)는 주로 전리층(ionosphere)과 대류권(troposphere)에서 발생한다. 이 같은 대기 오차는 위성이 사용자의 직 상공에 있을 때 최저가 되고, 수평 위치가 될수록 전파가 통과해야 하는 거리가 멀어져 오차는 증가한다. 그러나 지상에서 사용자가 자신의 위치를 정확하게 알고 있는 위치에 있다면 이들 오차를 예상할 수 있고 또한 보정할 수도 있다. 이처럼 정확하게 측량된 위치와 GPS 위치정보를 이용하여 더 정확한 3차원 항법 정보를 생성할 수 있으며 실제 이를 응용한 것이 항공기의 정밀접근을 가능하게 하였다.

"전리층을 통과하면서 전파는 위축 현상이 발생할 수 있다."

대기권을 기온(temperature)의 변화에 따라 구분했을 때 지구로부터 대류권, 성층권, 중간권, 열권 그리고 외기권으로 분류한다. 전리층(ionosphere)은 열권(thermosphere)에 속해 있는 층으로 일정 층까지 기온은 일정하지만, 그 이상에서는 기온이 완만하게 증가한다. GPS 위성에서 전송되는 극초단파(UHF)는 광속으로 이동하고 직진성이 매우 뛰어나다. 따라서 GPS 위성 신호는 전리층을 관통

◀ GPS의 기술적 오차는 지속적인 성능개량으로 해결할 수 있지만, 전리층이나 대류권 오차는 해결이 쉽지 않다.

하여 GPS 수신기에 수신되지만 간과할 수 없는 것은 전리층을 통과하면서 신호가 위축(shrinking)되는 현상에 의해서 지연이 발생한다는 점이다. 실제 GPS 오차의 대부분이 전리층 지연을 어떻게 수정하는가에 그 정밀도가 달려있다. 전리층에 있는 대부분 공기는 이온화되어 있고 이 층은 초단파 신호의 속도에 영향을 줄 수 있다.

"대류권에 존재하는 습기는 전파 왜곡의 주원인이다."

대류권은 대부분의 지구 기상을 지배하는 요인들이 발생하는 층이다. 대류권에서 GPS 전파에 영향을 미치는 요인은 습도(humidity)이다. 구름은 많은 수증기가 미세한 구름방울(water droplets)을 형성한 것으로 전파의 왜곡(distortion)에 가장 큰 영향을 미칠 수 있다. 이 같은 대기 현상에 의한 오차는 일정한 것이 아니어서 오차 수정이 어렵다. 습도의 영향은 전리층 지연(ionospheric delay)과 유사하지만, 더욱 국지적이고 빠르게 변화시킬 수 있다는 점과 주파수 특성에 달려있지 않은 점이 다르다. 이 같은 특징을 고려한다면 대류권의 습도 오차의 정밀 측정과 보정이 전리층 오차보다 더 어렵다는 것을 의미한다.

"수신기 고도와 배열 각도는 수신 성능에 영향을 준다."

DOP(dilution of precision or geometry dependent)는 위성 배열을 나타내며, GPS 측정 결과 정밀도 평가에서 매우 중요한 변수이다. 기본적으로 DOP 값은 하늘에서 위성 위치를 배열 각도와 수로 측정한 것이다. 이는 수신기 범위에 있는 위성의 수와 두 위성 사이 분리의 영향을 받는다. GPS 위성들이 좁은 간격으로 모여 있을 때 약한 기하학적 구조이며 DOP 값은 크다. 반면 위성들 사이에 분리가 크면 높은 기하학적 구조이며, 이와 연관된 DOP 값은 낮다. 따라서 DOP 값이 작을수록 GPS 위치를 계산하는 데 사용되는 위성 간의 분리가 크기 때문에 GPS 위치 정밀도는 높다.

GPS 수신기 주변 건물, 인근 산과 같은 장애물이 있으면 유효 DOP 값도 변할 수 있다. 또한, 수평과 수직 위치(3D) 그리고 시간적 정밀도 감쇠를 위해 각각 HDOP, VDOP, PDOP, TDOP로 나타낼 수 있다. GPS 수신기는 측정할 때

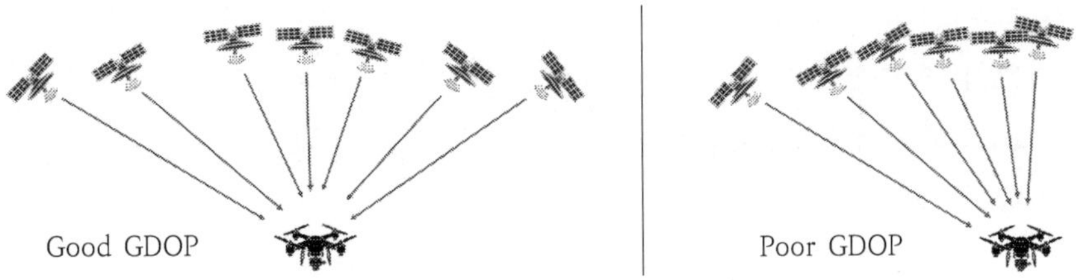

▲ Satellite Geometric Dilution Precision (GDOP)

DOP 값을 얻을 수 있다. 예를 들어 HDOP(horizonal)는 수평 좌표의 위치 정밀도를 나타낸다. HDOP 값은 작을수록 정밀도가 높다. 따라서 DOP 값이 클수록 측정된 좌표에 오차는 크게 발생하고 위성 기하 배열은 불량하다. 따라서 간격이 좁은 위성은 관측 대상 영역의 범위가 낮으므로 DGPS 조사에서도 위치 오차가 발생할 수 있다.

사용자 수신기의 고도에 따라서 발생하는 오차의 크기는 다르다. 이 같은 이유는 고도가 높을수록 신호가 통과해야 할 대기권이 그만큼 감소하기 때문이다. GPS 수신기는 대략적인 고도를 산출할 수 있어 이 오차는 수정하기가 상대적으로 수월하다. 고도 오차를 수정하기 위해서는 기압 고도계(barometric altimeter)를 이용한 주변 대기압(ambient pressure)에 기능 감쇠(attenuation)를 적용하거나 아니면 대기 오차의 상호 관련된 마진(margin)을 적용함으로써 달성할 수 있다. GPS 수신기가 기본적인 3차원 PNT 정보를 수신하기 위해서는 최소한 4개의 위성이 가시권에 있어야 하지만 비록 4개의 위성이 가시권에 들어와 있다고 할지라도 각 위성과 수신기 사이에 형성되는 배열 각도(array angle)가 좁을수록 오차의 가능성은 커진다.

위성의 기하 배열은 GDOP(geometric dilution of precision)라고 하는 위치 오차(positional errors)를 도입하여 다음과 같이 나타낼 수 있다.

"GDOP = 위치 오차/거리 오류(GDOP = positional error/range error)"

GPS 위성 배열에 따른 DOP 값은 다음과 같이 평가한다.

- DOP=1; Ideal DOP value, gives highest possible confidence level
- DOP=1 to 2; Excellent DOP value

- DOP=2 to 5; Good DOP,
- DOP=5 to 10; Moderate DOP,
- DOP=10 to 20; Fair DOP,
- DOP〉20; Poor DOP,

"전파는 지상 장애물에 반사되어 다중 경로가 되고 이는 오차 원인이다."

GPS 위성으로부터 더욱 신뢰할 수 있는 신호를 받기 위해서는 GPS 위성과 사용자 수신기 사이에 어떠한 장애물도 없을 때이다. 상대적으로 공중에 떠 있는 항공기와 대양을 운항하는 선박 등은 GPS 위성으로부터 대기권 오차 외에 전파의 이동 경로(moving path) 선상에 어떠한 장애물(obstructions)도 거의 존재하지 않을 뿐만 아니라 GPS 안테나는 지표면에 반사된 수신기에 도달하기 전에 계속해서 이동하므로 오차가 작다.

그러나 지상에서 활동하는 대부분의 GPS 사용자 수신기는 주변의 인공 및 자연장애물의 영향을 받아 전파가 굴절 또는 반사된 전파를 수신함으로써 전파의 이동 경로가 왜곡(distortion)되어 오차가 발생할 수 있다. 이들 반사 지연이 대기 지연으로 인해서 발생한 일상적인 신호 감쇠로부터 발생하는 오차와 거의 구분이 불가능하므로 실제 신호와 간섭을 일으킬 수 있다.

전파의 다중경로 오차는 이동하는 차량(moving vehicles)에는 비교적 덜 영향을 받는다. GPS 안테나가 이동 중일 때 반사 신호(reflected signals)에 의한 허위 솔루션(false solution)이 빠르게 합류(converge)되지 못하고 오직 안정된 솔루션(stable solution)에서 직접 신호만이 수신될 수 있기 때문이다. GPS 측정에서 다중경로 오차를 제거하는 효율적인 방법은 GPS 수신기를 다중경로 자유 위치로 설정하는 것이다. 즉, 장애물이 없는 위치라는 것을 의미한다.

"천체력과 위성 시계의 오차는 궤도 데이터에서 예측 위치 사이의 차이다."

천체력 오차(ephemeris data)는 실제 위성 위치와 위성의 궤도 데이터에서 예측된 위치 사이의 차이이다. 이 같은 차이는 천체력 데이터는 매 30초 단위로 전송되는 동안에 정보 자체는 2시간까지 지속할 수 있다. 이들 정보가 4시간까지 지속된 데이터는 위치를 산출하는데 유효한 것으로 보지만 이 정보가 실제 위성 위치를 지시하는 것이 아니기 때문이다. 만약 신속한 초기위치결정시간(Time to First Fix; TTFF)이 필요하다면 수신기에 유효 천체력의 업로드(upload)가 가능하고 추가로 시간을 세팅하면 위치 픽스는 10초 이내에 획득할 수 있다. 위성 원자시계는 잡음과 시계 편의 오차(noise and clock drift errors)가 발생한다. 항법 메시지에는 이들 오차를 수정하기 위한 정보와 원자시계의 정밀도에 대한 평가가 포함된다. 그러나 이들 정보는 관측을 기준으로 한 것이고 시계의 현재 상태를 지시하는 것은 아니다. 이들 오차는 매우 작지만, 그 부정확성(inaccuracy)은 수 미터까지 증가할 수 있다.

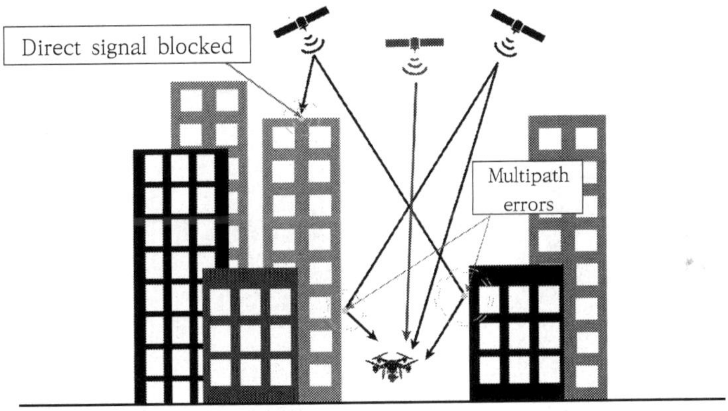

▲ 특히 도심의 수많은 건물과 시설 나무 등은 신호를 왜곡하는 오차의 원인이다.

Q17. GPS 전파 간섭과 교란 가능성은 없는가?

GPS 신호가 지상 또는 공중의 사용자 수신기에 도달하는 동안에 전파는 어떠한 원인에 의해서 간섭(interference) 또는 교란(jamming)받을 수 있다. 이 같은 전파의 간섭과 교란은 자연적 현상과 인위적 현상으로 분류한다. GPS는 매우 정밀한 위치 정보를 제공하지만, 위에서 언급한 오차와 함께 무선파가 간섭받을 수 있는 단점을 갖고 있다. 만일 군작전(military operations)에 사용되고 있는 GPS 위치 정보가 적군의 의도적인 전파 교란의 영향을 받았다면 군작전에 심각한 영향을 줄 수 있다는 점은 항상 고려되어야 한다.

첫째, 자연적 원인

GPS 전파가 대기권을 통과하는 동안에 태양 플레어와 같은 자연적인 원인으로 인해 신호는 상대적으로 매우 약해지는 경향이 있다. 이 같은 신호의 감쇠는 GPS 수신기가 위성 신호를 수신하고 트래킹하는 것을 어렵게 하거나 때로는 불가능하게 할 수 있다. 이 같은 자연적 원인에 의한 전자기 방사(electromagnetic emission)의 주원인 중 하나는 태양 플레어(sun flares)이고, 이는 GPS 수신 성능을 감소시킬 수 있다. 또한, GPS 신호는 지구 자기장의 극(poles) 근처에 발생하는 지자기 폭풍에 의해서도 간섭받을 수 있다.

둘째, 인위적 원인

인위적 간섭(artificial sources of interference)이 자연적 간섭 또는 교란과 같이 광범위하지는 않지만 다양한 원인으로 인해 국지적으로 위성 신호를 감쇠(attenuation)시킨다. 예를 들어 차량의 앞 유리에 장착된 철제 서리방지기(defroster)라든지 또는 햇빛을 차단하기 위해서 유리에 부착한 필름(tinting film) 등은 패러데이 케이지(Faraday cage)와 같은 작용을 하여 차량 내부에서 신호의 수신 강도를 떨어뜨릴(degrading) 수 있다. 비록 의도적으로 행하지 않은 전자기간섭(electromagnetic interference; EMI) 역시 GPS 신호를 무력화시킬 수 있다. 가장 문제가 될 수 있는 것은 역시 인위적인 전파 교란 행위이다. GPS 수신기와 동일 대역에 있는 강한 신호는 GPS 수신기의 신호를 교란할 수 있다.

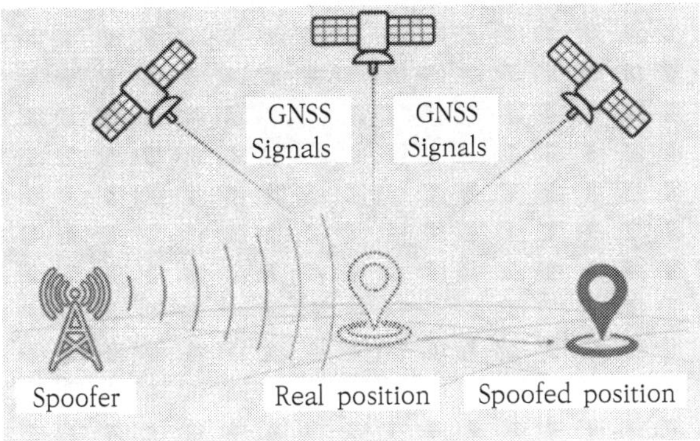

▲ 스푸핑은 실제 위치를 가상의 위치로 이동시켜 혼란을 초래하는 전파방해 기술이다.

이 같은 전파 교란기가 사용되고 있다는 것은 쉽게 탐지되고 위치를 파악할 수 있어 전파추적 미사일(anti-radiation missiles)의 좋은 표적이 된다. 일부 국가에서는 GPS 신호를 실내 또는 차폐된 장소에서 수신할 수 있도록 GPS 자동중계기(repeater)의 설치를 허용하기도 하지만 EU와 UK에서는 법으로 이들 자동중계기의 설치를 금지하고 있다. 자동중계기는 신호가 GPS 위성과 자동중계기 모두에서 데이터를 수신하게 되는 다른 GPS 수신기의 신호를 간섭할 수 있기 때문이다. 이 같은 자연 및 인공적인 전파의 간섭과 교란(interference and jamming)에 대처하기 위해서 다양한 기술들이 계속해서 개발되고 있다.

"전형적인 전파 교란 행위는 재밍과 스푸핑이 있다."

재밍(jamming)은 통신 또는 레이더 체계의 사용을 방해하거나 제한, 또는 기능을 크게 떨어뜨리는 데 사용되는 전파방해 장치이다. GPS와 같은 주파수로 무선 신호를 송출하여 수신기를 교란함으로써 GPS 장치가 정확한 위치를 결정하는 기능을 방해한다. 반면, 스푸핑(spoofing)이 주로 군사 작전에 사용되는 전파 기만 기술이다. GPS 위성의 위치와 시간을 계산해 위성으로부터 받을 신호와 동일 신호를 송출하여 해커가 원하는 위치로 위성의 위치를 옮기거나 시간을 이동시켜 GPS 수신기가 위성으로 받은 신호 대신 GPS 스푸핑 신호를 택하도록 위치와 시간을 조작하는 것이다.

▲ GPS 전파 교란 행위가 민간과 군의 정밀 위치 정보 서비스를 심각하게 위협하고 있다. 안티-재밍 GPS 안테나 시스템은 액티브 안테나 어레이와 전자장치로 구성된다. 이 시스템이 4개의 안테나로 GPS 신호를 수신하여 하나의 가공 채널에서 재전송하는 방식이다. [출처] https://www.rstteknoloji.com.tr

이들 전파 교란 행위로 드론을 무력화할 수 있지만, 특정 상황에서만 가능하다. 이것은 모든 드론이 GNSS를 사용하는 것은 아니기 때문이다. 일부 드론은 지상 조종자에 의해 무선조종을 받는다. 그리고 GNSS를 이용해서 항행하는 드론은 GPS를 주수단으로 사용하지 않을 수도 있고, 재밍이나 스푸핑이 표적으로 하는 것과는 다른 주파수의 GPS를 사용할 수도 있다. 예를 들어 러시아의 GLONASS 시스템을 이용하여 항행하는 드론은 GPS 전용 재밍이나 스푸핑에 덜 취약할 수 있다.

실제 많은 최신 수신기가 여러 주파수의 GNSS 배치에서 발생하는 신호를 처리할 수 있으므로 무력화가 쉽지 않다. 일부 드론은 영향을 받지 않을 수도 있다. GNSS를 사용하지 않거나, GNSS 무력화를 방지하기 위해서 다른 위성 배열이나 주파수를 사용하는 것이다. 때로는 재밍이나 스푸핑 방어 기술을 탑재하기도 한다. 그러나 이 같은 조치는 아마추어 드론 조종자보다 군사용 또는 특수 목적의 드론에 해당한다. 공항과 기타 중요 시설 관계자는 이들 옵션으로 아주 배제해서는 안 되지만, GNSS 교란 또는 스푸핑 장비를 배치하기 전에 초기 단계에서 철저한 위험 평가와 시나리오 테스트를 수행할 것을 권고한다.

Q18. LiDAR(라이다)는 무엇이고 어떻게 활용되는가?

최근 출시되는 드론 사양에 LiDAR(라이다)라는 용어가 자주 등장한다. Lidar(LIDAR, or LiDAR; light detection and ranging)는 레이저를 물체에 조사하여 반사된 빛이 수신기로 돌아오는 시간을 측정하여 가변 거리 등을 측정하여 주변의 모습을 정밀하게 그려내는 장치이다. 이와 유사한 장치가 레이더(radar)이다. 레이더 역시 전파를 쏴서 물체와 부딪힌 뒤 되돌아오는 전파 속도로 물체를 감지한다. 다만, 레이더 파장길이는 수㎝ 단위인 데 비해 라이다는 나노미터(1㎚=10억분의 1m)로 짧아 레이더가 인식하지 못하는 물체까지 감지할 수 있는 장점이 있다. 라이다 기술은 최근 자율주행 자동차에도 적용되고 있다.

라이다는 레이저(laser)가 되돌아오는 시간의 차이, 그리고 다양한 레이저 파장을 이용해서 지표면과 해저 지형을 디지털 3D 이미지로 생성할 수 있다. 라이다는 대상 물체까지의 거리뿐만 아니라 움직이는 속도와 방향, 온도, 주변의 대기 물질 분석 및 농도 측정 등에도 사용된다.

라이다는 자외선(ultraviolet), 가시광선 또는 근적외선(near infrared light)을 이용하여 물체를 촬영한다. 비금속 물체, 암석, 비, 화합물, 에어로졸, 구름 및 단일 분자를 포함한 광범위한 물질을 대상으로 할 수 있다. 협대역 레이저 빔(narrow laser beam)은 30cm(12인치) 이상의 해상도로 지형 지도를 제작할 수 있는 것과 같이 고해상도로 물리적 특징을 지도로 제작할 수 있다. 라이다에 사용

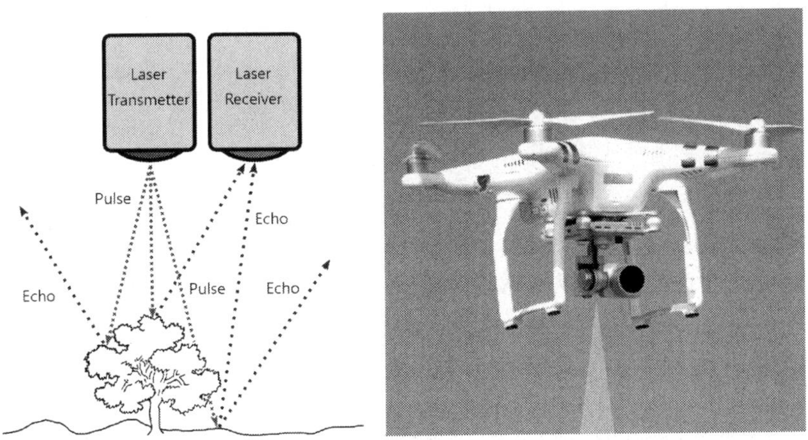

▲ 라이다의 기본원리는 레이더와 유사하다.

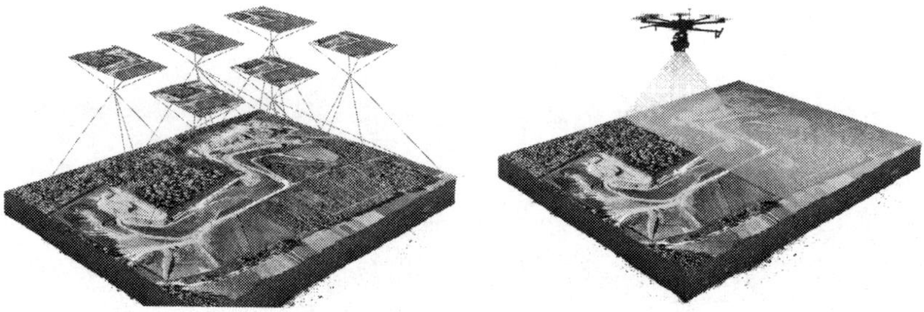

▲ 항공 사진을 붙여 지도를 완성하지만, LiDAR는 한 번에 전체를 3D 이미지로 촬영한다.

되는 레이저 파장은 대상에 적합하도록 약 10㎛(micrometers, 적외선)에서 약 250nm(UV)까지 다양하다.

라이다를 항공기에 장착하고 비행하면서 레이저 펄스를 지표면에 발사해 돌아오는 시간을 측정함으로써 반사 지점의 공간 위치를 분석하여 지형을 측량하면, 구조물에 따라 반사되어 돌아오는 시간이 다르므로 이로부터 광학 영상으로는 얻기 어려운 3차원 모델을 얻을 수 있다. 지상 라이다는 여기에 GPS로 얻은 위치 좌표를 결합하여 정밀한 위치 데이터를 얻기도 한다.

일반적으로 빛은 거울(mirror)로 볼 수 있는 순수한 반사와는 달리 후방산란(backscattering)을 통해 반사된다. 다양한 유형의 산란(scattering)이 라이다 어플리케이션에 사용된다. 이 중 라이다에 사용되는 산란 형태는 Rayleigh 산란, Mie 산란, Raman 산란, 형광 산란 등이 있다. 파장의 적절한 조합은 반사된 신호 강도에서 파장-종속(wavelength-dependent) 변화를 식별함으로써 원격으로 대기 콘텐츠를 이용하여 지도를 제작할 수 있다.

수신기는 물체에 반사되어 돌아오는 빛을 감지하는 부분으로, 수신기의 빛에 대한 감도는 라이다의 성능을 좌우하는 주요한 요인이다. 근본적으로 수신기는 광자를 감지하여 이를 증폭하는 역할을 한다. 위치확인 시스템은 3차원 영상을 구현하기 위해서 수신기가 놓여 있는 위치 좌표와 방향을 확인하는 부분이다.

라이다는 마이크로펄스(micropulse or high energy)를 사용한다. 마이크로펄스 시스템은 간헐적 에너지 버스트(intermittent bursts of energy)를 사용한다. 일반적으로 1-마이크로줄(microjoule) 정도의 아주 낮은 레이저 에너지를 사용함으로써 별도의 안전 예방책 없이도 눈의 안전에 영향을 주지 않는다. 고출력

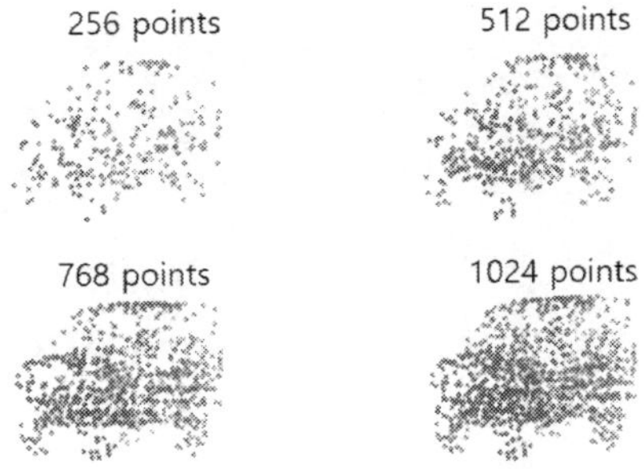

◀ 포인트 클라우드는 점이 모여 객체를 만들어낸다. 점이 많을수록 개체 형상은 분명해진다.

시스템은 대기 연구에 일반적으로 사용되며, 구름의 높이, 구름층 및 밀도, 구름 입자 특성(소멸 계수, 후방산란 계수, 편광), 기온(온도), 압력, 바람, 습도 및 미량 가스 농도(오존, 메탄, 질소산화물)를 측정하는 데 널리 사용된다.

비행기나 위성과 같은 이동식 플랫폼에 장착된 라이다 센서는 센서의 절대 위치와 방향을 결정하기 위한 계측기가 필요하다. 이들 장치에는 GPS 수신기와 관성 측정 장치(IMU)가 포함된다.

라이다는 자체 광원을 공급하는 능동형 센서(active sensors)를 사용한다. 센서는 물체에 부딪히고 반사된 에너지를 감지하고 측정한다. 물체까지의 거리는 전송된 펄스 및 후방산란 펄스 사이(between transmitted and backscattered pulses)의 시간을 기록하고 빛의 속도를 사용하여 이동 거리를 계산한다.

Flash LiDAR는 카메라가 더 큰 플래시(flash)를 방출할 수 있고 반사된 에너지와 관심 구역의 공간 관계 및 치수를 감지하기 때문에 3-D 이미지 생성이 가능하다. 따라서 캡처된 프레임을 함께 연결할 필요가 없고 시스템이 플랫폼 모션에 민감하지 않아 왜곡(distortion)이 적기 때문에 더 정확한 이미지를 생산할 수 있다.

공중탑재 라이다(공중 레이저 스캐닝)는 레이저 스캐너가 항공기에 탑재된 상태에서 3D 포인트 클라우드(point cloud; 공간에 그려진 데이터 점의 집합으로 3D 모양 또는 객체를 생성할 수 있다.) 모델을 제작하는 것이다. 이 방법은 현재 디지털 고도 모델(digital elevation models)을 만드는 가장 세부적이고 정밀한 방법이며, 사진 측정을 대체한다. 사진 측정과 비교한 한 가지 주요 장점은 포인트 클라우드 모델에서 식물(vegetation)로 인한 반사를 걸러내 나무에 가려진 강, 길, 문화재 등의 지표면을 나타내는 디지털 지형 모델을 만들 수 있는 점이다. 공중탑재(airborne) 라이다 범주 내에서 고고도와 저고도 애플리케이션 간에 차

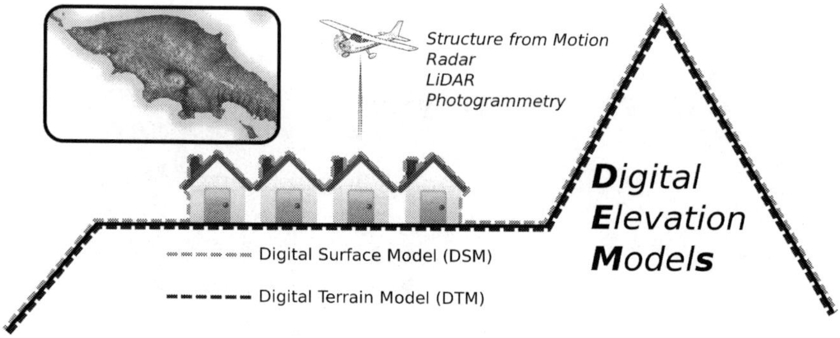

▲ DEM 모델 [출처] https://upload.wikimedia.org

이가 있을 수 있지만, 가장 큰 차이점은 고고도에서 획득한 데이터의 정밀도와 포인트 밀도(accuracy and point density)의 감소이다. 공중탑재 라이다를 사용하여 얕은 물에서 수심의 깊이를 측정하는 모델을 생성할 수도 있다.

공중탑재 라이다의 주요 기능에는 디지털 표고 모델(digital elevation models; DEM)과 디지털 표면 모델(digital surface models; DSM)이 있다. 한 지점과 지상 지점(points and ground points)은 분리 포인트의 벡터이며, DEM 및 DSM은 분리 포인트의 보간 래스터 그리드(raster grids of discrete points)이다. 이 프로세스에는 디지털 항공 사진 캡처도 포함된다. 예를 들어 라이다는 지표면 깊이 자리하고 있는 산사태 가능성을 판독하기 위해 초목으로 덮여 있는 지표면의 가파른 비탈, 압력 균열 또는 기울어진 나무 등을 촬영하는 데 사용된다.

최근에는 드론이 레이저 스캐너와 다른 원격 센서와 함께 작은 영역을 스캔하는 경제적인 방법으로 사용되고 있다. 또한, 드론 원격 감지 기능은 유인 항공기의 접근이 어려운 지형이나 외딴 지역에서도 원하는 임무를 수행할 수 있다.

Q19. MEMS 기술과 전형적인 활용은 무엇인가?

초소형 드론이 각종 장애물이 놓여 있는 비좁은 공간을 안전하게 비행할 수 있는 기술은 첨단 초소형 전자기기의 개발이 있었기에 가능하다. 드론 역시 초소형 전자기기를 가능하게 한 기술 중 하나가 MEMS이다. MEMS(Micro Electro Mechanical Systems)는 센서, 변환기, 액추에이터, 기어, 펌프, 스위치 등과 같은 초소형 기기의 제조와 관련된 기술이다. 즉, MEMS는 전자, 전기 및 기계 소자가 결합한 초소형 통합 전자기계장치이기도 하다. MEMS 기술은 전통적인 집적회로(IC) 제조의 확장된 형태로 볼 수 있다.

집적회로(IC)와 MEMS의 주요 차이점은 MEMS를 사용하면 커패시터 및 인덕터와 같은 전기 구성요소뿐만 아니라 기어, 스프링, 빔 등과 같은 기계 구성요소도 포함된다는 점이다. 기존 IC 기술에는 도체, 절연체, 다이오드 및 트랜지스터만 제작할 수 있다. 이러한 MEMS 기반 장치의 크기는 통상 몇 마이크로미터(1~100㎛; 10^{-6}m)로 제작된다. 오늘날의 디지털 기술에서 센서는 중요한 구성요소 중 하나이다. 모든 계산과 처리는 디지털 신호에서 이루어지기 때문에 아날로그 세계와 디지털 전자장치 사이에 매개체가 있어야 한다.

센서는 아날로그 물리적 매개 변수의 시간적 영향을 관찰하고 컴퓨터에 의미 있는 정보를 생성하는 데 사용될 때 이 격차를 해소한다. 센서는 온도나 습도와 같은 물리적 양을 감지하여 전기 신호로 변환하는 기본 감지 요소를 포함하는 장치이다. MEMS 센서는 MEMS 기술을 사용하여 센서를 설계 및 제조한 것이다. 일부 손동작 제어 드론에는 MEMS 기술이 적용된 3축 가속도계, 3축 자이로스코프 및 디지털 모션 프로세서가 포함되어 있다.

MEMS IMU 센서를 탑재한 드론은 방향을 안정적으로 유지하고 사용자가 정밀하게 제어하거나 자율비행도 가능하다. 현재 드론 기술이 한 단계 더 뛰어넘기 위해서는 고품질 MEMS 센서와 정교한 소프트웨어가 필수다. 소프트웨어의 물리적 크기(size) 제약은 물론 온도 변화 및 진동과 같은 까다로운 환경 및 작동 조건도 센서 필수요건을 한 단계 더 높인다. MEMS 센서는 이러한 영향을 최대한 줄이고 정밀하고 신뢰할 수 있는 측정을 제공한다.

ASSN(application specific sensor node)은 프로그램이 가능한 마이크로컨트롤러와 함께 여러 센서를 하나의 패키지에 결합하는 고도로 통합된 지능형 센

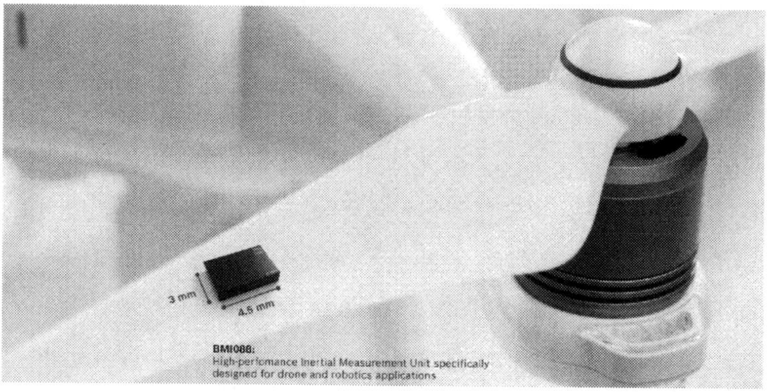

▲ 드론과 로봇을 위해서 특별히 설계된 고성능 MEMS IMU이다.

서 허브(intelligent sensor hub)를 제공하고, 모션 감지 애플리케이션을 위한 플렉시블(flexible) 저전력 솔루션을 제공한다. 예를 들어 Bosch Sensortec의 BMF055는 센서 출력을 포함하여 소프트웨어를 관리하기 위한 가속도계, 자이로스코프, 자기계 및 32비트 Cortex M0+ 마이크로컨트롤러(microcontroller)가 내장된 ASSN이다. 이 센서는 방향 처리 소프트웨어와 결합하여 AHRS로 사용할 수 있다. 이 장치는 5.2×3.8×1.1mm^3 크기의 작은 패키지에 내장되어 공간과 무게를 크게 절약할 수 있다. 드론 전용 일체형(all-in-one) 패키지를 제공하는 센서다.

MEMS 센서와 정교한 소프트웨어의 결합은 절대 안전이 요구되는 저렴한 어린이용 완구 드론까지 적용되고 있을 정도로 보편화되었다. 미래 드론과 로봇에 탑재되는 초소형 반도체 및 MEMS 센서는 차세대 첨단 항공기와 드론 그리고 증강현실이나 IoT 플랫폼에 이르기까지 우리의 일상생활에 점점 더 중요한 역할을 하게 될 것이다.

Q20. RTK, DGPS, 그리고 PPK는 무엇이고 어떠한 차이가 있는가?

GNSS는 산업 분야뿐만 아니라 인간의 소소한 생활 영역까지 광범위하게 활용되고 있다. 비록 GPS 오차를 완전히 제거할 수는 없지만, 전자 또는 기계적, 물리적 오차의 근본 원인을 낮추어 오차 범위를 크게 낮추었다. 하지만 현재도 GPS는 전리층, 대기권 그리고 위성 궤도 등으로 인한 오차는 사실상 해결이 불가능하다.

RTK는 GNSS 시스템의 오차를 수정하기 위한 기술이다. 만약 전리층과 대류권에 의한 오차가 얼마인지 알 수 있다면 GPS 오차를 다시 보정할 수 있다. 신호의 정보 내용 외에 신호 반송파 위상 측정을 사용하며 단일 기준국(base station) 또는 보간 가상 스테이션에 의존하여 실시간 보정을 제공하며 센티미터 수준의 정밀도를 제공한다. 앞서 다룬 DGPS는 이 같은 해결 불가능한 오차를 크게 줄이는데 기여하였다. RTK 기술은 이들 오차를 1~2cm까지 줄일 수 있는 기술이다. RTK(real time kinematic)는 "실시간 이동측위"라고 하지만, 보통 RTK라고 한다. RTK는 최근 드론에 많이 적용되고 있다. 특히 드론 군집비행에서 RTK는 드론 간의 간격이 매우 중요하기 때문에 오차 역시 최소가 되어야 한다.

GPS가 설치된 기준점의 정확한 위치를 알고 있다면 GPS 위상 오차를 알 수 있고, 그 위상 오차를 주변에 로버(rover)에 전달해서 오차를 보정할 수 있다.

GPS base는 위치가 고정되어 있으므로 수신되는 GPS 데이터 오차를 계산하여 전송하고, GPS Rover는 이동할 수 있는 GPS 장치로 GPS base로부터 오차를 수신하여 현재 위치를 다시 보정한다. 일반 GPS와 데이터를 전송할 수 있는 RF(무선 주파수) 장치만 있다면 어렵지 않게 이를 활용할 수 있다. RTK GPS의 한계는 기준점과의 거리가 멀어질수록 오차 보정이 어려울 수 있다. 이것은 거리가 멀어질수록 전리층과 대기권 오차가 다를 수 있기 때문이다.

DGPS와 RTK의 정밀도 차이는 동일 GPS 신호를 사용하여 위치를 얼마나 더 정확하게 계산하는가에 달려있다. 위성에서 GPS 신호는 의사임의코드(Pseudo Random Code; PRC)로 전송하고 수신기 역시 여러 위성에서 PRC를 수신하므로 수신된 코드를 자체 코드에 맞춰 전파 지연을 계산할 수 있다. 4개의 위성에서 거리를 측정하여 지구상의 3차원 위치를 알 수 있다. 이를 코드 기반 위치결정(code-based positioning)이라 하고 DGPS의 기본 위치 계산 기반이다. RTK

는 반송파 기반(carrier-based)으로 거리를 결정하기 때문에 코드 기반 방식보다 더 정밀한 위치 정보를 제공한다. 위성으로부터 거리는 수신기와 위성 사이의 반송파 사이클 수를 결정한 다음 반송파 신호의 파장으로 곱해서 계산한다. 모든 GPS 위성이 동일 주파수로 신호를 송출하는 것은 아니다. 위치를 결정하는 데 여러 주파수를 사용할 때 대기 지연 및 신호의 다중경로 전파 오류가 최소화된다.

DGPS와 RTK 모두 사전에 측량된 위치 또는 시간 경과에 따른 위치 평균을 사용하여 정밀도가 높은 알려진 위치의 기지국을 사용한다. (일반적으로 12~18 시간). DGPS 설정의 기지국은 알려진 위치를 GPS 신호에 의해 계산된 위치와 비교한다. 그런 다음 위치를 다른 수신기(rover)로 전송하고, 이 수신기는 보정 데이터를 사용하여 위치를 다시 계산한다. RTK 기지국은 관측된 신호의 위상을 전송하고 이 정보를 로버(이동국)에게 전송한 다음, 로버가 관측한 위상과 비교하는 방식이다.

구 분	RTK	DGPS
정밀도	±2cm	±1m
위성 배열(기지국)	동일, 로버(rover)	동일, 로버(rover)
신호 방식	반송파 기반	코드 기반
위성 수	최저 5개	최저 4개
무선 링크	• DGPS보다 더 많은 정보 • 고속 전송 • 실시간 전송	• RTK보다 정보가 적음 • 전송이 느림 • 실시간 또는 후처리 정보

RTK GPS의 오차를 감지하는 방법과 오차를 보정하는 절차는 다음과 같다.

① 위도/고도/경도를 미리 알고 있는 위치에 GPS 기지국을 설치한다.

② GPS 기지국은 정확한 위치가 측량되었으므로 수신된 GPS의 오차를 비교할 수 있다. (위도/고도/경도)

③ GPS 기지국의 RF(무선 주파수) 송신 장치를 이용해서 주변에 RF 수신이 가능한 GPS 수신기에 오차를 전송한다.

④ GPS rover에서는 오차율을 수신해서 현재 수신 GPS 데이터에 오차를 비교하여 보정한다.

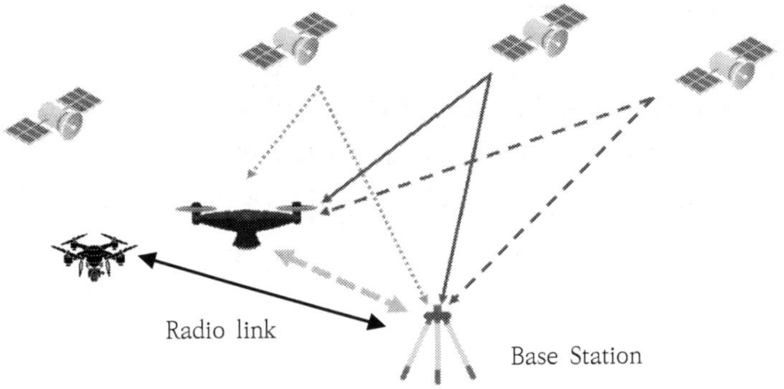

▲ RTK는 기지국에서 오차 데이터를 항공기(드론)에 전송해서 보정하는 방식이다.

PPK(post processed kinematic)는 RTK와 유사한 기술이지만, 드론 비행 후 드론의 위치 정보와 기지국 위치 정보를 비교하는 방식으로 "후처리 측위 보정"이라 하고 통상 PPK라고 한다. PPK는 GNSS 수신기에서 수신된 위치 데이터를 저장한 후 기지국 위치 정보와 비교하여 위치 데이터를 보정하는 기술이다. 고정 기지국과 드론이 각각 GNSS 로그를 각각 기록한다. 드론이 기록한 위치 정보는 다소 부정확하지만, 고정 기지국의 정보는 매우 높은 정밀도이기 때문에 후에 두 데이터의 타임스탬프(time stamp)를 기반으로 위치 정보를 보정한다.

즉, RTK와 PPK 모두 2개의 데이터 집합을 비교하기는 하지만, PPK 방식은 데이터를 독립적으로 수집하기 때문에 통신상태에 크게 영향을 받지 않는다. PPK 방식이 상대적으로 GPS 보정 신호에 있어 제약이 작지만, 그 처리공정이 쉽지 않다. PPK는 각각의 수신기에 축적된 원본 데이터를 내려받아 이를 RTK 알고리즘으로 처리하는 것이기 때문에 RTK 기기만 사용하는 것보다 훨씬 더 복잡하다. 이외에도 PPK는 최대 20km까지 비행할 수 있지만, RTK 드론은 기지국의 가시권에 있어야 한다.

Q21. 드론에 탑재된 센서는 무엇이 있는가?

최근 출시되는 드론(특히 쿼드콥터)은 어린이부터 성인에 이르기까지 사용자 편의성을 극대화하기 위해 설계되었다. 손바닥만 한 크기의 드론이 정밀한 전자기기를 탑재할 수 있을 정도로 관련 소재의 발달이 뒷받침되었다. 드론이 공중에서 수직 추력(양력)을 발생시키고 자유자재로 기동할 수 있는 기계적 구성요소 외에도 주변으로부터 정보를 끊임없이 수집하는 일련의 센서(sensors)들을 탑재하고 있다. 이들 센서로부터 수집된 정보를 통해 드론이 위치를 유지할 수 있는 성능은 이들 센서와 관련 기기의 신속 정밀한 작동으로 주변의 장애물을 피할 수 있다.

최근 출시되는 드론에 탑재된 센서들은 아래와 같지만, 모든 드론에 가용한 센서들을 모두 탑재할 수는 없다.

① Gyroscope(자이로스코프)
② Barometer(기압계)
③ Accelerometer(가속도계)
④ GPS 센서
⑤ Magnetometer(자력계, 자기계)
⑥ Rangefinder(거리측정장치)
⑦ Inertial Measurement Unit(관성측정장치, IMU)
⑧ Obstacle avoidance(장애물 회피)

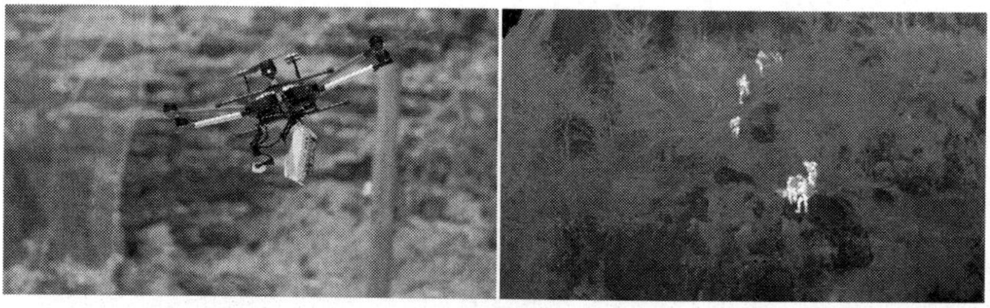

▲ 드론이 인간의 접근이 어려운 지역에서 원하는 임무를 수행하기 위해서는 초정밀 그리고 초소형 센서들의 탑재가 필수이다.

Q22. 관성항법장치(INS)와 관성측정장치(IMU)는 어떠한 차이가 있는가?

드론의 항법에 GPS가 활용되고 있다는 사실은 널리 알려졌지만, 일부 고성능 드론에 관성항법장치(INS; inertia navigation system)도 함께 사용되고 있다는 사실을 아는 사람은 많지 않다. 관성항법장치(INS)는 뉴턴의 고전적 역학을 기반으로 한다.

"관성항법장치는 외부 지원 없는 자립 항행 시스템이다."

INS는 GPS 신호가 방해받거나 차단되었을 때 또는 터널이나 수중에서도 유용하다. INS는 기본적으로 비행체의 내비게이션, 유도 및 제어 통합에 매우 적합하다. GPS만을 탑재한 드론이 자연 및 인공 구조물과 건물이 많은 장소를 비행할 때 위성 신호가 차단될 수 있다. 통합 INS/GPS 솔루션은 이러한 상황에서도 매우 안정적인 위치 및 속도 정보를 제공할 수 있다.

INS/GPS 기술은 항공기와 드론 그리고 자율주행차에 이르기까지 전 세계 기술자들이 추구하고 있는 자율주행과 자율비행 성능을 한 단계 높이는 계기가 되었다. 이 기술의 핵심은 IMU, GPS 수신기, 그리고 다양한 첨단 센서들로 구성된다. 이들 센서는 비행체의 위치, 방향 및 속도를 계산하여 도심, 협곡, 교량, 터널, 산악, 주차장 및 울창한 숲과 같은 GPS가 가용하지 않은 지역에서 중요한 항법 정보를 제공한다.

INS/GPS는 특히 항공기나 드론과 같이 비행하면서 임무를 수행할 수 있어 운용 효율성을 크게 개선했다. IMU(관성측정장치)는 INS/GPS의 중요한 부분이지

◀ 1960년대 개발된 LN-3 INS

만 각 비율 및 가속 정보만 제공할 수 있어 동일 기능을 수행할 수 없다. 그러나 통합 INS/GPS에서는 GPS 수신기의 절대 위치가 원천(raw) 관성 데이터와 통합하여 비행체에 지속해서 정밀한 정보를 제공한다. 드론의 두뇌인 비행제어기(flight controller; FC)는 이 측정값을 항법 정보와 원활한 비행 능력을 제공하기 위해 사용한다. 이 데이터는 조종자에게 전달되며, 조종자는 드론을 기동하고 비행 중 안전한 운용을 보장하기 위해 이를 사용할 수 있다.

관성 센서(inertia sensors)는 시간이 지남에 따라 점차 오차가 축적되는 단점이 있다. INS/GPS 통합 항법 솔루션에는 데이터 융합 알고리즘이 가장 정확한 위치 추정치를 선택한다. Kalman 필터(filter)는 가장 일반적으로 사용되는 융합 알고리즘으로 시간에 따른 관성 측정과 위성 시스템 위치 추정치를 모두 추적한다. INS의 누적 오차는 필요에 따라 GPS 또는 무선항법 장치의 지원을 받아 오차를 수정해야 한다. GPS와 통합으로 관성항법장치의 플랫폼이 향상되었을 뿐만 아니라 비용도 절감되었다. INS 고유 오차는 센서 오류가 통합 작동으로 해결함으로써 이들 오차 수정을 제조 및 교정 비용을 제거하였다. 최근에는 새로운 저비용 MEMS 센서 기술의 적용으로 활용이 크게 증가하였다.

관성항법장치(INS)는 각 가속도(angular acceleration)와 선형 가속도를 측정하는 IMU(관성측정장치) 그리고 일부 IMU에는 자이로스코프(또는 MEMS)도 포함되어 있다. IMU는 드론에 3축의 선형 가속도와 피치, 롤링 및 요 측정 데이터를 제공한다. INS는 측량부터 무인 차량에 이르기까지 많은 첨단 산업에서 필수 센서이다.

관성측정장치(IMU)는 관성항법장치(INS)의 한 구성품으로 여러 센서의 조합으로 이루어진 장치이다.

특히 드론에 탑재된 INS는 UAV 내비게이션, UAV 기반 측량 등에 주로 활용된다. 이외에도 높은 정밀도가 필요한 자율주행차 개발을 위한 GPS 지원 관성항법장치로 주목받고 있다. INS는 일반적인 위치나 방위뿐만 아니라 잠수함, 보트 또는 수로 측량 등 해양 애플리케이션에도 활용된다. INS는 기본적으로 외부의 지원을 받지 않는 항법 시스템이기 때문에 모바일 지도, 실내 지도제작, 수심 측정, UAV 기반 측량 등과 통합될 수 있다. 대부분의 현대 IMU(INS) 기술은 고성

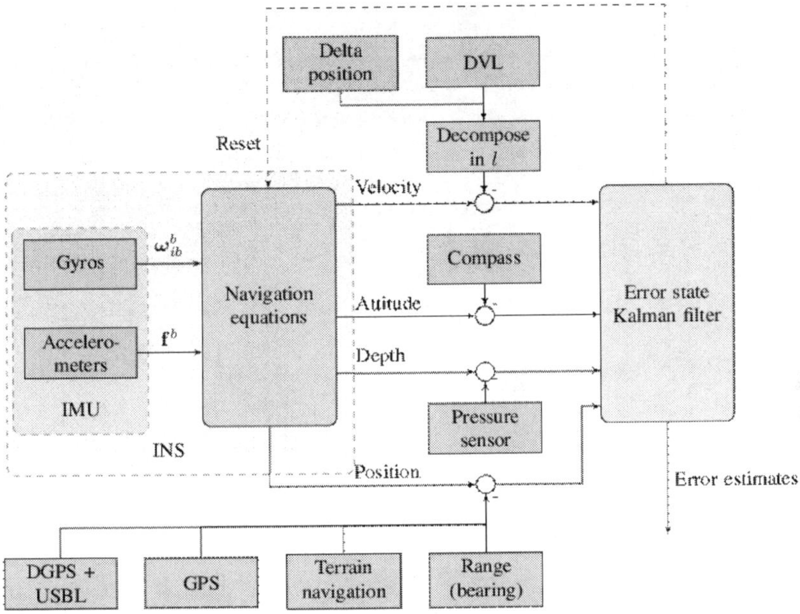

▲ 정밀 항법 데이터를 도출하기 위한 관성항법장치 계통도

능과 초저전력을 더 작은 크기로 결합하는 MEMS 기술을 기반으로 한다.

드론의 IMU는 가속도계, 자이로스코프, 자력계로 구성되며, 이들 각 세트는 3-축 모두에서 운동(motion)을 감지한다. 이들 센서의 기능을 결합하여 IMU는 드론의 롤, 피치, 그리고 요와 관련된 위치와 회전 속성의 변화를 감지한다. 또한, IMU는 자기장의 방향과 강도를 감지하여 오리엔테이션 드리프트(orientation drift)에 대해 즉각적인 보정을 수행할 수도 있다. IMU 모듈은 이미 오래전부터 항공기, 위성, 우주왕복선, 미사일 등의 항법 시스템의 중요한 역할을 해왔다. 오늘날 IMU는 거의 모든 스마트폰과 태블릿, 일부 게임 컨트롤러 등에서 필수 센서로 활용되고 있다.

관성측정장치는 추측항법(dead reckoning)을 이용해서 드론의 위치를 결정한다. 드론의 위치는 사전에 결정된 위치와 이전 지시에서 시간이 지남에 따른 예상 속도를 이용해서 결정한다. 이것은 IMU는 드론의 가속도를 지속해서 통합하여 속도와 위치를 산출해 낸다는 것을 의미한다. 추측항법을 적용한 IMU는 GPS 신호가 없는 실내에서도 대략적인 위치를 감지할 수 있다는 장점이 있다. IMU의

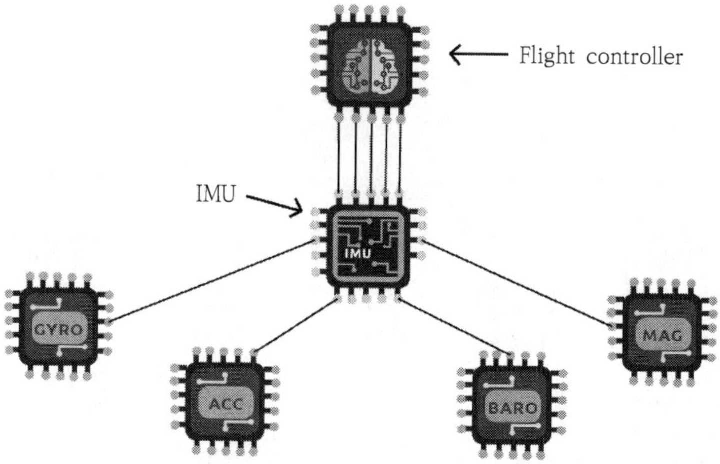

▲ 소형 드론에 탑재된 MEMS IMU는 자이로, 가속도계, 고도계, 그리고 자기계 등과 통합되어 정밀 위치, 속도, 방위 그리고 제세 정보를 제공한다.

한 단점은 여러 센서를 사용함으로써 센서가 생성하는 오류가 누적되는 경향이 있다. 속도와 위치는 드론의 가속도를 통합하여 결정되므로, 가속 수치의 오차는 위치와 속도 모두에서 기하급수적으로 더 높은 오차를 초래한다. 이들 오류로 인한 "드리프트(drift)" 역시 시간이 지남에 따라 커질 수 있다. 이 때문에 드론 IMU의 주기적 보정(calibration)을 적극적으로 권장한다. 최신 드론에서 소프트웨어 지원 IMU 보정은 표준 기능이 되어 그리 어려운 일이 아니다.

IMU는 가속도계와 자이로스코프를 사용하여 가속도 및 각 비율을 측정하는 전자장치이며, 위치 정보를 제공하는데 사용할 수 있다. IMU는 드론 특히 소형 드론의 필수 구성요소가 되었고, 일반 애플리케이션에는 제어 및 안정화, 유도 및 수정, 측정 및 테스트, 그리고 모바일 지도 제작이 포함된다. IMU(각 비율, 선형 가속도 및 자기장 강도) 또는 AHRS(롤, 피치 그리고 요)에 의한 원천(raw) 측정 출력은 UAV의 항법과 제어를 보조하기 위해 상대 위치, 방향 및 속도를 계산하는 관성항법장치(INS)와 같은 장치에 공급될 수 있다. 드론 기반 애플리케이션을 위한 IMU를 선택할 때 기본 기술, 성능 및 견고성과 같은 몇 가지 주요 옵션 등을 고려해야 한다.

IMU에는 자기장 강도를 측정하기 위해 자기계(magnetometer)와 통합된 유형이 있지만, UAV에 사용되는 주요 IMU 기술은 다음과 같다.

- Silicon MEMS
- FOG(fiber optic gyro)
- RLG(ring laser gyro)
- Quartz MEMS

Silicon MEMS IMU는 비행체 움직임에 의한 질량 편향 또는 질량을 제자리에 고정하는 데 필요한 힘을 측정하는 소형 센서를 기반으로 한다. 일반적으로 소음, 진동 민감도 및 불안정 변수는 FOG IMU보다 높지만, MEMS 기반 IMU는 기술이 계속 개발됨에 따라 더욱 정밀해지고 있다. 따라서 MEMS IMU는 일반적으로 훨씬 더 작은 크기와 무게로, 더 저렴한 비용으로 제조될 수 있어 소형 UAV 플랫폼과 대량 생산 장치에 이상적이다.

FOG IMU는 코일 광섬유(optical fiber)를 통해 확산하는 빛의 빔을 기반으로 한 반도체기술을 적용한다. 충격과 진동에 덜 민감하고 열 안정성이 뛰어나지만 자기 간섭에 취약하다. 또한, 각도 랜덤 워크(angle random walk), 바이어스 오프셋 오류(bias offset error) 및 바이어스 불안정성(bias instability)과 같은 중요한 변수에서 높은 성능을 제공하므로 매우 정밀한 내비게이션과 같은 중요한 임무를 수행하는 UAV 애플리케이션에 이상적이다. 높은 대역폭으로 인해 FOG IMU는 고속 플랫폼 안정화에 적합하다. 일반적으로 MEMS 기반 IMU보다 더 크고 비용이 많이 들며, 대형 UAV 플랫폼에서 자주 사용된다.

RLG IMU는 FOG IMU와 유사한 기술 원리를 사용하지만, 광섬유 대신 밀봉된 링 공동(sealed ring cavity)이 사용된다. 일반적으로 가장 정밀한 옵션으로 고려되지만, IMU 기술 중 가장 고가이고 다른 대체 기술보다 훨씬 더 크다.

Quartz MEMS IMU는 정밀 진폭에서 진동하기 위해 오실레이터에 의해 구동되는 석영(quartz)으로부터 마이크로 가공(micro-machined)된 원피스 관성 감지 요소를 사용한다. 그런 다음 진동 석영(vibrating quartz)을 사용하여 각속도를 감지하여 신호를 증폭하여 속도에 비례하는 DC 신호로 변환할 수 있다. Quartz MEMS 기술은 높은 신뢰성과 온도에 대한 안정성이 특징이고, FOG 및 RLG 기술과 대등하다. 이러한 요소들은 UAV의 공간 및 전력 제약 환경을 위해

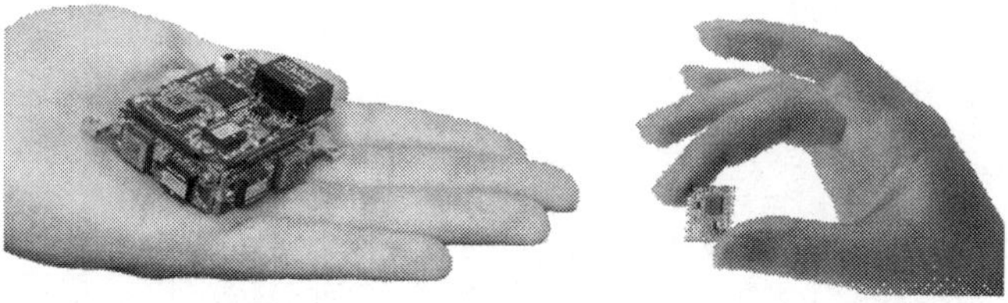

◀ 초소형 드론에 맞게 개발된 MEMS IMU

설계된 관성 시스템에 이상적이다.

UAV에 탑재되는 IMU는 높은 수준의 충격과 진동 및 광범위한 온도 범위와 같은 까다로운 환경에도 견딜 수 있도록 매우 견고해야 하는 경우가 많다. 외장은 정밀 기계식 양극화 알루미늄과 같은 재료로 제작될 수 있으며, 거친 환경 조건으로 인한 보드 응력(board stresses) 및 위험으로부터 보호하기 위한 밀봉표준이 채택될 수 있다. 진동 민감도(vibration sensitivity)가 낮은 IMU는 진동 수준이 높은 거친 UAV 애플리케이션에서 더 높은 정확도의 내비게이션 솔루션을 제공한다. IMU에 사용되는 기술과 가속도계, 자이로스코프 그리고 자기계의 물리적 특성에 따라 다르다. IMU가 온도 보상으로 제조되는 경우 측정의 안정성이 향상된다.

IMU 부품은 초소형으로 제조되고 있다. 현재는 물론이고 UAV 플랫폼의 설계 및 개발에서 IMU의 크기, 중량 및 전력 요구사항(Size, Weight and Power; SWaP)은 핵심 고려 요소로 제작사들은 더 먼 거리를 비행하거나 비행시간을 연장하거나 페이로드 용량을 증가시키기 위해 시스템의 전체 크기와 중량을 줄이는 것을 목표로 하고 있다. 이에 따라 많은 IMU 공급업체들은 UAV의 SWaP 요구사항을 충족하기 위해 초경량과 초소형 IMU를 개발하는데 많은 연구와 투자가 진행되고 있다.

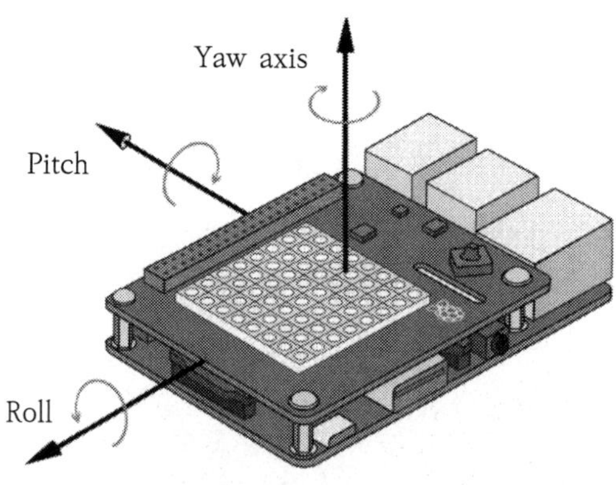

◀ MEMS IMU의 3축 운동 감지

Q23. 드론에 탑재된 자이로센서와 6축 자이로 기능은 무엇인가?

자이로스코프(gyroscope)는 방향과 각속도를 측정하거나 유지하기 위해 사용되는 주요 장치이다. 자이로스코프는 프레임에 장착된 회전체(rotor)로 구성되어 있다. 회전체가 회전하는 동안 회전축은 장착된 프레임의 기울기 또는 회전과 상관없이 정립 상태를 유지한다. 자이로스코프의 기본원리는 각운동량 보존(conservation of angular momentum)이다. 자이로스코프(gyroscope)는 저가의 초소형 드론을 포함한 대부분 드론에 탑재된 기본 센서 중 하나이다.

자이로스코프는 관성 기준 프레임을 설정함으로써 움직이는 물체의 회전 속도, 기울기, 그리고 각속도(angular velocity)를 결정할 수 있다. 따라서 자이로스코프는 방향을 측정하거나 유지하는데 사용되는 매우 유용한 장치이다. 또한, 자이로 나침반(선박, 항공기, 우주선, 차량)을 보완 또는 대체하여 안정성을 보조하거나 관성유도장치 일부로 사용할 수 있다. MEMS 자이로스코프는 스마트폰과 같은 일부 가전제품에 많이 사용된다.

자이로스코프를 각각 다른 축을 지향하는 3개의 가속도계(accelerometers)와 통합(6축)하면 어느 축에서나 드론의 운동 정도를 결정할 수 있다. 이것은 드론의 롤(roll), 피치(pitch), 요(yaw)에 대한 정보를 수집하고 이 정보를 드론의 PID(proportional-integral-derivative) 컨트롤러에 피드백하는 데 도움이 된다.

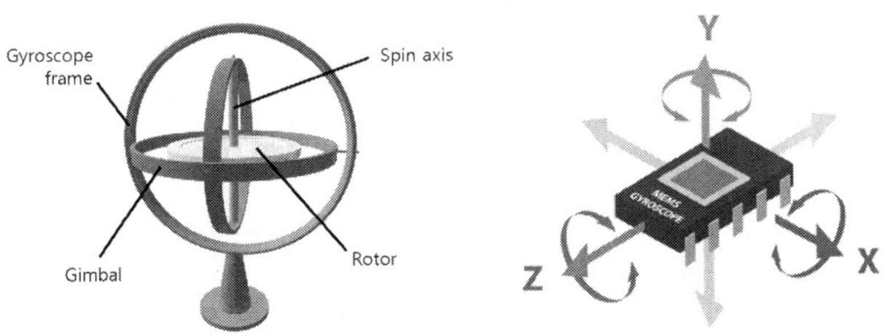

▲ 자이로스코프와 MEMS 자이로스코프, 자이로스코프 센서는 3축(피치, 롤링 및 요)의 각속도를 감지한다. 이 센서는 드론에 안정성을 제공하고 흔들림을 제어한다. 자이로스코프의 정보는 모터 제어 드라이버에 전달되어 모터의 속도를 동적으로 제어하여 모터에 안정성을 제공한다.

실제 모든 드론에서 자이로스코프는 안정적인 제자리비행(hovering)을 유지하는 데 사용된다. 조종자의 입력이 없을 때 자이로스코프는 드론이 표류하거나 흔들리는 것이 감지한다. 이 정보는 PID 컨트롤러로 전달되며, PID 컨트롤러는 드론의 모터가 원치 않는 움직임에 대응하도록 명령한다. 자이로스코프는 드론의 안정적 작동에 매우 중요하기 때문에 자이로센서의 오작동은 충돌로 이어질 가능성이 매우 크다.

드론 자이로 안정화 장치는 3축과 6축 자이로 시스템이 있다.

드론 자이로스코프 안정화 장치는 제자리비행이나 강한 돌풍과 같은 외부 영향에도 흔들림 없이 원하는 안정된 상태의 비행을 유지할 수 있어야 한다. 이 기능은 특히 드론 초보자에게 중요하다. 드론 안정화 시스템은 통상 3축과 6축 자이로 기술을 사용하여 비행제어기(FC)에 항법 정보를 제공하여 드론을 더 쉽고 안전하게 비행할 수 있도록 한다.

자이로스코프는 3축(롤링, 피치, 요)에 대한 회전 비율을 측정한다. 자이로 6축 안정성은 3D 자이로스코프(3축)와 3D 가속도계(3축)로 구성된 통합 시스템이다. 3D 자이로와 3D 가속도계의 조합으로 6축 자이로가 중력에 의한 정적 가속도와 동적 가속도를 측정한다. 이들 측정을 통해 비행체가 기울어진 각도를 감지하고 비행체가 어떻게 움직이는지 감지할 수 있어 드론은 훨씬 안정적이다. 또한, 쿼드콥터가 바람의 영향을 받지 않고 자유롭게 비행할 수 있고, 너무 높이 상승하거나 지상으로 너무 많이 떨어지지 않도록 한다. 6축 자이로 드론은 초보자도 방향타 및 롤 기능을 이용해서 급기동할 수 있다.

드론의 하드웨어, 소프트웨어, 알고리즘 그리고 6축 짐벌 드론은 IMU와 비행제어기(FC)에 정보를 제공하여 완벽한 제자리비행을 유지하거나 급경사 선회 등 모든 비행 측면의 성능을 향상시킨다. 자이로스코프는 드론을 상대로 움직이는 힘(중력, 바람 등)에 거의 즉각적으로 반응해야 안정감을 유지할 수 있다.

대부분 드론에서 자이로스코프는 관성측정장치(IMU)에 포함되거나 통합되어 있다. 드론 IMU는 GNSS와 함께 비행제어장치의 구성요소이기도 하다. IMU 및 자이로 안정화 기능이 있는 드론의 비행제어기는 많은 부품으로 구성된 드론의 두뇌이다. 비행제어기(FC)는 단순한 하드웨어가 아닌 정교한 소프트웨어 프로그

▲ 6축 드론은 고도의 변화를 즉각 감지하여 대응한다. 자이로 안정화 기술은 강한 바람과 돌풍에도 드론이 매우 유연하게 비행할 수 있는 중요한 부품 중 하나로 뛰어난 안정성과 함께 웨이포인트 내비게이션으로 드론이 최고 품질의 3D 지도제작과 라이다 영상을 제작할 수 있다. 최신 드론은 내장형 자이로 안정화 기술을 탑재해 온보드 카메라나 센서에 진동이 없는 움직임을 제공한다. 이를 통해 완벽한 항공 사진과 영상을 캡처할 수 있다.

램과 수학적 알고리즘으로 구성되어 있다. 드론이 최대한 안정적으로 항행하고 비행할 수 있도록 비행제어기에 내장된 모든 구성요소가 함께 원활하게 작동해야 한다.

"자이로스코프는 IMU의 구성요소이고, IMU는 비행제어기(FC)의 필수 구성요소이다."

일정 고도에 제자리비행하고 있는 드론은 바람과 같은 주변 환경으로부터 지속적인 방해를 받는다. 이러한 외적 요인이 드론의 요, 피치, 롤링에 영향을 미쳐 드론을 제어하기 매우 어렵게 만든다. 통합 자이로스코프는 드론의 위치 변화를 즉각 감지해 이를 처리함으로써 움직임이 없는 것처럼 보이지만, 이것은 드론의 위치를 매초 수백 회 조정한 결과이다.

일반 3축 자이로를 탑재한 드론은 6축 자이로 드론과 비교하여 급경사 선회에 큰 도움이 되지 않아 기동력이 떨어진다. 대부분 6축 자이로 안정화 시스템을 갖춘 드론은 최대 성능까지 작동시키고자 하는 전문가부터 완전 초보자까지 누구에게나 매우 유용하다. 따라서 드론에 3D 영상과 6축 자이로스코프 안정화와 같은 첨단 기술을 탑재하는 것은 필수이다.

Q24. 드론에 탑재된 가속도계의 기능은 무엇인가?

드론에서 가속도계(accelerometer)는 자이로스코프와 함께 작동하여 드론 위치와 운동의 변화를 감지한다. 자이로스코프는 회전 운동을 감지하고 가속도계는 축을 따라 이동하는 선형 운동(linear movement)을 감지한다. 최근에는 GPS 기술과 결합한 가속도계를 스마트폰이나 피트니스 기기와 통합하여 사용자가 달리거나 여행할 때 사용자의 경로를 추적(fellow me!)하는 유용한 장비로도 잘 알려져 있다.

드론에 사용되는 가속도계는 압전 효과(piezoelectric effect)를 활용한 기술이다. 압전 가속도계(piezoelectric accelerometer)는 응력을 받을 때 전류를 발생시키는 미세한 결정체(microscopic crystals)를 사용한다. 이 응력은 물체의 움직임과 같은 가속력(accelerative forces)에 의해 발생한다.

가속도계는 자이로스코프와 함께 드론이 안정적인 제자리비행을 하는 데도 지원한다. 드론이 강한 돌풍과 같은 외부 힘으로 표류할 때 가속도계가 이를 감지하여 PID 컨트롤러에 보내 모터에 움직임을 상쇄하도록 명령한다. 일반적으로 3축 가속도계와 3축 자이로스코프의 조합을 6축 자이로 안정화라고 한다. 이 설정을 통해 드론은 제자리비행 중 수평, 수직, 그리고 회전 안정성(stability)을 유지할 수 있다.

가속도계는 비행 중인 드론의 위치와 방향을 결정하는 데 사용된다. 휴대전화 화면 위치처럼 이들 작은 실리콘 기반 센서는 비행 제어를 유지하는 데 중요한 역할을 한다. MEMS 가속도계는 여러 방법으로 움직임을 감지한다. 이 중 한 기술은 작은 집적회로에 내장된 매우 작은 구조의 미세 운동을 감지하는 방식으로 "다이빙 보드(diving boards)"의 운동은 구조를 통과하는 전류의 양을 변화시켜 중력에 비례하여 위치가 변화함을 나타낸다.

이러한 센서의 민감성 때문에 영화 제작과 같은 응용 분야에 필수적인 탑재 카메라 안정화에 매우 중요하다. 상하 움직임을 제어하고 지터와 진동(jitter and vibration)을 제거함으로써, 영화 제작자들은 매우 매끄럽게 보이는 비디오를 촬영할 수 있다. 또한, 이들 센서는 다른 기술에 비해 진동에 대한 내성이 강하기 때문에 서멀(thermal) MEMS 센서는 프로펠러의 움직임으로 발생하는 진동 증가로 인한 문제를 최소화하기 위해 드론 적용에 완벽하다.

▲ MEMS 자이로스코프(3D-회전 비율)와 가속도계(3D-선형)의 조합은 최적의 성능과 안정성을 제공한다.

틸트 센서(tilt sensors)는 자이로스코프와 가속도계를 결합하여 수평 비행을 유지하기 위한 비행 제어 시스템에 입력을 제공한다. 이것은 안정성이 필요한 애플리케이션에 중요한 기능을 한다. 이 유형의 센서는 가속도계와 자이로스코프를 결합하여 작은 움직임의 변화를 감지할 수 있게 한다.

가속도계를 물체에 부착하면 물체에 작용하는 가속도와 중력을 측정할 수 있다. 가속도계와 자이로스코프는 드론, 휴대폰, 자동차, 비행기, 모바일 IoT 기기 등에서 가속 및 회전 비율 데이터를 감지하기 위한 센서로 개별 센서로도 사용되지만, 최근 출시되는 드론에는 이들 두 센서를 결합한 기술이 개발되었다. 가속도계는 움직이는 물체의 가속과 같은 동적 운동을 지속적 정적 힘으로서 중력과 함께 나타낼 수 있다. 자이로스코프는 물체에 작용하는 시간 경과에 따른 각속도 변화율을 제공한다. 가속도계와 마찬가지로 시간이 지날수록 증가하는 각 오차(angular error)가 나타난다.

"가속도계와 자이로스코프의 융합은 상호 오차를 상쇄시켜 더욱 완전하고 정확한 움직임을 추적할 수 있다."

대부분 가속도계와 자이로스코프는 MEMS 기술로 제작된다. 3D 가속도계에는 직교로 장착된 3개의 가속도계 센서가 있고 이들은 x, y 및 z축을 따라 선형 가속도를 측정한다. 비행체가 롤(roll)과 같이 회전할 때 내부 고정판과 질량 사이의

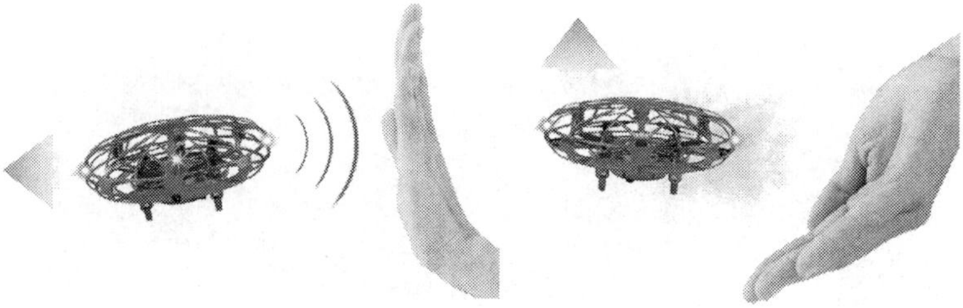

▲ 3D MEMS 가속도계와 자이로스코프는 모션 및 내비게이션 문제에 대한 신뢰할 수 있는 솔루션을 제공한다.

거리는 변화가 없다. 이것은 가속도계는 각속도에 반응하지 않는다는 것을 의미한다. 이 속성을 적용하면 동작 감지, 제스처 인식, 디스플레이 방향 및 자유낙하 물체를 감지하는 등 다양한 응용 분야에 3D 가속도계가 사용된다.

가속도계와 자이로스코프는 각각의 개별적 센서로도 사용되지만, 이들 데이터는 근원적으로 불확실성이 존재한다. 만약 동일 비행체에 대한 움직임을 감지해야 한다면 출력 데이터를 융합할 수 있는 센서를 사용했을 때 더 정밀한 결과를 얻을 수 있다. 이것이 센서 융합 기술이고, 서로 다른 소스의 감지 데이터를 결합하여 불확실성을 낮추거나 정밀도가 높은 정보를 생성한다. 자이로스코프와 가속도계의 융합 역시 각각의 노이즈와 드리프트 오류(noise and drift errors)를 상쇄시켜 모션 및 내비게이션 문제에 대한 신뢰할 수 있는 솔루션을 제공할 수 있다.

◀최근 개발된 50g 범위의 폐회로 MEMS 가속도계는 무인항공기(UAV)와 로봇 등 정밀 항법 응용 분야에서 전통적인 기계식 가속도계를 대체할 수 있게 설계되었다. (MAXL-CL-3000)

Q25. 드론에 탑재된 기압계와 고도 홀드 기능은 무엇인가?

기압계는 대기 중 공기의 무게를 측정하는 간단한 장치이다. 전통적으로 항공기에 사용되는 고도계(altimeter)는 기압 변화에 민감하게 반응하여 팽창 및 수축하는 아네로이드 기압계가 사용된다. 그러나 소형 드론에 아네로이드 기압계를 설치할 수 없고, 초소형 기압 센서(MEMS)를 사용해서 지상으로부터 높이(AGL)를 측정한다.

드론에 탑재된 기압계(barometer)는 대기압을 측정하는 센서로 비행체의 고도(altitude)를 감지하는 데 사용된다. 기압계의 원리와 기술은 간단하지만, 바람이나 드론의 급격한 움직임으로 인해서 정확한 기압 값은 판독하기 쉽지 않다. 때로는 기압계의 최적 성능을 보장하기 위해서 주기적으로 국지 해수면에서 기압 값을 사용할 필요가 있다. 대부분 드론에 기압계가 장착되어 있고 안정된 고도를 유지하는 데 필수 장비이다. 특히 자율비행 드론(autonomous drone)이라면 비행 중 탑재 기압계로부터 고도 변화 정보는 탑재 기압계로부터 필수이다.

"GPS 기술을 활용해 드론의 고도를 결정할 수도 있지만, 정밀하게 보정된 기압계는 훨씬 더 정확한 데이터와 빠른 피드백을 제공한다."

소형 드론뿐만 아니라 휴대용 전자기기에 사용되는 기압계는 MEMS 기술을 사용하여 대기압을 측정한다. MEMS 기압 센서는 더 정확한 기능을 제공할 뿐만 아니라 동적 및 정적 공기 압력을 측정한다.

첨단 모션 모니터링 애플리케이션은 동적 공기 압력 감지를 기반으로 개발되었다. MEMS 기술에서 기압은 피에조 저항 효과에 따라 측정될 수 있다. 다이어프

▲ ICP-20100(오른쪽)은 업계 최고의 상대 정확도, 센서 처리량 및 온도 안정성을 갖춘 MEMS 기압 센서이다. 이 센서는 압력 소음 0.4Pa RMS, 그리고 전력 소비량은 1.0μA 정도이다.

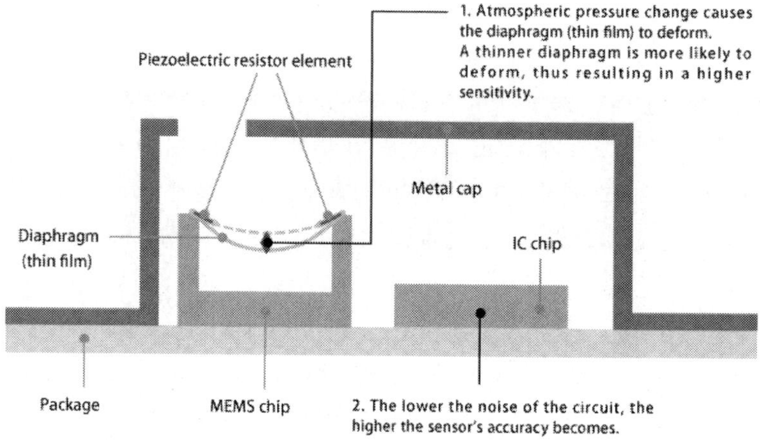

▲ 대기압의 변화는 다이어프램을 변형시키는 원인이다. 초막 다이어프램일수록 기압 변화에 더 민감하여 더 정확한 감도를 얻을 수 있다.

램 아래의 기준 압력 공동 셀(reference pressure cavity cell)에 상대적 공기로 인해 생성된 다이어프램(diaphragm)의 기계적 응력(mechanical stress)으로 대기압을 측정한다. MEMS 기술은 낮은 압력 노이즈(pressure noise), 높은 압력 정밀도 그리고 낮은 전력 소비량을 제공한다.

자율비행 드론은 높은 정밀도와 빠른 과도 반응(transient response)의 기압 센서를 탑재하고 있다. 드론이 지정된 지점 상공에서 사진이나 동영상을 촬영할 수 있는 것도 기압 센서를 탑재하고 있기 때문이다. 일부 기압 센서는 초당 32회 측정으로 작동할 수 있으며, 빠른 과도 반응과 가변 주위 온도의 맥락에서 10cm 높이 공차 안정성(height tolerance stability)을 제공한다. 이들 MEMS 기압계의 고도 감지 원리는 다음과 같다.

① 대기와 접촉하는 하나의 용량성 플레이트를 통해 형성된 다이어프램이 있다.
② 현재 기압으로 인해 다이어프램이 변형되는 정도를 통해 대기압이 감지된다.
③ 대기압이 높을수록 다이어프램의 움직임이 커져 기압계 수치가 높아진다.

일부 드론은 측정 높이를 지표면 또는 "0" 높이로 세팅되었기 때문에 드론을 어느 곳에서 날리든 그 위치로부터 고도를 측정하기 시작한다. 드론 조종기 화면

◀ 드론의 기능 중 일정 높이에서 흔들림 없이 제자리비행을 하는 것을 자주 목격할 수 있다. 이 매력적 기능이 고도 유지(altitude hold) 기능이다. 드론이 자체 기능으로 일정 고도를 유지하고 있다면 운용자는 다른 과업을 수행하는 데 더 자유로울 수 있다.

에 나타나는 고도의 증감은 "+/-"로 표시된다. 일부 기기에서는 드론의 이륙 지점 대비 높이를 보여주는 그래프로 판독 값을 변환하기도 한다.

드론에 탑재된 기압 센서의 목적은 단순히 높이를 측정하는 것도 있지만, 지상으로부터 일정 높이를 유지할 수 있어야 하므로 오차 한계는 가능한 한 작아야 한다. 그러나 기압의 급격한 변화 가능성 그리고 도심에서 고층 건물들 사이의 일부 비정상적인 공기 흐름도 영향을 미칠 수 있지만, 일반적인 사례는 아니다. 이 같은 문제를 해결하기 위해서 초음파 및 시각적 센서를 추가하는 것이 도움이 될 수 있다.

RTK는 위치결정(positioning) 프로세스에 고기능 알고리즘과 통합하여 정밀 상업용 드론과 드론 군집비행을 가능하게 한 정밀도가 향상되었다. 이 시스템은 공중 시스템과 지상 시스템 사이의 절대 및 상대적 위치 정밀도를 결정한다. 절대 위치 지정은 두 시스템이 10km 미만 떨어져 있을 때 측정되며, 여기서 지상 시스템은 정밀도를 측정한다. 그런 다음 상대적 위치결정 정밀도를 센티미터 수준까지 측정한다. 따라서 드론의 고도 측정에서 기압계가 GPS보다 더 정확한 측정을 제공하고, GPS보다 기압계의 오차 범위 역시 작다.

드론 조종자가 수동으로 프로펠러 회전 속도를 줄이거나 높여 드론의 고도를 조절할 수 있지만, 고도를 일정하게 유지하는 것은 불가능에 가깝다. 기압과 습도 등 기상조건의 영향뿐만 아니라 프로펠러 추력이 달라질 수 있기 때문이다.

고도 유지(altitude hold) 기능의 핵심 역할을 하는 것은 기압계(barometer)이다. 드론의 고도 유지 기능은 기압계의 근원적 문제를 해결하기 위한 것이다. 기압은 기상과 관련된 많은 요인에 의해 영향을 받을 수 있고, 이들 요인은 예측하기 어렵고 드론 운용자가 통제할 수 없기 때문이다. 예를 들어 전선의 통과 전후에 나타나는 급격한 기온 변화는 기압계 지시에 오차가 발생할 수 있다. 그러나 기온 변화에 따른 압력 강하는 드론이 고도를 크게 조절할 만큼 크지 않다. 문제는 강한 바람이다. 드론이 일정 고도에서 제자리비행 중 돌풍은 기압계의 압력 수치를 급상승시킬 수 있고, 드론은 이것을 급격한 고도 강하로 해석할 수 있다. 극단적 사례이지만, 기압의 급상승은 이륙할 때 고도보다 낮은 고도를 지시할 수도 있다. 고도 유지 기능 상태의 드론은 이에 반응하여 급상승할 수 있다.

아무리 정밀한 기압계라 할지라도 바람이 심하게 불 때 기압계는 상당한 기압의 변동을 감지할 수 있다. 이것은 드론의 각 센서와 관련된 구성품이 더 많은 일을 수행해야 하고 극심한 조건이라면 고도를 유지하지 못할 정도로 드론의 모터와 배터리에 상당한 스트레스를 줄 수 있다.

드론이 걷잡을 수 없이 오르락내리락하는 것을 발견했다면, 드론이 멀리 표류하지 않고 안정시키는 것이 우선이지만, 결코 쉬운 조작은 아니다. 이것은 드론의 기압계가 끊임없이 표류하는 고도값의 결과일 뿐이다. 드론을 수동으로 착륙시키려 해도 드론은 이미 고도가 떨어지고 있다고 판단해 반응이 없을 수도 있다. 이런 상황에서는 드론이 안정적인 고도 측정값을 얻을 수 있도록 바람이 잦아들 때까지 기다릴 수밖에 없을 수도 있다.

일부 드론 설계자들은 강한 바람에 표류하는 문제점을 해결하기 위해서 GPS 포지셔닝과 초음파 센서의 융합으로 고도 유지 기능을 개선했다. 이 기술은 아직 한계가 있지만, 드론이 안정적인 고도를 유지하기 위해 사용할 수 있는 방법에 중복성을 부여한 것이다. 현재 출시되는 오락용 드론까지 고도 유지 기능을 갖출 정도로 선호되는 여러 기능 중 하나이다. 특히 악천후 조건에서 이러한 정교한 기능이 인간의 판단력을 대신할 수 있을 정도로 완벽한 것은 아니다. 따라서 운용자는 드론 움직임을 계속 관찰하고 있어야 한다.

Q26. 지자기와 지자기 센서는 무엇인가?

지자기(geomagnetism)는 지구 내부에서 태양풍(solar wind)을 만나는 곳까지 뻗어 나가는 지구 자기장(Earth's magnetic field)을 의미한다. 이것은 지구와 지구 주위에서 나타나는 자석(magnet)과 같은 자성을 지자기라 한다. 그리고 지자기가 미치는 지구 주위의 영역을 지자기장(geomagnetic field) 또는 지구 자기장이라 한다. 지구는 지구 회전축에 대해서 약 11.5° 기울어 회전하고 있고, 영구 자석과 같이 자성을 띠고 있다. 지구 자기장은 강도와 방향이 끊임없이 변화하고 있다. 주요 4대 원인으로는 일변화(daily variations), 자기폭풍(solar flare), 영년변화, 그리고 지자기 역전 등이 있다. 이 중 드론 조종자가 알아야 하는 주요 원인으로는 일일 변화와 자기폭풍이다.

일변화는 지구 자기장이 매일매일 규칙적으로 조금씩 변화하는 현상이다. 실제로 같은 장소에서도 지구 자기장은 오전과 오후의 측정값이 다르게 나타날 수 있지만, 일변화의 크기는 미세하다. 일변화의 주원인은 전리층의 구성 입자들이 지구 자기장 속에서 운동하면서 발생하는 전류에 있다. 이 전리층의 전류는 지구 자기장을 변화시킨다. 일변화는 전리층 입자들이 태양 복사열의 영향을 받아 낮이 밤보다 심하고, 여름철이 겨울철보다 정도가 심하다.

또 다른 주원인으로는 자기폭풍이 있다. 지구 자기장이 수 시간에서 수일간에 걸쳐서 급격하게 변화하는 현상을 자기폭풍이라고 한다. 이 현상의 주원인은 태양의 표면이 폭발하는 플레어 현상 때문으로 플레어가 발생하면 태양 면에서 많은 양의 전리 입자들이 튀어나와 지구의 자기장에 충돌하면서 지구 자기장에 교란이 발생한다. 자기폭풍은 태양 흑점의 증감주기인 11년마다 발생하는 것이 일

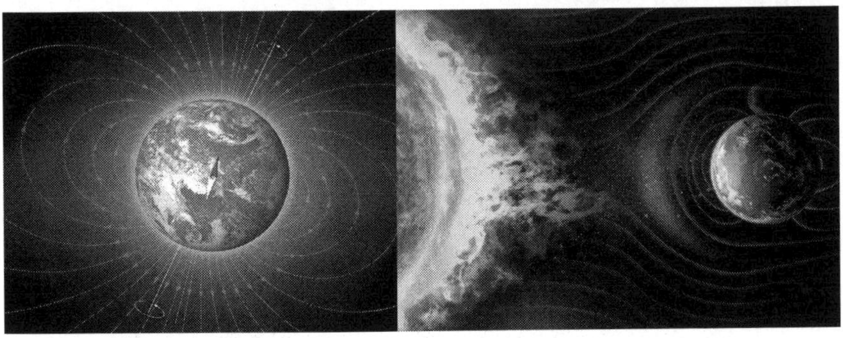

▲ 지구 자기장과 자기폭풍

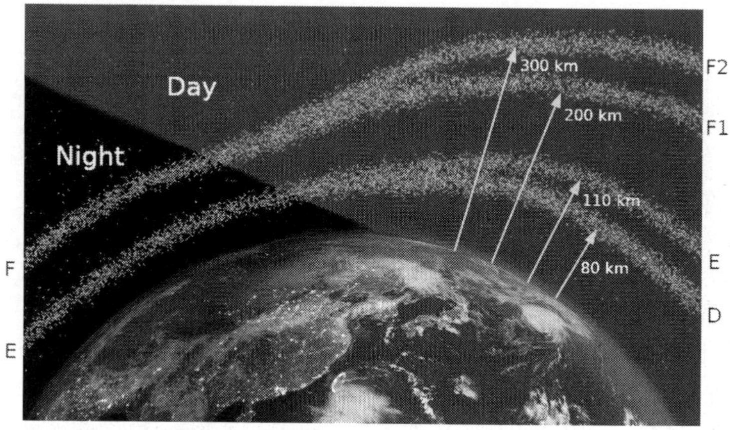

▲ 전리층의 두께는 무선통신 영향을 줄 수 있다.
[출처] https://upload.wikimedia.org

반적이다. 이 시기에는 전리층에서 통신에 방해가 되는 D층이 두꺼워져 델린저 현상(무선통신 두절)이 나타나고, 고위도 지방 상공에서는 오로라의 발생이 현저하게 증가한다.

지자기 센서는 GPS 센서와 조합으로 위치와 방향을 지시한다. 지자기 센서의 기본원리는 홀 효과(Hall effect)로 자기장의 강도에 따라 전압이 변하는 원리를 이용한 것이다. 지자기 센서(geomagnetic sensor)는 스마트폰, 드론, 항공기 그리고 인공위성에 이르기까지 매우 광범위하게 사용된다. 지자기 센서는 지구 자기장의 자력을 검출하는 센서로 전자 나침반(electronic compass)이라고도 하고, 이를 통해 방위 정보를 얻을 수 있다. 이 센서는 나침반 기능뿐만 아니라 금속을 탐지하는 데도 사용된다.

지자기 센서는 2축(x, y)과 3축(x, y, z) 종류가 있고 각각의 방향에서 자력 값을 측정한다. 2축은 간이 컴퍼스 등과 같이 기울기를 고려하지 않은 것이고, 기울기가 포함될 때는 지자기 센서값과 가속도 값을 조합하여 정확한 방위로 보정할 필요가 있다. 지자기 센서는 실제 자석이 아니지만 홀 효과(Hall effect)를 사용하여 지구 자기장을 감지하고 방향을 결정한다. 이를 통해 방향 변경과 같은 미세한 부분까지 감지할 수 있다. 지자기 센서가 세부 정보를 추가하여 항법을 개선하기는 하지만, 필수 요소는 아니다. 주요 항법은 우수한 GPS 수신기와 A-GPS 동기화가 되어야 한다.

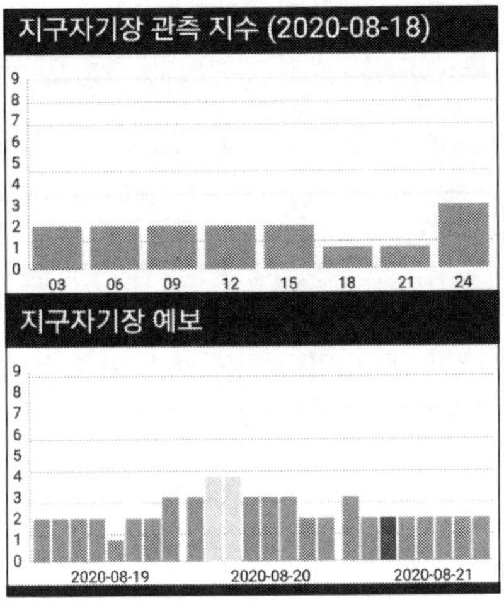

◀ 항공우주센터에서 제공하는 지자기 정보

지자기의 변화가 발생할 때 GPS와 지자기 센서의 교란이 발생한다. K-지수(index) 또는 Planetary K-index(Kp index)는 지자기 교란의 세기를 나타낸다. Kp는 지구 자기장의 장애에 대한 지수이며 이러한 장애의 영향을 받는 사용자들에게 지자기 경보와 경고가 발령 여부를 결정하기 위해 사용된다. 지자기 폭풍의 영향을 받는 주요 사용자는 전력망, 우주선 운영, 전리층에서 반사되거나 전리층을 통과하는 무선 신호 사용자, 오로라 관측자 등이다. Kp-index는 전 세계의 8개의 지상 기반 자기계를 기반으로 지난 3시간 동안 측정된 Kp 추정치이다. 이 3시간 추정 Kp 지수는 0~9 사이 10개의 등급으로 보고된다. 다만, Kp-지수는 현재 조건의 예측이나 지표가 아니며, 항상 특정 기간에 관찰된 Kp-값을 나타낸다는 것을 이해하는 것이 중요하다. 드론 운용자는 지자기 지수가 5 이상일 때 전력, 위성, 통신장애 등이 발생할 확률이 매우 높다. 특히 GPS 등을 이용한 항법 시스템을 이용하는 경우 지자기 교란으로 인한 GPS 장애가 발생할 가능성이 있으므로 비행을 자제해야 한다. 국내에서 지자기 수치를 제공하는 기관이나 애플리케이션은 다음과 같다.

☞ 항공우주센터

☞ Ready to Fly 애플리케이션

☞ K-index 애플리케이션

Q27. 드론에 탑재된 자력계(자기계)는 무엇인가?

자력계 또는 자기계(magnetometer)는 자기장을 측정하는 장치이다. 일부 자기계는 특정 위치에서 자기장의 방향, 강도 또는 상대적 변화까지 측정한다. 나침반은 이러한 장치 중 하나로 주변 자기장의 방향을 측정하는 장치이다. 드론에 자력계를 탑재함으로써 GPS만을 이용해서 드론 헤딩(heading)을 결정하는 것을 보조한다. 자력계는 자기장(magnetic field)의 세기와 방향을 측정하는 장치로 이 원리를 이용해서 드론은 항상 자북(MN; magnetic north)을 결정하고 그에 따라 경로를 조정할 수 있다.

자북을 측정하여 드론의 방향 정보를 드론의 CPU로 보낸다. 이 센서는 GPS 기능이 있는 드론에 기본적으로 장착된다. GPS의 위치 정보와 자력계의 방위 정보, 가속도계의 이동 정보를 결합하면 드론의 움직임을 파악할 수 있다. 그러나 자력계는 주변 송전선, 모터, 또는 기타 전기 장치 등에서 방출하는 자기장의 영향을 받아 원하는 비행코스에서 쉽게 이탈할 수 있는 단점이 있다. 따라서 드론 자력계에 잠재적 영향을 줄 수 있는 곳을 피하거나 주기적으로 자력계를 보정하는 방법으로 방지해야 한다.

최근 자기계는 집적회로에 매우 저렴한 비용으로 통합될 수 있을 정도로 소형화되었으며 소형화 나침반(MEMS 자기장 센서)으로 점점 더 많이 사용되고 있다. 실제 많은 스마트폰에는 자기장 강도를 감지하는 데 사용할 수 있고 나침반으로 사용되는 소형화된 마이크로 전자기계 시스템(MEMS) 자기계가 포함되어 있다. 모바일 장치에 내장된 자기계를 사용하여 터치리스 3D 상호작용을 가능하게 했다. 상호작용 프레임워크(framework)는 손을 잡거나 자석을 착용함으로써 만들어진 다양한 손짓을 식별하기 위해 휴대폰 주변의 자기장 변화를 추적한다.

드론 운용이 증가하면서 시간과 장소를 가리지 않고 드론을 날리는 사례가 늘어나고 있다. 비록 소형 드론이라 할지라도 많은 첨단 전자 센서들을 탑재하고 있어 이들의 장애를 일으켰을 때는 언제든지 다른 건물에 충돌하거나 추락할 수 있다. 지자기 간섭이 심한 지역을 비행할 때 드론 충돌을 방지할 수 있는 몇 가지 중요한 행동과 금지 사항을 강조한다.

첫째, 드론 지자기 간섭이 없는 지역에서 나침반을 보정해야 한다. 나침반을 보정(calibration)할 때 주변의 지자기 간섭을 모두 고려해야 한다. 따라서 지자기

▲ 지구 자기장은 거대한 자석이다. 나침반은 자기장을 이용한 방위 지시계이다.
[출처] https://newscenter.lbl.gov

간섭이 심한 지역에서 나침반을 보정하면 방위 정보는 부정확하다. 이 상태에서 드론을 날렸다면 위치와 헤딩 정보가 부정확하여 충돌이나 추락 위험이 있을 수 있다. 이를 위해서 가능한 한 넓은 공터와 같은 장소에서 나침반을 보정할 것을 권고한다. 이외에도 콘크리트 표면에서 나침반을 보정하는 경우 콘크리트 내부에 철근이 박혀 있어 보정 데이터(calibration data)가 불량해질 수 있다.

둘째, 높은 건물 사이를 GPS 모드로 이동하지 않는 것이 좋다.
도심의 높은 빌딩들이 밀집된 중심가는 신호 품질이 현저히 떨어질 수 있다. 도심을 누비는 수많은 차량, 철재, 그리고 지상 및 지하 송전선 등이 GPS 모드로 비행할 때 신호가 끊어질 가능성이 크다는 것을 의미한다.

셋째, RTH(return to home) 고도를 설정할 최저 장애물 통과 고도를 먼저 결정한다. MOCA(Minimum Obstacle Clearance Altitude)는 최저 장애물 통과 고도를 나타낸다. 드론이 비행할 수 있는 대략적 공역을 계획하여 주변 가장 높은 장애물을 안전하게 통과해서 최초 위치로 돌아올 수 있도록 세팅할 것을 권장한다. MOCA를 결정한 후에는 MOCA보다 높은 RTH 고도를 설정하면 드론이 RTH하는 동안 안전 높이를 유지할 수 있다.

넷째, 드론이 비행하는 동안 조종자는 항상 장애물 회피를 위한 관찰과 회피(see and avoid)에 집중해야 한다. 이것은 잠재적 드론 충돌을 예방하는 또 다른 방법이다. 드론의 전방 및 후방 시각 시스템은 "관찰과 회피"에 유용하게 활용할 수 있다. RTH 모드에서 이 기능을 활성화하면 드론이 장애물을 만났을 때 제자리비행을 한다. 다만, 주의해 할 것은 멀리 있는 드론은 때때로 금속이나 유리 창문과 같은 반사체로 인해서 표면을 탐지하지 못할 수 있다.

다섯째, 지자기 간섭이 심한 지역에서는 프로펠러 가드를 사용한다.
지자기 간섭이 심한 지역에서 드론을 날릴 때 프로펠러 가드를 사용함으로써 기체와 주변 건물이나 사람들의 피해를 최소화할 수 있다. 특히 고층 건물이 많은 지역에서 매우 유용할 수 있다. 다만, 프로펠러 가드(propeller guard)를 사용하면 항력 계수가 훨씬 커질 수 있다는 점을 고려하여 드론을 날리기 전에 프로펠러 가드를 장착한 상태에서 연습 비행을 해 볼 것을 권장한다.

기본적으로 MEMS 자기장 센서는 자기장을 감지하고 측정하는 초소형 센서이다. 전압 또는 공진 주파수의 변화를 전자적으로 측정하거나 기계적 변위를 광학적으로 측정한다. MEMS 기반 자기장 센서는 크기가 작아 측정 위치와 가까운 곳에 배치해 다른 자기장 센서보다 공간 해상도를 높일 수 있다. 또한, MEMS 자기장 센서를 구성하기 위해서는 자성 물질의 미세 제작이 필요하지 않아 센서 비용을 크게 절감할 수 있다.

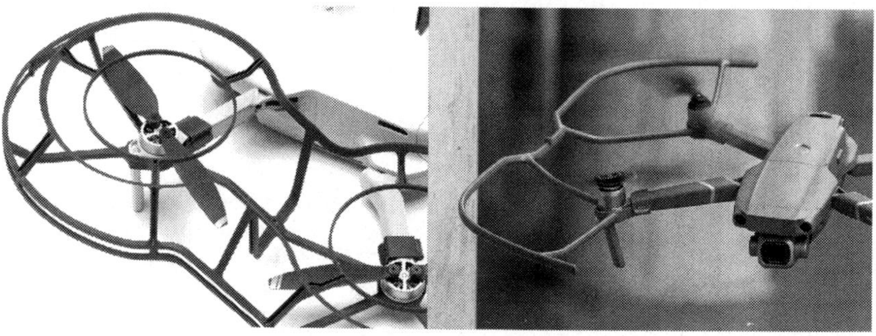

▲ 프로펠러 가드는 드론이 부주의하게 주변 장애물과 충돌했을 때 인적 물적 피해를 방지하는 데 유용하다.

Q28. 드론에 탑재된 레인지파인더의 기능은 무엇인가?

드론에 다양한 종류의 레인지파인더(rangefinder)가 사용되고 있고, 단순히 드론이 지상에서 얼마나 멀리 떨어져 있는지를 결정하는 기기이다. 레인지파인더의 기능이 일부 기압계의 기능과 중복된다고 볼 수도 있지만, 범위가 더 제한적이고 훨씬 더 정확한 기압계의 기능을 수행한다.

드론 탑재 레인지파인더는 항상 지면을 향해야 하고, 주로 음파 탐지(sonar technology) 기술을 적용한다. 소나 레인지파인더(sonar rangefinder)는 지상으로 전파를 발사하여 되돌아온 음파(sound waves)를 수신하여 드론의 고도를 산출한다. 레이저 레인지파인더(laser rangefinder)는 음파 대신 레이저를 사용하는 것을 제외하면 거의 동일 방식으로 작동한다.

레이저 레인지파인더는 높은 고도를 측정할 수 있지만, 고가여서 일반 드론에 탑재는 제한된다. 레인지파인더의 주요 단점은 드론이 지상에서 낮은 높이에서 제자리비행 할 때만 작동하도록 설계되어 있다. 이것은 장비의 정밀성과 관련이 있다. 레인지파인더의 고도 판독 값은 표류 또는 풍력의 갑작스러운 변화에도 영향을 받지 않을 뿐만 아니라 지형(topography)의 미세한 변화도 고려해서 지시할 수 있기 때문이다.

일반적으로 무인항공기(UAV)는 UAV의 경로와 지상에서 떨어진 거리를 측정하기 위해서 초음파 센서(ultrasonic sensor)를 사용한다. 이것은 드론이 안전거리를 감지하는 자율기능을 통해 충돌이나 추락을 피할 수 있다. 또한, 경로의 비행이 순간적으로 변화함에 따라 물체와의 거리를 초음파로 탐지하여 충돌을 방지할 수 있다. 일반적으로 초음파 센서는 최대 4m까지 거리를 효율적으로 측정할 수 있고 공차는 대략 3mm 정도이다. 그러나 초음파신호가 센서로 반사되지 않고 굴절될 수 있는 위치라면 계산된 거리는 부정확할 수 있다.

대상 물체가 너무 작아서 반사된 초음파신호를 탐지하기에 거리가 충분하지 않다면 측정된 거리는 부정확할 수 있다. 이외에도 섬유나 카펫 같은 물체들은 음향신호를 흡수(absorbed)할 수 있다. 신호가 대상 물체의 끝부분에 흡수되면 센서로 반사될 수 없어 거리를 측정할 수 없다. 초음파 센서의 높은 감도(intense sensitivity)는 매우 효율적이지만, 감도로 인한 또 다른 문제가 있을 수 있다. 예를 들어 초음파 센서는 에어컨 시스템이나 천장 팬에서 나오는 펄스에 의해 교란

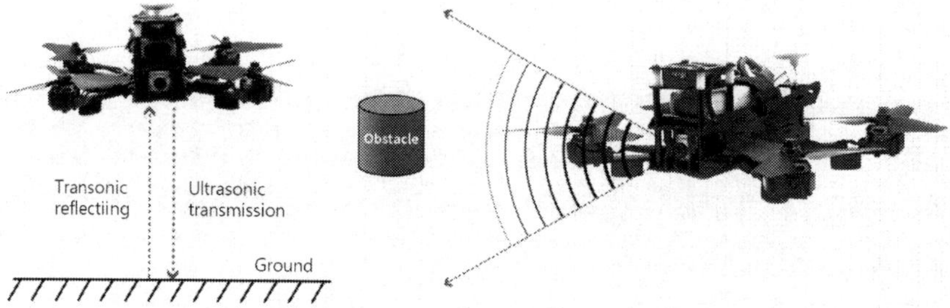

▲ 레인지파인더의 작동 원리 [출처] https://www.microcontrollertips.com

된 전파에서 나오는 허위 신호를 감지할 수 있다. 초음파 센서는 범위 내에 있는 물체를 감지할 수 있지만, 다른 모양과 크기를 구별할 수는 없다. 그러나 하나의 센서 대신 2개 또는 그 이상의 센서를 사용함으로써 이러한 한계를 극복할 수 있다. 센서 2개를 서로 멀리 떨어뜨리거나 인접한 곳에 설치할 수 있다. 이들 센서의 중첩된 음영 영역을 관찰하면 대상 개체의 모양과 크기를 더 잘 파악할 수 있다.

초음파 센서 변환기(transducer)는 레이더 시스템과 원리는 같다. 초음파 센서는 전기 에너지를 음파(acoustic wave)로 변환하거나 그 반대로 변환할 수 있다. 음파 신호는 18kHz 이상의 주파수로 이동하는 초음파이고, 일부 장치는 40kHz 주파수에서 초음파를 생성한다. 이론적으로 거리는 TRD(시간/속도/거리) 측정 공식을 사용하여 계산할 수 있다. 여기서 계산된 거리는 초음파 변환기에서 물체까지 그리고 변환기로 되돌아가는 거리이기 때문에 양방향 이동이다. 이 거리를 2로 나누면 변환기에서 물체까지의 실제 거리를 확인할 수 있다. 음파는 음속(20°C에서 343m/s)으로 이동한다. 물체와 센서 사이의 거리는 음파가 이동하는 거리의 절반이다. 초음파 센서 앞에 놓인 물체까지의 거리를 계산하는 공식은 다음과 같다.

$$Distance = \frac{Time\ taken \times Speed\ of\ sound}{2}$$

Q29. 드론에 탑재된 장애물 회피 센서는 무엇인가?

드론이 무너진 건물 더미의 비좁은 공간을 비행하면서 주변 상황을 영상으로 보여주는 모습이 공개되었다. 드론이 마치 나비처럼 좁은 공간을 날아갈 수 있는 기술은 혁신적 기능 중 하나로 이들 장애물 회피 기능이라 한다. 일반 드론에서 장애물 회피(obstacle avoidance) 센서는 고가여서 전문가용 모델에서 주로 사용된다. 그러나 드론 대중화와 함께 드론 제조사들이 자사 제품의 신뢰성을 높이고 정확한 장애물 회피 시스템을 갖추었음을 소개하기 위해서 경쟁적으로 탑재하고 있다. 드론의 장애물 회피 기능은 드론이 앞에 있는 장애물을 능동적으로 감지하고 피할 수 있다.

장애물 회피 기능은 비행경로를 따라 장애물을 감지할 수 있는 일부 고성능 드론에 장착된 안전 기능이다. 이것은 조종자의 실수나 자율비행할 때 드론의 추락을 방지하는 데 도움이 되는 기술이다. 비행 중 드론이 장애물에 직면했을 때 탑재된 센서기술에 따라 다양하게 반응한다. 이 기술의 가장 단순한 방법은 장애물을 감지했을 때 이를 조종자에게 경고하는 것이다. 이후 조종자가 다음 상황을 처리할 수 있도록 조치한다. 일부 드론은 이동을 멈추고 제자리비행을 하는 것으로 조종자는 충돌을 방지하기 위해 간단한 회피 기동을 조작할 것이다. 이것은 전진 경로가 명확해질 때까지 위 또는 옆으로만 비행하는 방식으로 장애물을 피해 이동한다. 최신 드론은 장애물을 피할 수 있는 가장 좋은 경로를 찾기 위한 알고리즘(pathfinding algorithms)으로 설계되었다. 이는 실시간으로 이루어지며 오늘날의 드론에서 가장 우수한 회피 시스템 중 하나이다.

"장애물 회피 기능은 운용자의 기술을 완전히 대체하는 것이 아니다."

드론의 안전한 비행을 위해서는 여전히 인간의 판단이 필요하다는 것을 강조한다. 특히 미래 자율비행 드론이 다양한 조건의 장소에서 이착륙하고 밀집된 환경에서 드론을 비행해야 한다면 이 기능은 필수이다.

이 기능의 탑재에 대한 다양한 의견이 있을 수 있지만, 가격 대비 효율을 면밀하게 검토하여 선택해야 한다. 예를 들어 울창한 숲, 좁은 골목길, 혼잡한 거리 그리고 상업용 드론은 충돌 가능성이 크기 때문에 충돌 회피 기능은 매우 유용할

▲ 장애물 회피 기능은 여러 분야에서 매우 유용하다.

것이다.

드론이 장애물을 피해서 비행할 수 있는 성능이 일견 단순해 보일지라도 정밀한 첨단 전자기술(MEMS)을 기반으로 하고 있으며 특히 초소형 기술이 없이는 소형 드론에 탑재할 수 없다. 장애물 회피는 드론의 하드웨어 센서와 소프트웨어 알고리즘 간의 조정을 수반하는 복잡한 다단계 프로세스이다.

장애물 회피 기능의 핵심은 센서이고, 이들 센서는 드론이 비행경로 환경을 감지하고 근처에 장애물이 있는지 감지하고 경고한다. 앞서 언급했듯이 드론에는 다양한 기능의 센서들이 있고, 장애물 회피를 위해서는 어느 한 센서의 기능이라기보다 다양한 주변 상황 정보를 제공하는 여러 종류의 센서들로부터 수집된 정보를 통합하여 문제를 해결함으로써 단일 센서를 사용하는 것보다 훨씬 더 정확한 드론 주변 환경을 그릴 수 있다.

센서가 데이터를 캡처한 다음 이 데이터를 처리하기 위해 드론의 비행제어기(FC)에 전송된다. 이때까지 센서가 수집한 모든 정보는 원천 데이터(raw data)이다. 그러나 장애물 회피 알고리즘(obstacle avoidance algorithm)은 드론이 이 데이터에 반응하여 무엇을 할 것인지를 결정하는 데 필요하다. 장애물 회피 알고리즘은 드론이 그 앞에 장애물이 있는지, 그리고 그것에 반응하여 무엇을 할 것인지를 결정하기 위해 따르는 일련의 규칙과 같다. 대부분 알고리즘은 당면한 데이터로 작동하지만 다른 알고리즘은 이전에 저장된 데이터와 비교한다. 장애물 회피를 위한 다양한 센서들은 다음과 같다.

① Infrared (IR) sensors

적외선 센서(Infrared sensor; IR)는 가장 단순하고 저렴한 유형의 센서이다. 드론에 탑재된 적외선 발신기에서 비행경로에 적외선을 발사한다. 일반적으로 비행경로에 장애물이 없을 때 적외선은 약해지고 사라질 때까지 계속 발사된다. 그러

▲ 장애물 회피 기능 드론 간의 일정 거리와 지정된 고도를 유지할 수 있는 기능은 미래 드론 운송과 도심항공교통의 핵심 기능이다.

나 장애물에 부딪히면 적외선이 그 장애물에 반사되어 IR 센서로 반사된다. 적외선 수신기는 장애물에 반사된 적외선을 수신하여 장애물의 존재를 경고하고 드론으로부터 거리를 산출할 수 있다. 일반 오락이나 취미용 드론에도 IR 센서가 탑재될 수 있으나 정밀도는 다소 떨어질 수 있다. 따라서 높은 정밀도의 드론을 위해서는 훨씬 더 정교한 기기와 보조 센서를 함께 사용해야 한다.

② Ultrasonic Sensors

초음파 센서(ultrasonic sensor)는 장애물을 감지하기 위해 광선 대신 음파를 사용한다. 이 원리는 음파 탐지기(sonar)나 박쥐가 사용하는 음파의 원리와 같다. 이 센서 역시 발신기와 수신기가 있다. 발신기에서 스피커와 같이 고주파 펄스를 주변 환경으로 발사하면 이 음파(sound wave)가 장애물에 부딪혀 마이크로폰과 같은 초음파 수신기로 반사된다. 센서는 음파가 방출되고 수신되는 시간 간격으로 물체가 얼마나 멀리 떨어져 있는지 감지한다. 음파의 지연 시간이 길수록 개체에서 더 먼 위치에 있다. 드론은 연속적으로 감지되는 음파를 이용해서 근처에 있는 장애물을 감지한다. 때로는 이 센서를 드론 하부에 장착함으로써 드론이 불규칙한 표면에 안전하게 착륙하는 데 보조 역할을 한다. 이때 장애물은 착륙 표면이다.

③ Stereo Vision Sensors

입체 시각 센서(stereo vision sensor)는 드론 주변 환경을 3차원 이미지로 얻을 수 있다. 이 기능은 마치 사람의 눈처럼 2개의 카메라를 이용해서 입체적으로 이미지를 캡처함으로써 인간의 눈이 사물의 깊이를 보는 것과 같은 효과를 이용한 것이다. 이들 두 카메라가 제공하는 2개의 서로 다른 전경(viewpoints)을 사용하여 픽셀 단위(pixel by pixel)로 삼각측정을 통해 이미지의 3차원 공간을 만들어 낼 수 있다. 이로 인해 주변 장애물을 포함하여 장면을 재현하는 데 도움이 되는 수천 개의 3차원 데이터 포인트(data points)가 생성된다. 이 센서는 다른 센서들보다 더 진보된 감지 기술이며 드론의 환경을 보다 포괄적으로 묘사하여 더 정밀한 주변 이미지를 얻을 수 있다.

④ Time of Flight Sensors

비행시간(time of flight; ToF) 센서는 센서와 광원을 조합해 주변 깊이 지도(depth map)를 만든다. 초음파 센서와 유사하지만, 음파 대신 빛을 사용한다. 먼저, 센서 시스템은 드론 앞에 있는 장면 전체를 비추는 빛의 펄스(pulse of light)를 조사(illuminate)한 후 각 광선이 물체에 부딪혀 센서로 반사될 때까지 기다린다. 각 광선의 "비행시간(time of flight)"을 측정해 주변의 3D 깊이 지도를 만들어 물체의 거리에 따른 강도 정보를 제공한다. 이 정보를 통해 드론은 앞에 장애물이 있는지, 그리고 얼마나 멀리 있는지를 감지한다. 이 센서는 3D 이미지를 가장 빠르게 생성하는 한 방법으로 드론에 매우 적합하다. 드론 주변의 더 넓은 영역의 장애물을 탐지할 수도 있다.

⑤ Monocular Vision(단안 시각)

단안 시각 센서는 하나의 카메라만 사용하여 이미지를 캡처하고 카메라로부터 3D를 재구성한다. 즉, 단안 센서는 능률화된 알고리즘(streamlined algorithm)을 사용하여 캡처된 이미지를 그림 신호와 비교하는 방식이다. 단안 카메라는 저렴하고 가장 인기 있는 카메라 중 하나이다. 이것은 다른 기술을 사용하는 드론보다 경제적이다.

⑥ Lidar: 참고

◀ 장애물 회피 기능을 탑재한 오락용 드론은 안전을 위한 센서들이 통합되어야 한다.

드론에 탑재한 장애물 회피 기능은 기본적으로 주변 장애물에 안전하다고 하는 인식이지만, 이외에도 사용하기에 따라 많은 장점이 있다.

"충돌 회피 기능은 드론의 추락 또는 충돌을 방지하여 건물이나 사람들 주위 비행을 더 안전하게 날릴 수 있다."

이 기능의 가장 확실한 장점은 드론을 안전하게 날릴 수 있고, 기체를 포함한 고가의 탑재 센서들을 보호할 수 있다. 이 기능이 조종자의 기술을 완전히 대체하지는 못하지만, 충돌에 대비한 추가 보험이라 할 수 있다. 드론이 건물이나 사람 주위에 일정 거리로 가까워졌을 때 이를 감지하고 피할 수 있어 다른 사람들을 충격으로부터 안전하게 보호하는 것도 중요한 기능이다. 드론이 사람의 얼굴이나 눈 등에 부딪혔을 때 심각한 부상으로 이어질 수 있다. 특히 어린이나 동물의 행동은 예측이 어렵다는 점도 이 기능이 충돌로 인한 사건 사고에 휘말리는 것을 예방할 수 있다.

"충돌 회피 기능은 드론 자율비행의 기반이다."

드론의 최종목표는 자율 비행이다. 따라서 이 기능은 자율비행을 구현하기 위한 필수 기능이다. 이처럼 센서들 통합으로 드론은 수동으로 제어할 필요 없이 지능적으로 조종자를 따라다니거나 미리 정해진 비행경로를 통해 비행할 수 있다. 현재의 장애물 회피 기술이 스스로 장애물을 감지하고 피할 만큼 완벽하지 않지만 좀 더 기술의 진화를 이룬다면 다른 드론이나 비행체 항로를 공유하는 하늘의 고속도로를 실현할 수 있는 미래 도심항공교통(UAM)의 핵심 기술이다.

"충돌 회피 기능은 드론을 실내에서 안전하게 비행할 수 있다."

실내에서 드론을 날리는 것은 의자, 가구, TV, 애완견 등 다양한 형태의 구조물로 인해서 쉽지 않아 실내 비행은 드론에 훨씬 더 위험할 수 있다. 또한, 실내에서 드론의 위치를 잡기에 충분한 GPS 신호가 없는 복합적 상황으로 인해 실내에서 드론을 날리는 것은 훨씬 더 어려울 수 있다. 이 기능을 탑재한 드론이라면 이처럼 복잡한 환경에서도 안심하고 날릴 수 있다.

"충돌 회피 기능은 드론의 안전 착륙에 도움이 되어 초보자의 훌륭한 드론 훈련 도구로 사용될 수 있다."

이 센서를 갖춘 드론은 대부분 앞뒤에 센서를 장착한다. 그러나 일부는 하부에도 센서를 장착한다. 드론 아래에 있는 장애물을 감지하는 데 도움을 주는 것 외에도, 드론이 고르지 않은 표면에서 더 잘 착륙할 수 있도록 돕는 것이 주된 용도이다. 적외선 센서는 지면을 감지하고 접근하면서 속도를 줄임으로써 더 유연하게 착륙할 수 있다. 결국, 지면은 다른 장애물들과 똑같이 인식한다. 일부 드론은 착륙지 사진을 촬영하기 위해 시각 카메라를 사용한다. 장애물 회피 기능과 함께 RTH(return to home) 기능과 연계한다면 드론이 최초 위치로 복귀를 명령할 때 이 이미지를 참조로 사용할 수 있으므로 착륙 위치를 정확히 알 수 있다.

또한, 드론을 처음 조종하는 사람들은 원격조종기 스틱에 익숙해 있지 않기 때문에 드론을 원하는 데로 이착륙하는 것에 대해 상당한 우려를 하고 있다. 이 같은 우려를 떨쳐버리기 위해서 원격조종기 한 스위치만으로 간단하게 이륙시킬 수 있는 기술과 함께 장애물 회피 기능을 갖춘 드론이 출시되고 있다. 드론에 장애물 회피 기능이 있다는 것만으로도 초보자는 어렵지 않게 드론 비행을 시작할 수 있다. 실무에서도 초보자에게는 이 같은 기능을 갖춘 드론으로 훈련을 시작할 것을 권장하고 있다. 이 같은 기능을 갖춘 드론이라면 전문가의 도움 없이도 훈련할

◀ 드론은 날아다니는 새 또는 다른 드론이나 비행체에 반응하는 속도를 줄이기 위한 기술 개발이 진행되고 있다.

수 있다는 장점이 있다.

드론이 장애물을 회피할 수 있는 기능이 개발되면서 주변의 고정 물체를 감지하고 경로를 바꾸어 비행하는 것은 문제가 없으나 새나 다른 드론 또는 비행체와 같이 빠르게 움직이는 물체일 때는 문제가 다르다. 실제 군집 드론이나 재해 지역에서는 역동적 환경 또는 드론의 빠른 반응이 없이는 특정 상황에서 비행에 문제가 있을 수 있다. 한 연구에 따르면 현재 대부분의 장애물 회피 시스템은 주변 환경의 변화를 처리하는 데 약 20~40밀리초(milliseconds)가 걸리는 것으로 조사되었다. 한 대학 연구원들은 빠른 움직임을 감지하도록 특수 설계된 카메라와 처리 속도를 증가시킨 새로운 알고리즘으로 설계한 쿼드콥터 드론을 제작하여 반응 시간을 3.5밀리초로 단축했다.

이들의 시험에 따르면 드론은 3m 떨어진 지점에서 초속 10m(32.8ft)로 날아오는 공을 성공적으로 피할 수 있었다. 드론이 물체의 크기를 알 수 있도록 프로그램되어 있을 때는 카메라 한 대면 충분했지만, 모르는 때에는 카메라를 두 대 사용하여 다가오는 장애물을 측정하고 적절히 반응하게 했다. 이는 드론이 비행, 낙하 또는 던져지는 물체를 피하는 데 도움이 될 뿐만 아니라 드론이 더 빨리 안전하게 움직이는 데에도 도움이 될 수 있다. 이들은 차후 연구 개발에서 이 속도보다 최대 10배 더 빠른 반응 속도까지 달성하기 위해 계속 연구를 하고 있다.

Q30. 적외선 센서는 무엇인가?

적외선(Infrared; IR)은 가시광선 파장보다 긴 전자기파(electromagnetic radiation; EMR)이고 인간의 눈에는 보이지 않는다. 일반적으로 IR 파장은 약 700나노미터(nanometers, 주파수 430THz) 가시 스펙트럼의 공칭 적색 가장자리부터 1밀리미터(300GHz)까지의 파장이다. 실온 근처의 물체에서 나오는 흑체 방사(black-body radiation)는 거의 모두 적외선 파장이다. 전자기 방사의 한 형태로서, IR은 에너지와 운동량(energy and momentum)을 전파하며, 파장과 입자 광자의 특성과 일치한다.

적외선은 1800년에 천문학자인 윌리엄 허셜 경(Sir William Herschel)에 의해 발견되었는데, 그는 적색 빛(red light)보다 에너지가 낮은 스펙트럼에서 온도계에 미치는 영향을 통해 발견했다. 태양에서 나오는 총 에너지의 절반 이상이 결국 적외선의 형태로 지구에 도착하는 것으로 밝혀졌다. 흡수된 적외선과 방출된 적외선의 균형은 지구의 기후에 중대한 영향을 미친다.

적외선 방사는 산업, 과학, 군사, 상업 및 의료 분야에 사용된다. 액티브 근적외선 조명(active near-infrared illumination)을 사용하는 야간 시력 장치는 관찰자가 감지되지 않고 사람이나 동물을 관찰할 수 있게 한다. 적외선 열화상 카메라(Infrared thermal-imaging cameras)는 절연 시스템의 열 손실을 감지하고, 피부의 혈류 변화를 관찰하며, 전기 부품의 과열을 감지하는 데 사용된다.

기술의 발달과 함께 드론에도 적외선 센서를 탑재한 열화상 카메라는 거의 모든 종류의 물체나 사물에서 방출되는 열의 차이를 캡처할 수 있다.

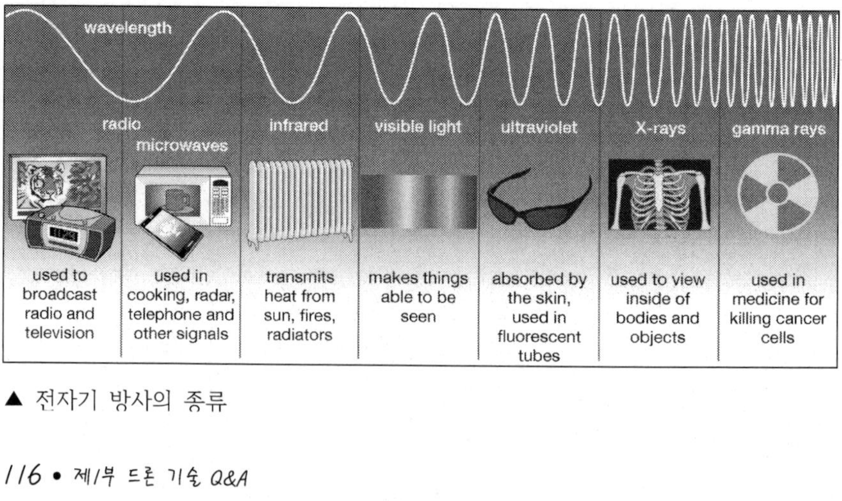

▲ 전자기 방사의 종류

▲ 적외선 열화상으로 촬영한 사진

- 동식물: 사람, 동물의 움직임 그리고 식물의 성장 상태
- 건물: 초고층 건물, 공장, 일반 주택이나 임시 주거 시설
- 기계: 모든 종류의 엔진, 컨베이어 벨트, 엔진 구동 시스템
- 항공기와 선박: 비행기, 헬리콥터, 초대형 선박인 소형 보트, 드론
- 자동차: 대형 트럭, 승용차를 포함한 운송수단
- 전기계통: 회로, 전원 라인, 커패시터, 커플링 커패시터 및 절연재
- 지상 시설: 땅, 바위 및 부표 등 태양의 흡수(주간)와 열 방출(야간)
- 액체와 가스: 열을 방출하는 모든 종류의 물질

정상 체온에서 사람은 주로 10μm(마이크로미터, micrometers) 안팎의 파장을 방사한다. 물질마다 열을 흡수하고 방사(radiation)하는 속도가 다르므로 한 개체의 온도가 하나라고만 알고 있던 것을 미묘하게 서로 다른 온도로 구성되어 있다는 것을 알 수 있다. 예를 들어 열화상 카메라를 통해 본 신체는 열이 많이 발생하는 부위와 손끝이나 발끝과 같이 말초 신경 부위에서는 심장이나 배 부위보다 열이 낮다는 것을 색상으로 알 수 있다. 열화상 카메라는 이러한 온도 차이를 감지하여 이미지 세부 정보로 변환한다.

모든 물체(절대 영도 이상)는 원자와 분자의 진동으로 적외선 에너지를 방출한다. 물체 온도가 높을수록 물체의 분자와 원자 운동은 더 활발하다. 이 운동이 적외선으로 방출되는데 이를 눈으로 볼 수 없지만, 피부는 열을 느낄 수 있다.

이 방출된 열에너지를 "열 시그니처(signature)"라 한다. 일반적인 실온에서 물체는 에너지를 적외선으로 방출한다. 사람, 동물 또는 커피 머그잔에서 방사되는 열 사진이나 열 영상을 볼 때 물체에서 방사되는 에너지의 파장이고 이를 방출 스펙트럼(emission spectrum)이라고 한다. 물체 온도가 상승하면 방사 스펙트럼 내 파장도 감소한다. 뜨거운 물체는 파장이 짧고 주파수가 높은 방사를 방출한다.

열화상 카메라는 육안으로는 보이지 않는 빛의 스펙트럼을 비추기 위해 특수 적외선 카메라 센서를 사용한다. 열에너지는 눈으로 볼 수 없지만, 다양한 방식으로 작용한다. 열에너지는 방출, 흡수 또는 반사될 수 있다. 적외선은 물체를 투시할 수 없지만 물질 사이의 방사 열에너지 차이를 감지할 수 있다. 이를 서멀 브리징 또는 열전이(thermal bridging or heat transfer)라고 한다. 즉, 열화상 카메라는 정밀한 비접촉 온도 측정 장치라고 볼 수 있다.

열화상 카메라의 적외선 센서가 물체에서 방사되는 적외선 방사에 초점을 맞추면 카메라는 눈으로 볼 수 있는 가시광선 스펙트럼으로 처리한다. 따라서 열화상은 가시 스펙트럼에서 열화상을 재현하는 방식에 따라 다르게 보일 수 있다. 일반적으로 선호하는 색상 팔레트 옵션에는 "black hot, white-hot, fusion, and iron bow"가 있다.

드론 열화상 카메라(thermal imaging camera)는 건설, 광산, 전기, 감시, 소방, 수색, 구조 등 다양한 분야에서 사용된다. 이 카메라는 거의 모든 물체와 물질에서 방사하는 열을 감지하여 이미지와 영상으로 변환함으로써 다양한 용도로 사용된다. 드론에는 열화상 카메라를 포함한 많은 종류의 센서와 많은 분야를 망라하는 카메라를 탑재할 수 있다. 드론이 전 산업 분야뿐만 아니라 일상생활에도 큰 영향을 미치고 있다. 열화상 카메라(thermal imaging camera)는 제작사의 제품 특징에 따라 아래와 같은 명칭으로 사용되지만, 기본 기능은 유사하다.

- Thermal camera
- Heat vision camera
- Thermal vision camera
- Thermal imaging sensor
- Thermal imaging camera
- Temperature sensor camera
- Thermal heat vision sensor

- Heat signature camera
- Heat sensor camera

열화상 카메라(thermal vision camera)는 가시광선이 아닌 열(thermal)로 사진이나 영상을 제작한다. 열(적외선 열방사)과 빛은 모두 전자기 스펙트럼의 일부이다. 열화상 카메라는 단순히 열을 감지하기보다 0.01°만큼 미세한 열의 차이도 감지한다. 이 정보가 디스플레이, 열 소프트웨어 또는 앱에 다양한 색상으로 표시된다.

대부분의 열화상 카메라에서 백색 영역은 최대 방사 에너지를 나타내고 흑색 영역은 낮은 방사 에너지를 나타내는 영상 출력을 생성한다. 회색 영역 이미지에는 최대량의 정보가 포함된다. 그러나 열화상의 일반적인 해석을 쉽게 하고 이후 화면을 더 잘 식별하기 위해서 열화상을 인위적으로 색상과 농도를 조절할 수 있다.

열화상 카메라의 사양에 표기된 "NETD(잡음등가온도차, noise equivalent temperature difference)" 용어와 세부 기술 정보를 볼 수 있다. 이것은 열화상 검출기(detector)가 영상에서 매우 작은 열방사 차이를 얼마나 잘 구별할 수 있는지에 대한 지수이다. NETD는 밀리 켈빈 또는 mK(milli-Kelvin or mK) 단위로 나타낸다. 일부에서는 "Thermal Contrast"라고도 한다. 노니즈가 높을수록 검출기의 NETD 값이 커진다. 열 감도(thermal sensitivity)는 적외선 카메라가 감지할 수 있는 가장 작은 온도차(NETD)를 측정할 수 있는 기능을 나타낸다. 열 감도가 우수한 카메라는 온도차를 최소화하고 시각화가 더 쉽다. 열 감도가 낮을수록 선명한 이미지를 생성하고 특정 물체를 식별할 때 카메라 초점도 빠르게 그리고 정확하게 잡을 수 있다.

열화상 카메라가 완전히 어두운 곳에서 미세한 안개나 비, 그리고 눈을 통해 볼 수 있지만, 가시거리는 대기 조건에 따라 달라질 수 있다. 열화상 카메라는 물체가 방출하는 열방사의 차이에 따라 이미지를 생성한다는 점에서 적외선이 물체에서 열화상 카메라로 더 멀리 이동할수록, 그 과정에서 더 많은 신호가 손실될 수 있다. 안개와 비는 물방울에서 빛이 산란되어 열화상 시스템의 범위를 심각하게 제한할 수 있다. 물방울 밀도가 높을수록 적외선 신호는 감소한다.

군이나 민간에서 야간에 물체를 관찰하기 위해서 사용되는 야시경(night vision goggle; NVG)과 열화상 카메라는 기능상의 차이가 있다. 야시경은 미세한 가시

▲ 야시경은 미세한 가시광선을 증폭하는 기술이 핵심이다.

광선을 증폭하여 화면에 녹색으로 처리하여 투사하는 것이다. NVG는 가시광선이 충분하지 않으면 잘 볼 수 없는 한계가 있다. 이것은 반사광에 의존하는 사물을 영상으로 재현하는 능력이 반사되는 빛의 양과 강도에 의해 제한되기 때문이다. 따라서 완전히 어두운 곳에서는 아무것도 보지 못한다. 또한, 야시경과 다른 저조도 카메라는 황혼 시간에는 그다지 유용하지 않다. 이것은 야시경(NVG)이 효과적으로 작동하기에는 빛이 너무 많지만 육안으로 볼 수 있는 빛은 충분하지 않기 때문이다. 열화상 카메라는 가시광선의 영향을 받지 않기 때문에 석양을 바라볼 때 선명한 사진을 얻을 수 있다.

Q31. 브러시리스 모터 기본 구성품과 효율은?

전기모터는 통상 브러시의 사용 여부에 따라 브러시드(brushed) 모터와 브러시리스(brushless) 모터 두 종류가 있다. 이들 모터는 각각의 장단점이 있고, 소형 멀티콥터에는 브러시리스(brushless) 모터를 사용한다. 브러시리스 모터는 브러시드 모터보다 무게가 가볍고, 수명이 길어 소형 멀티콥터에 적합하다. 이들 두 모터는 전자기학을 기초로 하므로 원리는 같다. 모터 권선(windings)에 전기가 흐르면 모터 내부에 있는 영구자석(permanent magnets)을 밀어내는(또는 끌어당기는) 임시 자기장이 생성된다. 이 자기력은 축을 회전하는 데 사용되는 코일 내 반발력(repulsive force)을 생성한다.

브러시리스(BLDC) 모터에는 스테터(stator; 고정자)와 로터(rotor; 회전자)라는 2개의 중요한 부품이 있다. 스테터는 모터의 고정 부품(권선, 코일이 감겨 있는)이고 로터는 모터의 회전 부품(자석이 원통 모양으로 부착된)이다. 이외에도 베어링, 코일, 자석, 축(shaft) 등과 같은 관련 부품들이 있다.

배터리 용량이 증가하면 배터리 무게도 증가한다. 어느 시점에서 더 큰 배터리 용량(battery capacity)이 더 이상 이득(gain)이 되지 못하는 시점에 도달하고 이후 이득이 감소하기 시작한다. 이것이 드론 운용자들을 곤경에 빠뜨릴 수 있는 간과된 세부 사항이다. 만약 대용량 10,000mAh 6s 배터리를 원한다면 당신의 모터와 ESC가 6s이고, 비행제어기(flight controller)가 지원할 수 있는지 확인

◀ 브러시리스(DLDC) 모터의 기본 구조

해야 한다.

일반적으로 브러시리스 모터의 효율(efficiency)은 85~90% 정도이지만, 브러시드 모터는 75~80% 정도이다. 브러시리스 모터의 스테터에 코일이 감겨 있지만, 브러시드 모터는 로터에 코일이 감겨 있다. 이러한 효율 차이는 모터가 사용하는 총 전력의 더 많은 부분이 회전력으로 전환되고 열로 인한 전력 손실도 감소한다는 것을 의미한다. 이들 용어가 의미하는 것처럼 브러시리스 모터는 브러시가 없고(가격 저렴), 브러시드 모터는 브러시가 있어 브러시의 마모로 교환해야 하는 품목이다.

브러시리스 모터의 크기는 "2207" 또는 "2306"과 같은 4개의 숫자로 표시된다. 이들 숫자는 로터의 지름과 높이를 밀리미터(mm) 단위로 나타낸다. 일부 모터에는 10.5T 또는 21.5T와 같이 "T" 문자가 표기되어 있다. 이것은 코일이 감겨 있는 수를 나타낸다. 여기서 코일을 감은 수가 많을수록 토크는 크지만, rpm은 낮고 배터리 수명은 길다. 모터 회전수가 느린 만큼 다루기가 쉽다. 반면 코일을 감은 수가 작을수록 토크는 작지만, rpm은 높고 배터리 수명은 짧다. 모터 회전수가 빠른 만큼 다루기가 어렵다.

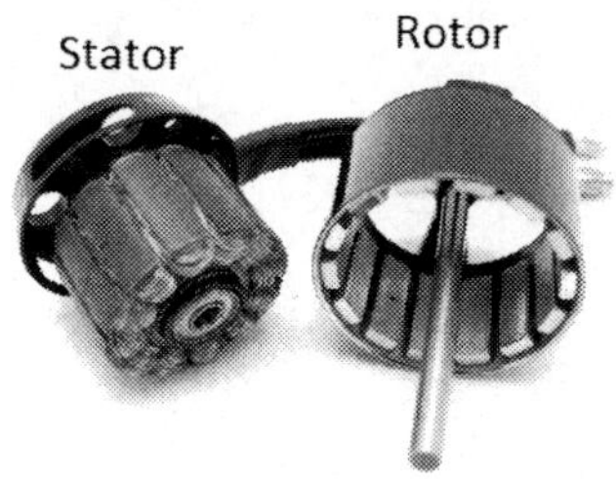

▲ BLDC 모터의 핵심 구성품

단선 전선(single stranded wires)은 한 가닥의 구리 전선으로 만들어지고, 여러 가닥 전선(multi-stranded wires)은 한 가닥의 두꺼운 전선을 대체하기 위해서 3개의 더 얇은 전선으로 제작된다. 단일 전선은 두꺼워서 고전압에서 발생하는 열에 더 잘 견딜 수 있다. 반면 여러 가닥의 전선은 높은 작동 온도에서 쉽게 파손되거나 용해될 수 있다. 일반적으로 여러 가닥의 전선은 훨씬 더 단단하고 밀집되어 감기기 때문에 자기장이 강해지고 모터가 더 강력해져 효율은 더 높다.

브러시리스 모터는 다양한 모양과 크기로 제작된다. 대부분 드론의 추력 무게비(thrust to weight ratio)는 대략 2:1을 목표로 한다. 추력 무게비는 클수록 좋다. 추력 무게비를 결정하는 것은 쿼드콥터 자체의 크기에 따라 달라진다. 일부 완성품 드론의 추력 무게비가 8:1, 또는 13:1의 제품도 없지 않다. 그러나 모터는 단지 고속으로 회전하고 있어 이를 더 빠르게 하는 데는 한계가 있다. 사진 촬영

장비를 사용하더라도 향후 설정을 업그레이드하거나 HD 카메라 또는 더 큰 배터리를 추가해 비행시간 등을 연장할 경우 최소 3:1~4:1 이상을 목표로 해야 보정할 예비 전력이 남아 있게 된다. 초보자용 레이싱 드론의 추력 무게비는 대략 4:1~5:1이 적당하지만, 레이싱 전문 드론이라면 이보다 훨씬 높아야 한다.

모터 선택은 쿼드콥터를 얼마나 크게 만들 것인지에 따라 결정된다. 따라서 "프레임 크기 = 모터 크기"라고 할 수 있다. 프레임 크기를 결정함으로써 모터의 크기를 결정할 수 있다. 프레임 크기는 프로펠러 크기를 제한하고, 각 프로펠러를 회전시키고 추력을 효율적으로 발생시키기 위해 다른 모터가 필요할 수 있다. 또한, 모터의 kV(velocity constant; 속도 상수)는 모터의 선택에 중요한 역할을 한다. 모터의 kV 값이 클수록 더 많은 전류를 끌어(소모)당긴다. 아래 표에는 공칭 프레임(nominal frames) 및 쿼드콥터 모터 번호가 나열되어 있다.

Frame Size	Prop Size	Motor Size	kV
150mm and smaller	3″ and smaller	1105-1306	3000 and higher
180mm	4″	1806	2600-3000
210mm	5″	2204-2208/2306	2600-3000
250mm	6″	2205-2208/2306	2000-2300
300mm	7″	2208/2212	1600

모터에 사용되는 전류(current)는 특정 모터에 필요한 쿼드콥터 ESC 크기를 결정하는 데 도움이 되기 때문에 중요하다. 예를 들어 1104 모터는 100% 스로틀에서 최대 10A를 사용하고, 일부 2306 모터는 100% 스로틀에서 최대 40A를 사용한다. ESC는 모터가 100%로 끌어오는 전류보다 20% 더 높은 정격에 따라 선택해야 한다. 즉, 모터가 100% 스로틀에서 최대 30A를 끌어오는 경우 36A의 정전류 ESC 정격(ESC rated)이 이상적이라는 의미이다. 또한, 이것을 ESC의 버스트 정격(burst rating)이라고도 한다. 이것은 ESC가 짧은 시간에 스스로 손상되지 않고 처리할 수 있는 최대 전류의 암페어(maximum amps of current)이기 때문이다.

Q32. 브러시리스 모터의 kV는 무엇을 나타내는가?

이론적으로 브러시리스 모터 kV 정격(rating, Velocity Constant, 속도 상수)은 모터에 적용되는 매 전압에 대해 모터가 회전하는 속도를 나타낸다. kV 정격이 높으면 저항이 낮고 필요 전류가 높아지며 효율이 떨어진다. 반대로 kV 정격이 낮으면 저항이 높아지고 필요 전류가 낮아지면 효율(efficiency)이 크게 향상된다. 초보자는 2300~2400kV 정격의 모터로 시작하는 것이 좋다. 예를 들어 모터의 정격이 2300kV이고 3s 배터리 전압(11.1V)이 적용되었다면 모터는 프로펠러 없이 25,530RPM(2300×11.1)으로 회전한다. 이것이 무부하(no load) 상태에서 도달할 수 있는 최대 RPM이다. 프로펠러가 장착되었을 때 프로펠러 회전으로 인해 공기 저항 때문에 RPM은 급격히 감소한다. 일반적으로 kV는 모터의 출력 또는 모터의 유용한 토크 값과 관련이 있다.

kV=RPM per volt
- Lower KV=More torque
- Higher KV=More speed

토크(torque)는 프로펠러를 회전시키는 회전력(rotatory force)이다. 모터 토크는 다음과 같은 요소에 의해 영향을 받는다.

① 스테터 크기(스테터가 클수록 토크도 크다)
② 로터의 자석과 권선 품질
③ 스테터와 로터 사이의 공극과 같은 모터 구성요소

모터에 의해 생성되는 토크는 멀티콥터의 성능에 상당한 영향을 미친다. 또한, 멀티콥터가 조종입력에 대해 어떻게 반응하는지 결정한다. 모터에서 발생하는 토크가 높을수록 쿼드콥터의 반응성이 높아진다. 토크는 쿼드콥터가 비행 중 방향을 얼마나 빠르게 전환할 수 있는지를 결정하는 성능과 관련이 있다. 이것은 드론 레이싱에서 더 빠르게 급회전하는 데 크게 도움이 될 것이다. 모터의 토크가 상대적으로 작고 프로펠러가 무겁다면 모터는 프로펠러를 회전시킬 수 없어 효율과

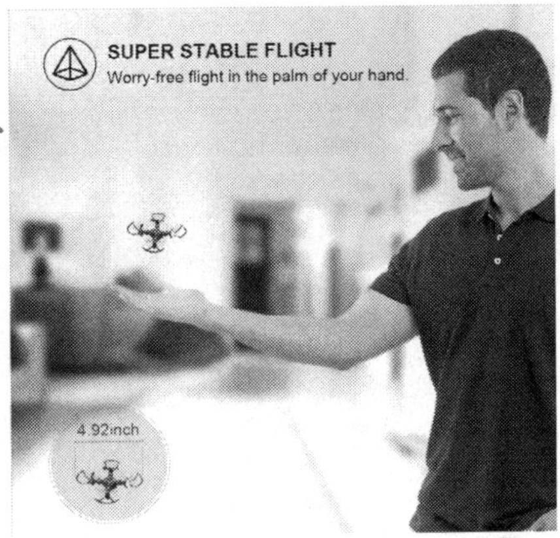

▲ 초소형 BLDC 모터로 작동되는 소형 쿼드콥터

추력이 현저히 떨어질 수 있다. 이처럼 과중한 하중 조건에서 모터의 전류 요구량이 상당히 높아진다.

낮은 kV 모터는 지름이 큰 프로펠러를 천천히 회전시키는 데 적합하고, 높은 kV 모터는 작은 지름의 프로펠러를 매우 빠르게 회전시키는 데 적합하다. 예를 들어 28" 프로펠러를 회전시키는 데는 약 100kV 모터가 적절하지만, 1,000kV 이상의 모터는 지름이 작은 프로펠러를 이용해서 비행시간이 훨씬 짧은 곡예비행이나 레이싱 멀티콥터에 적합하다. 만약 1,000kV 모터를 이용해서 28" 프로펠러를 회전시키려면 부하가 너무 커 모터가 과열되어 수명이 단축된다.

◀ 초미니 BLDC 모터
SE0703 KV15000

Q33. BLDC 모터의 구조와 특성에 따른 성능은 무엇이 있는가?

모터 자석(magnets)은 모터가 얼마나 강한 힘을 발휘할 수 있는지 결정하는데 중요하다. 값싼 모터는 더 강한 자력의 값비싼 모터에 비해 더 약한 자력을 가지고 있고 추력이 더 작다. 일부 하이엔드 모터(higher-end motors)는 로터 모양에 맞춰 곡면 자석으로 설계된다. 브러시리스 모터에 사용되는 자석은 N52, N54 등과 같은 자기 강도에 따라 등급이 매겨지며, 자석에 의해 생성되는 자기장이 높을수록 강하다. 또 다른 요인은 모터의 권선(motor windings) 품질이다. 모터에 고품질 권선이 있으면 전류의 흐름에 대한 저항이 감소하여 효율이 개선되고 비행시간이 길어진다. 다음으로 모터 성능에 영향을 미치는 것은 모터의 전선 게이지(wire gauge)이다. 모터는 20Awg 또는 18Awg(American wire gauge)를 사용한다.

최신 모터는 무게를 줄이기 위해 솔리드 샤프트(solid shaft)가 아닌 중공 샤프트(hollow shafts)를 사용한다. 여기에는 장단점이 있다. 중공 축은 모터의 무게를 줄이는 것은 분명하지만 충돌했을 때 내구성이 떨어진다. 모터의 전체 로터를 교체하지 않고는 샤프트를 교체할 수 없다. 또 다른 방법은 더 나은 성능을 위한 스테터와 로터 사이의 공극(air gap)이다. 로터가 스테터에 가까울수록 전류 변환 효율이 높다. 공극이 작을수록 스테터가 자기장을 통과할 때 모터의 추력이 높아진다.

모터의 무게는 멀티콥터의 비행 특성에 상당한 영향을 주는 고려 요소이다. 관성 모멘트로 인해 가벼운 모터보다 무거운 모터가 가속 변화에 대한 저항이 크다. 따라서 기동성이 우선시되는 경우 경량 모터를 사용할 것을 권장한다. 반면 최대 출력 속도가 필수인 응용 분야에서는 대형 모터가 더 높은 추력 출력을 제공할 수 있다. 모터 무게는 모터의 크기와 재료에 따라 결정된다. 모터가 클수록 무겁다. 5인치 쿼드콥터에 사용되는 모터의 무게는 보통 30~40g 정도이다.

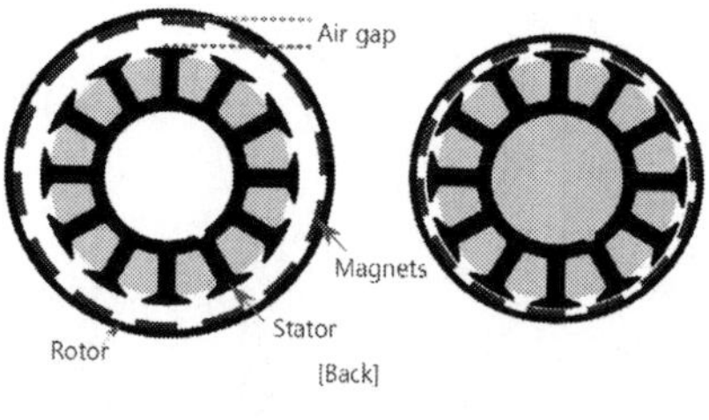

◀ 왼쪽 모터의 공극보다 오른쪽 모터의 공극이 더 좁고 효율이 더 높다.

◀ 이 모터의 스테터 지름은 22mm, 스테터 높이는 6mm이다. 이들 치수가 BLDC 모터 자체의 외부 치수를 나타내는 것이 아니다.

예를 들어 Emax RSII(2306 motor)와 같이 모터는 25g 정도로 매우 가볍고, 코브라 2204 모터(cobra 2204 motors)는 약 34g 정도의 무거운 모터들도 있다. 모터 무게가 중요시되는 것은 모멘트 암이 증가할수록 모터가 무거워지기 때문이다. 간단히 말해서 매 그램의 증가로 쿼드콥터를 회전시키기 위해서는 더 많은 힘이 필요하다는 것을 의미한다. 그러나 모든 모터가 가벼운 것이 항상 유리한 것은 아니다. 경량 모터는 무게를 줄이기 위해 가벼운 재질로 만들어지기 때문에 무거운 모터보다 내구성이 떨어진다. 따라서 모터를 어느 용도로 사용할 것인가를 고려해서 결정해야 한다.

브러시리스 모터의 극과 자석 수(N-poles and P-magnets)는 통상 22xx 또는 23xx와 같이 표기된 모터는 12극 그리고 14개 자석으로 구성된다. 이것은 "12P14N"과 같이 표기하기도 한다. 위 그림과 같이 극(poles)은 고정자(stator), 영구 자석은 모터의 로터에 부착된다.

추력은 모터를 선택할 때 고려해야 할 핵심 요소 중 하나이다. 모터의 추력 출력은 보통 그램 단위로 측정되며 모터의 회전 속도와 프로펠러에 따라 달라진다. 멀티콥터가 가속을 시작하기 전에 일정량의 추력은 중력의 당김뿐만 아니라 항력을 극복하는 데 필요하다.

토크는 모터가 특정 RPM에 얼마나 빠르게 도달할 수 있는지를 측정하는 것으로, 모터의 반응성에 직접적인 영향을 주는 요소이다. 토크는 멀티콥터가 공중돌기와 롤을 통해 활발하게 기동할 수 있도록 해 주므로 이러한 움직임의 정확성이 더욱 향상된다. 무거운 지지대는 가벼운 지지대보다 더 높은 토크로 가속할 수 있다. 모터 토크는 스테터 치수와 관련 있다. 대형 스테터는 더 큰 토크를 생성할 수 있어 스테터가 클수록 모터의 총중량이 증가한다.

일반적으로 모터의 과열(overheating)은 시간이 지남에 따라 성능을 현저하게 떨어뜨린다. 모터가 장시간 열에 노출되면 로터의 자석은 시간이 지남에 따라 자기장 강도가 감소한다. 만약 계속 과열 상태에서 작동한다면 시간이 지남에 따라 모터의 수명이 단축된다. 모터가 과열되는 주원인은 과도한 프로펠러 속도와 장시간 높은 스로틀 사용 때문이다. 모터 제조업체는 냉각 핀이 모터에 공기를 빨아들여 모터의 수명을 연장하는 데 도움이 되도록 설계함으로써 이 문제를 보완하기는 하지만, 드론 조종자 역시 모터 과열에 주의해야 한다.

최신 일부 쿼드콥터 모터는 하부 덮개가 없는 형태이다. 덮개를 씌우지 않음으로써 무게를 약 2g 줄여주는데 드론 레이싱 면에서는 큰 비중을 차지한다. 그러나 충돌 중에 작은 돌과 파편이 벨 안에 들어가 자석과 코일을 손상시킬 수 있다. 때로는 전문가들조차도 자주 충돌하기 때문에 초보자들이 취미 생활을 시작할 때 하부 덮개가 있는 모터를 선택할 것을 권장한다.

모터 효율(efficiency)은 100% 스로틀에서 모터에 의해 생성되는 추력을 모터에 의해 생성되는 동력(power)으로 나누어 계산한다. 이는 와트당 그램(g/w; by grams per watt)으로 측정한다. 이 비율이 높을수록 모터의 효율은 기본적으로 높아진다. 드론은 항상 100% 스로틀로 비행하지 않는다. 따라서 0~100% 스로틀까지 전체 스로틀 범위에서 모터의 효율을 고려하는 것이 중요하다. 일부 모터는 스로틀 곡선의 로-앤드에서 효율적일 수 있으며, 또 다른 모터는 스로틀 곡선의 하이-앤드에서 더 효율적일 수 있다. 따라서 비행 방식에 따라 모터를 선택하는 것이 중요하다.

일반적으로 모터를 고정하는 데 사용되는 부품은 E/C 클립(clip), 또는 스크루 리테이너(screw retainers)와 같이 종류가 있다. 모터의 지속적인 진동으로 인해 스크루 리테이너가 풀리고 시간이 지남에 따라 느슨해지는 경향이 있으며 샤프트를 과도하게 조여 모터 회전이 어려워질 위험이 있다. 따라서 모터의 용도에 따라 적절한 클립 부품을 선택해야 하고 주기적인 점검이 필요하다.

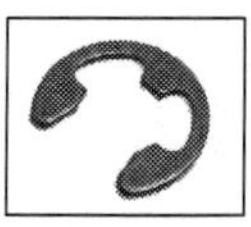
▲ E-클립

Q34. 멀티콥터 모터의 속도를 제어하는 장치는 무엇인가?

드론의 모터 속도를 제어하는 중요한 부품이 전자 속도 제어기(Electronic Speed Controller; ESC)이다. ESC는 모터 시스템에 지속 공급할 수 있는 전류의 양(amount of current)에 따라 정격이 지정된다. 모터는 지정된 속도 범위에서 끊임없이 회전하고 있으므로 모터 속도를 제어할 수 있는 속도 제어기가 필요하다.

모든 모터가 동일 속도로 회전한다면 드론은 제자리에서 비행(hovering)한다. 로터 블레이드(프로펠러 블레이드)의 피치가 변하지 않기 때문에 시스템의 피치(양력)는 모터 속도의 차이를 통해 제어된다. 따라서 동일 ESC 4개를 사용할 것을 권장한다. 송신기와 수신기(transmitter and receiver)는 드론과 드론 조종자 사이의 제어 신호를 주고받는 중요한 수단이다. 송신기는 제어 신호를 전송하고 수신기는 제어 신호를 수신한다.

수신기는 비행제어기(flight controller)에 연결되어 있어 제어 신호가 입력된 후 모터를 원하는 방식으로 작동하도록 한다. 일반적으로 송신기 선택은 드론 운용에 필요한 채널 수(number of channels)에 따라 결정된다. 일반 멀티로터 드론을 운용하기 위한 기본 채널은 롤, 피치, 요, 그리고 스로틀과 같이 4개의 채널을 갖추어야 한다. 이외에도 드론 목적에 따라 더 많은 채널을 갖출 수 있다. 예를 들어 자동조종(autopilot), 카메라 짐벌(gimbal)의 작동, 접개들이 착륙장치(retractable landing gear) 등을 위해서 추가 채널을 사용할 수도 있다.

▲ 모터와 ESC는 한 세트로 구성된다.

Q35. 멀티콥터의 비행시간 제한을 극복하는 방법은 무엇이 있는가?

소형 멀티콥터를 날릴 수 있는 시간은 대부분은 10~20분 이내로 제한된다. 드론을 더 오래 날리기 위해서는 배터리를 더 많이 탑재해야 하지만, 성능에 직접 영향을 주는 요소이기 때문에 이 또한 제한적이다. 어떻게 하면 더 오랫동안 배터리를 교체하지 않고 비행할 수 있을까 하는 질문은 많은 드론 전문가의 과제이기도 하다.

"쿼드콥터 프레임 형상이 가장 효율이 높다."

헥사콥터나 옥토콥터 구성은 모두 양력을 증가시키는 프로펠러가 더 많지만, 효율이 떨어진다. 모터, ESC, 배터리, 케이블 등 필요한 것이 많을수록 전력 대 중량 비율이 감소한다. 또한, 프레임 구성은 멀티콥터 효율을 결정하는 프로펠러 크기를 결정한다. 프로펠러 효율은 표면적(surface area)과 관련이 있어 동일 입력에 대해 지름이 더 큰 프로펠러가 작은 것보다 더 많은 추력을 제공한다.

추력(thrust)을 생산하는 프로펠러를 회전시키는 것은 모터로 그 어느 부품보다 중요하다. 기본적으로 프로펠러가 클수록 이를 회전시켜야 하는 모터 용량이 커야 한다. 출력은 토크와 RPM에 따라 달라지고 RPM은 기본적으로 모터 kV 정격과 동일하다. 토크의 기본은 비틀림 힘이다. 지름이 작고 피치가 작은 프로펠러는 지름이 크고 피치가 큰 프로펠러가 공기 저항도 커 토크가 더 큰 모터를 사용해야 한다.

"쿼드콥터의 ESC와 배터리 성능이 적절하게 조화되어야 한다."

쿼드콥터의 ESC와 배터리 성능을 고려해서 선택해야 한다. 예를 들어 30A ESC와 6S 배터리의 조합은 고전압(high voltage) 시스템이다. 이것은 다음과 같은 기초 전기 이론으로 설명된다.

전력(P)=전류(A) × 전압(V)

이 방정식은 와트(watt)로 측정된 전력(시간 단위로 수행되는 일)이 암페어와 볼트의 결과임을 알 수 있다. 모든 모터 제원에는 와트, 암페어 그리고 볼트값이 표기되어 있다. 예를 들어 12×3.8 프로펠러, 전압 11.1V(3S LiPo), 그리고 650kV 모터라고 한다면 전류는 13.7A가 필요하고, 이때 전력 출력은 152.1와트(W)이다.

이들 와트, 암페어, 그리고 볼트 사이의 관계에서 고전압, 저 암페어 설정은 저전압, 고 암페어 설정과 동일 출력 와트가 된다. 이 사실은 LiPo 배터리 용량(비행시간으로 환산)이 밀리암페어시(mAh)로 결정되기 때문에 매우 유용하다. 1mAh는 1시간 동안 1000mA를 전달할 수 있는 배터리 성능이다. 따라서 고전압 입력으로 보상되는 저전류 소모(drawing) 시스템을 설정한다면 전력 수요를 충족하면서 배터리 수명도 연장할 수 있다. 또한, 시스템에서 전류 필요량이 낮으면 하중을 받는 상태에서 전압 강하(voltage drop)가 적고 이것은 더 높은 하중의 비행에서 유지할 수 있는 전압이 더 높다는 것을 의미한다. 앞서 언급한 것과 같이 낮은 kV, 고품질 모터를 사용하여 저전류 소모 설정(drawing setup)을 구축할 수 있다. 예를 들어 6S 22.2V 배터리와 같이 셀 수가 많은 LiPo 배터리는 높은 전압을 제공할 수 있다.

그러나 단순하게 큰 프로펠러, 가장 낮은 kV 모터, 그리고 고전압의 배터리를 사용하는 것이 효율이 가장 높다고 생각해서는 안 된다. 이것은 멀티콥터의 최적 효율을 달성하기 위해서는 관련 부품을 신중하게 선택하고 구성품들 사이의 적절한 조화가 필수이기 때문이다. 기본적으로 고전압 설정이 효율적이지만, 더 큰 배터리와 모터로 인해 무게가 더 무거워진다. 또한, 효율을 위해 큰 프로펠러를 선택할 수 없다. 주지하는 바와 같이 프로펠러 크기가 커질수록 더 많은 전류를 소모하고 비행시간은 단축된다.

"멀티콥터의 기본 규칙에서 모터의 추력은 비행체의 총 비행 중량의 두 배를 생산할 수 있어야 한다."

이 "안전 마진(safety margin)"은 시간이 지남에 따라 배터리 전압이 낮아지더라도 모터가 제어 입력에 빠르게 반응하거나 급격한 수직 강하를 방지할 수 있도록 보장한다. 멀티콥터의 필요 추력(thrust required)을 계산한 다음 쿼드콥터는

4로 나누고 헥사콥터는 6으로 나누어야 한다. 평균 쿼드콥터의 무게를 1.5kg으로 계산했을 때 모터의 필요 추력은 3kg 또는 모터당 750g의 추력이 필요하다.

대부분 드론 운용자는 모터를 먼저 선택하고 그에 맞는 전압과 프로펠러 크기를 결정한다. 일반적으로 성능이 낮은 쿼드콥터는 >900kV 용량의 모터가 적절하고, 가벼운 페이로드 운반하는 쿼드콥터와 헥사콥터는 900~500kV 용량의 모터가 적절하다. 그러나 무거운 페이로드를 운반해야 하는 헥사콥터와 옥토콥터는 >500kv 모터가 적절하다. 기본적으로 추진장치 효율의 목표는 멀티콥터가 모터의 RPM 피크 효율(peak efficiency)보다 약간 낮은 상태에서 제자리비행할 수 있게 설정하는 것이다.

모터에는 일반적으로 효율 등급(efficiency rating)이 있다. 모터의 효율이 높을수록 과열 전에 더 많은 전력을 생산할 수 있다. 예를 들어 모터 효율이 85%라고 했을 때 모터가 생산할 수 있는 전력은 85%이고 나머지는 열로 소모된다. 따라서 전력이 180W라고 한다면 이론상 최대 기계적 출력은 153W이다.

멀티콥터 설계자는 효율뿐만 아니라 드론의 용도 역시 함께 고려해야 할 중요한 요소이다. 레이싱 드론은 단연 민첩성이 우선되어야 하고, 항공사진을 촬영하고자 하는 용도라면 안정성이 최우선이다. 예를 들어 지름이 더 큰 프로펠러를 회전시키기 위해 프레임 크기를 늘리면 효율은 높아지지만, 프레임이 늘어난 만큼 관성 모멘트도 함께 커진다. 이것은 멀티콥터의 자세를 변경하려면 모터가 더 많은 일(하중)을 해야 한다는 것을 의미한다. 따라서 드론이 너무 커지면 특히 돌풍이 부는 날씨에 드론 불안정성은 더욱 증가한다.

끝으로 드론 운용자가 고려할 사항은 실용성과 비용을 비교하는 일명 가성비이다. 여러 차례 언급한 바와 같이 프로펠러가 크면 더 큰 추력을 생산하겠지만, 이에 따른 모터, 프레임 외에 주변 액세서리도 필요할 수 있다. 이것은 멀티콥터의 효율에 직접 영향을 주는 요소들일 뿐만 아니라 비용 증가의 원인이다.

결론적으로 LiPo 배터리와 모터의 동력장치 조합에서 획기적인 방법은 없지만, 최적의 기계적 또는 운용상의 조합으로 비행시간을 늘릴 수 있을 것이다. 이 같은 결론으로 본다면 소형 드론에서 3S(12.6V) 설정을 선호하는 이유이다. 드론의 비행시간 한계에 대한 극복은 다음에 다루게 될 수소 연료 전지(hydrogen fuel cell)가 대안이 될 것이다.

Q36. LiPo 배터리와 기본 구성은 어떻게 이루어졌는가?

멀티콥터가 가능하게 한 것이 배터리와 모터로 구성된 새로운 동력원이다. 배터리와 모터의 조합이 드론에만 적용되는 것이 아니라, 전기 자동차, 전기 항공기, 전기 선박 등에도 이들 동력원의 선택이 점점 더 증가하게 될 것이다.

드론에 가장 많이 사용되는 배터리가 LiPo 배터리이다. LiPo(리포) 배터리는 리튬 폴리머(lithium polymer) 또는 리튬 이온 폴리머(lithium-ion polymer) 배터리라고 하고, 액체 전해질 대신 폴리머 전해질을 사용하는 리튬 이온(lithium-ion) 기술의 충전식 배터리이다. 높은 전도성 반고체(겔) 폴리머가 이 전해질을 형성한다.

이 배터리는 다른 리튬 배터리보다 높은 비에너지(specific energy)를 제공하며, 무게가 중요시되는 모바일 기기, 무선조종 항공기, 그리고 일부 전기차에 사용된다. LiPo 배터리 셀의 전압은 화학성분에 따라 달라지며 공칭 전압(nominal voltage)은 3.7V이다. LiPo 배터리 셀은 과충전, 과방전, 과열, 합선, 압착, 찍힘 등은 셀 파열이나 전해액 누출, 그리고 화재로 인해서 치명적인 파손을 초래할 수 있다. 모든 Li-ion(lithium-ion) 배터리 셀은 약간의 전해액 기화로 인해 높은 충전 상태(SOC)에서 팽창할 수 있고 이로 인해 셀 내부 층의 박리가 발생할 수 있다. 이것은 층의 접촉을 나빠지게 하여 배터리 수명을 단축하는 원인이 된다.

LiPo 배터리는 여러 개의 직사각형 셀(cells)로 구성된다. 이들 셀은 직렬 또는 병렬로 연결할 수 있다. 만약 2개의 셀을 직렬로 연결하면 전압은 7.4V, 4개의 셀을 직렬로 연결하면 전압은 14.8V까지 높일 수 있다. 예를 들어 배터리 팩에 "4S2P"로 표기되었다면 4개의 셀은 직렬(4S) 그리고 2개의 셀은 병렬(2P)로 연결되어 총 셀의 수는 모두 6개이다. 셀의 수가 배터리 전압을 결정한다. 따라서 많은 수의 셀로 구성된 배터리는 더 큰 모터를 구동시키는데 필요한 전력을 공급할 수 있다. 그러나 배터리 용량이 크다고 해서 더 오래 비행할 수 있는 에너지를 제공하는 것은 아니다.

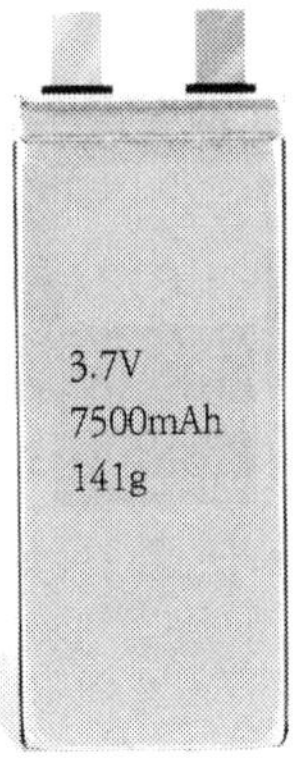

▲ Lipo 배터리

Lipo 배터리 팩(battery pack)의 전압은 기본적으로 드론의 비행속도를 결정한다. 전압은 전기모터의 RPM에 직접적인 영향을 미치기 때문이다. 멀티콥터의 1S LiPo 배터리와

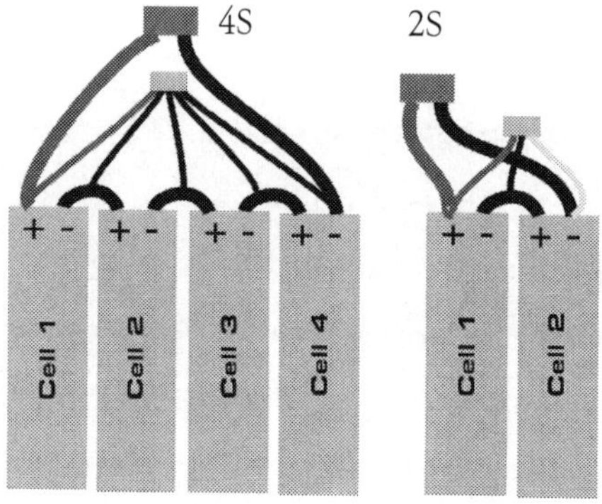

◀ 배터리 셀 연결

브러시리스 모터 정격이 3,500kV라면 볼트당 모터 회전 속도는 3,500RPM이 된다. 2S LiPo 배터리라면 모터는 약 25,900RPM으로 회전하고, 3S의 경우라면 모터는 38,850 RPM(11.1×3500)으로 회전한다. 따라서 전압이 높을수록 회전 속도는 빨라진다. 모터의 기본 제원을 바탕으로 LiPo 배터리를 선택할 때 전압은 모터 성능과 관련이 있고, 모터는 회전 속도에 직접 영향을 주는 요소이다.

전력(power)은 전압(voltage)과 전류(current)를 곱한 값이므로 전압이 높을수록 모터의 전력(P)이 높아진다. 전압은 모터의 전력에 영향을 미치며, 전력은 모터의 RPM에 영향을 준다. 즉, 회전 속도를 의미하는 것으로 드론 레이싱에서 조종자들은 폭발적 추력을 얻기 위해 고전압 배터리를 원한다. 다음은 드론 운용자가 최적의 배터리 선택을 위한 고려 사항이지만, 이들로 한정되는 것은 아니다.

"첫째, LiPo 배터리 용량과 방전율을 고려하라."

배터리 팩에 "1300mAh"와 같이 표기된 것은 LiPo 배터리의 용량(capacity)을 의미한다. 용량은 배터리가 얼마나 많은 전력을 보유할 수 있는지를 측정하기 위한 것으로 1시간 동안에 방전시킬 수 있는 용량이다. 단위는 밀리암페어시(mAh)이다. 예를 들어 1300mAh는 1.3Amp Hour(1Ah)로 환산할 수 있다. 일반적으로 용량은 재충전하기 전에 수행할 수 있는 시간을 결정할 수 있다. 배터리의 용량이 클수록 비행시간이 길어질 수 있지만, 무거울수록 성능은 떨어질 수 있다. 또한, 용량은 비행속도에도 영향을 주는 요소이므로 더 고속으로 비행할수록 가용한 비행시간이 단축된다. 이것은 고속으로 비행할수록 더 많은 전력이 필

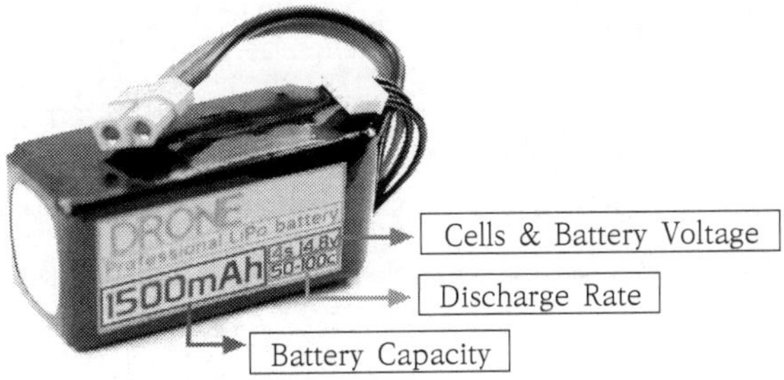

▲ 배터리 팩 표기

요하고 배터리 용량은 빠르게 소모되기 때문이다. Lipo 배터리에는 배터리 용량, 배터리 전압, 셀 구성, 그리고 방전율 등이 표기되어 있다.

- 방전율(Discharge Rating)
- 셀 구성(Cell Configuration)
- 배터리 전압(Battery Voltage)
- 배터리 용량(Battery Capacity)

방전율(Discharge Rating or C-Rating)은 배터리가 얼마나 빨리 안전하게 방전되는가를 나타낸다. 멀티콥터 LiPo 배터리에서는 이를 C-정격(C-Rating)이라 한다. 예를 들어 방전율 95C는 팩의 용량보다 95배 이상에서 안전하게 방전할 수 있다는 것을 의미한다. 같은 맥락에서 10C = 10배 이상, 20C = 20배 이상 더 큰 용량으로 안전하게 방전할 수 있고, 위의 사례에서는 1300mAh보다 95배 더 큰 용량으로 방전할 수 있다는 것을 의미한다. 이론적으로 배터리를 2600mAh로 방전시키면 1300mAh의 배터리 팩은 30분 안에 완전소모될 수 있다. 위의 계산에서 배터리는 123.5Ah[95C = 95 × Capacity(in Amps), [95 × 1300mAh=123500mAh=123.5Ah(Amp Hour)]에서 소모되기 때문에 이 배터리 팩은 0.63분 만에 완전소모(draw out)될 수 있다. 때로는 FPV 레이싱과 같은 고속 경주에서는 높은 방전율(high discharging rate) 배터리를 갖추어야 한다. 따라서 C-Rating이 높으면 순간에 더 높은 폭발적 방전(higher burst in a moment)이 가능하다는 것을 의미한다. 따라서 레이싱 드론에 가능한 한 높은 방전율에 중요한 의미를 부여한다. 그러나 높은 C-Rating의 단점은 무게가 무거워 성능에 영향을 줄 수 있으며 고가이다.

"둘째, 최적 C-정격과 용량을 결정하라!"

배터리의 최대 전류 출력(maximum current output)이 용량과 C-Rating에 따라 달라지기 때문에 사용해야 하는 고정 C-Rating은 없다. 일반적으로 배터리 용량이 낮을수록 C-Rating이 높아야 한다. 따라서 대부분 대용량 멀티콥터 배터리의 경우 10~15C 범위에서 C-Rating이 매우 낮다는 것을 알 수 있다. 배터리를 선택하는 것이 드론을 완성하는 최종 단계이기 때문에 어떤 모터와 ESC를 사용하고 있는지 고려해야 한다. 모터는 당신의 배터리에서 가장 많은 양의 에너지를 소모하기 때문에 이것을 기준으로 계산할 수 있다.

일반적으로 배터리 및 기타 장비를 포함한 쿼드콥터의 총 중량을 최대 모터 추력(maximum motor thrust)의 50~70% 수준을 유지할 수 있는 가능한 최대 용량의 배터리를 사용할 것을 권장한다. 일반 쿼드콥터의 사례와 같이 50%의 추력이 모터당 약 500g 또는 2kg임을 알 수 있다. 여기서 프레임, 전자기기, 모터의 무게는 1.2kg이다. 그러면 배터리로 사용할 수 있는 800~1000g이 남는다. 따라서 이보다 더 작은 무게를 찾을 수 있는 최대 용량의 LiPo를 결정해야 한다.

Lipo 배터리는 RC 자동차, 드론/UAV, RC 비행기/헬리콥터 등에 주로 사용된다. 최상의 비행시간과 성능을 얻으려면 최상의 Lipo 배터리를 선택하는 방법을 아는 것이 중요하다. 드론이나 자동차 부품과 마찬가지로 다른 부품과도 관련이 있으며 배터리도 예외는 아니다. 배터리 선택은 주로 드론이나 자동차의 크기와 사용하는 모터의 종류와 개수에 따라 달라진다. 드론을 장시간 비행하고자 한다면 용량 조건에서 가능한 최대 배터리를 사용해야 한다.

이외에도 배터리의 크기이다. 어느 종류의 드론이든지 특정 크기의 배터리만 장착하면 되기 때문이다. 드론에 적합한 배터리 방전율 C-Rating을 결정하는 것이 때때로 간과되지만 중요한 요소이다. 방전율이 너무 낮으면 배터리가 손상될 수 있고, 배터리는 드론 모터에 제대로 전원을 공급할 수 있을 만큼 빠르게 전류를 방출할 수 없다. C-Rating이 너무 크면 배터리가 무거워 드론에 적합하지 않게 불필요한 추가 무게로 운용 시간이 단축될 수 있다. 배터리의 최대 연속 전류 출력(maximum continuous current output)을 계산하는 방법은 다음과 같다.

▲ 소형 드론에서 배터리가 차지하는 비중이 얼마나 큰지 가늠해 볼 수 있다.

"최대연속전류요구량(A)=배터리 용량(Ah) × 방전율(C)"

예를 들어 10C 정격의 5100mAh 3S LiPo 배터리의 사례에서 최대연속전류의 소모량을 구하기 위해 먼저 5100mAh를 5.1Ah로 환산한 후 이를 10C로 곱하면 (5.1 ×10) = 51A의 최대연속전류요구량을 얻을 수 있다.

Q37. 수소연료전지의 원리 그리고 미래 동력원으로서의 가치는 무엇인가?

소형 드론은 대부분 LiPo 배터리를 사용한다. 드론 사양을 검토했을 때 작동 시간이 짧게는 5분 길게는 20~30분 정도이고 대부분 1시간 이내이다. 장시간 작업이 필요할 때는 여러 개의 배터리 팩을 수시로 교체해야 하는 불편함이 있다. 2017년 두바이에서 개최된 국제방위산업 전시회에서 중국에서 개발한 차세대 수소 기술동력 멀티로터 드론(hydrogen technology-powered multirotor drone) HyDrone 1800을 선보였다. 이 드론은 군사용으로 개발되어 수소연료 전지를 탑재하고 4시간의 비행시간을 기록했고, 고도 4500m 제한과 최대 5kg의 탑재 용량을 유지하면서 비행에 성공했다.

수소연료전지는 드론 비행시간을 크게 확장할 수 있는 친환경 연료이면서 영하 10도에서 40도까지 극한 온도에서 운용할 수 있다. 수소연료전지는 전기화학 반응(electrochemical reaction)을 통해 전기를 생성하기 때문에 청정 동력원이다. 일반적으로 LiPo 배터리와 비교했을 때 수소연료전지의 장점은 다음과 같이 요약해 볼 수 있다.

- 수소는 지구상에서 가장 풍부한 원소이다.
- 수소 연료는 전기와 물만을 생성하여 배출가스가 없는 청정 연료다.
- 수소연료전지는 재충전이 필요한 배터리와 달리 수소(연료)만 공급되면 지속 전기를 생산할 수 있다.
- LiPo 배터리보다 비행시간과 비행거리가 약 3배 정도 확장되었으나 기술 개발로 격차는 더 벌어질 수 있다.
- LiPo 배터리보다 넓은 기온과 대기 조건에 따른 고고도 비행이 가능해졌다.
- 연료 전지 여러 개를 연결해서 더 많은 전력을 생산할 수 있어 더 큰 시스템을 형성할 수 있으므로 확장성이 크다.
- 단일 연료 전지는 소형 드론과 같은 소형 장치에 전력을 공급할 수 있는 충분한 전압을 생산할 수 있고, 대규모 멀티 메가와트 설비를 위해서 연료 전지 스택을 형성할 수 있다.
- 배터리와 같이 수명이 다했을 때 폐기해야 하는 부가적 문제가 없어 친환경적이다.

그러나 수소 항공기의 상용화까지 많은 도전적 과제와 함께 다음과 같은 제한 사항이 있다.

첫째, 수소 저장에 관한 문제이다. 수소는 표준 온도와 압력에서 기체로 존재한다. 수소를 적절한 공간에 저장하기 위해서는 가압 탱크(pressurized tanks)에 저장해야 한다. 압력이 높고 온도가 낮을수록 탱크에 더 많은 수소를 저장할 수 있어 구체나 원통형 모양이 가장 적합하다.

둘째, 인화성이 매우 높은 물질로 취급상의 상당한 주의가 필요하다. 수소는 매우 가벼운 기체이고 인화성(flammable)이 높은 물질이기 때문에 작은 누출이라도 큰 사고로 이어질 수 있다. 이들 요소를 고려했을 때 항공기 동체에 수소를 저장하는 것이 가장 적합하다. 원통형 수소 탱크를 항공기에 탑재하기 위해서 동체는 더 길고 무거워질 수 있음을 의미한다.

셋째, 수소 취화(hydrogen embrittlement)는 주변 금속의 특성을 변형시킬 수 있다. 수소 누출이 폭발성 위험뿐만 아니라 주변 금속성 물질에 노출되었을 때 연성(ductility)을 잃고 균열이 발생하는 심각한 문제를 초래할 수 있다. 이를 수소 취화라 한다. 수소 원자는 물질 격자의 응집력과 상호작용하여 약화시킨다. 따라서 수소 저장 탱크나 연료 시스템은 취화에 민감하다. 특히 이 문제는 상업 항공기의 인증을 받아야 하는 광범위한 기온 범위를 고려할 때 위험할 수 있다.

넷째, 적절한 열 관리가 필수이다. 수소연료전지에서 발생하는 열은 적절하게 관리되어야 한다. 수소 이온, 전자, 그리고 산소(hydrogen ion, electron, and oxygen)가 결합하여 물을 생성하는 것이 발열 반응(exothermic reaction)이다. 대형 연료 전지 스택에서는 열이 누적되므로 세심한 관리가 필요하다. 열 관리 시스템은 전체 추진 시스템에 무게를 가중하고 대형 항공기는 더 복잡해질 수 있다.

"수소 연료는 제트 연료보다 3배 많은 에너지를 공급하면서도 밀도가 10배 낮고, 연소할 때 이산화탄소를 배출하지 않는다."

수소 항공기(hydrogen aircraft)는 수소 연료(hydrogen fuel)를 동력원으로 사용하는 항공기다. 비행기 발명부터 현재까지 항공기는 왕복엔진이나 제트엔진을 사용해 왔으나 최근 전기모터(motors)를 탑재한 전기 동력 항공기에 이어 수소(hydrogen)를 동력원으로 하는 항공기가 개발되고 있다. 일반 액체 연료를 사용하는 대부분 비행기 날개를 연료통으로 사용하는 반면, 수소 항공기는 보통 수소 연료 탱크를 동체 안으로 운반하도록 설계된다.

원전이나 풍력과 같은 저탄소 에너지원에서 수소를 대량으로 생산할 수 있다면 온실가스의 원인이 되는 배기가스를 현저히 낮출 수 있다. 현재의 기술과 신재생에너지의 인프라 구축으로 수소는 소량만 생산할 수 있어 항공용 수소는 상대적으로 비효율적인 생산으로 인해 화석 연료보다 더 비싸다.

지구환경의 변화가 전 세계적인 관심사로 떠오르면서 항공업계에서도 경제적이고 청정에너지를 찾아야 한다는 과제에 직면해 있다. 소형 드론에서 전기모터에 전원을 공급하는 LiPo 배터리가 새로운 동력원이 되었지만, 비행시간이 20~30분 정도로 매우 짧다는 한계를 극복하기 위한 새로운 동력원으로 수소가 대체 연료가 될 것이다. 수소 연료는 친환경 연료로 산소와 함께 연소시키면 CO2는 배출되지 않고 물과 열만 발생한다. 수소는 항공 연료와 함께 하이브리드 동력원으로 사용될 수 있다는 점에서 유력한 미래 에너지원이다.

"수소연료전지는 전기화학 반응을 통해 전기로 변환하는 장치이다."

배터리와 마찬가지로 연료 전지는 분자에 저장된 에너지를 전기화학 반응을 통해 전기로 변환하는 장치이다. 수소연료전지가 전기를 생산하는 기본 구조는 양극과 음극(cathode and anode) 사이에 전해질막(electrolyte membrane) 그리고 이들의 반응 속도를 촉진하는 촉매제(catalyst)로 구성되어 있다. 수소와 산소가 촉매를 통해 반응하여 생성되는 전기로 모터를 구동시킨다. 물을 전기분해하면 양(+)극에서 산소가 생성되고 음(-)극에서 수소가 생성되는데, 이것을 반대로 적용하여 수소를 이용해서 물을 만들면 그 과정에서 전기가 생성된다. 수소는 음극(anode)을 통해 연료 전지로 공급된다. 여기서 수소 원자는 촉매제와 반응하여 수소 이온(H+)과 전자(e-)로 분해된다. 이 과정에서 분해된 수소 이온(H+)은 다공성 전해질막을 통과해서 양극(공기극)으로 이동하고, 음전하

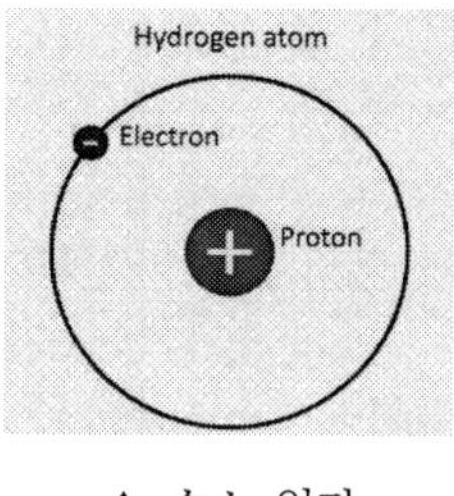

▲ 수소 원자

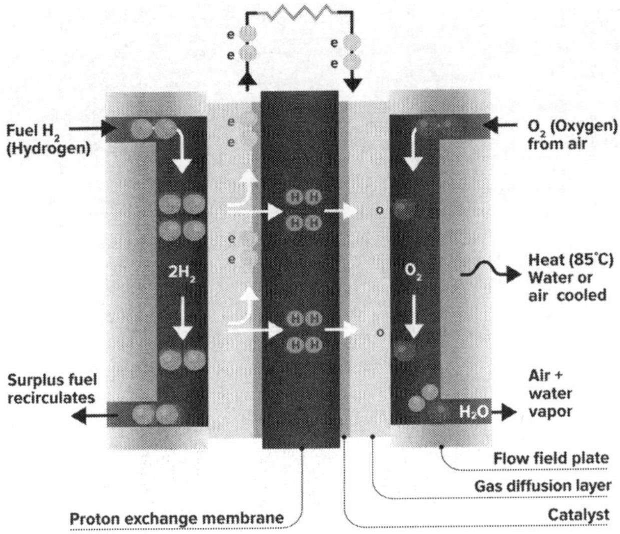

▲ 수소연료전지의 전기 생산 원리 [출처] http://www.chfca.ca

를 띤 전자(e-)는 셀 밖으로 흘러나와 전류를 발생시켜 전기 또는 하이브리드 전기 추진 시스템에 전원을 공급하는 데 사용된다. 주변 공기의 산소는 음극을 통해 반대편에서 공급되어 산소(O_2)와 수소 이온(H+), 전자(e-)가 화학반응을 통해 물(H_2O)과 열을 발생시킨다.

배터리 추진 비행체가 더 먼 거리를 비행하기 위해서는 배터리는 더 커야 하므로 효율이 크게 떨어질 수 있다. 그러나 배출가스가 전혀 없는 수소연료전지는 주어진 무게에 비해 훨씬 더 큰 출력과 에너지를 발생시킬 수 있어 우수한 대안이 될 수 있다. 항공기 대체 추진 수소연료전지 기술과 인프라를 구축하기 위해서는 아직 해결해야 할 과제들이 많이 남아 있지만, 지속적인 기술 개발로 향후 기술의 잠재력은 꾸준히 성장할 것이다.

"Doosan Mobility Innovation(DMI) DS30 수소 드론의 첫 상용화 시도!"

두산그룹은 세계 최초로 양산형 수소연료전지 드론 DS30이 2시간의 비행을 현실화하며 새로운 가능성을 입증했다. 수소연료전지 파워팩은 전기를 발생시키

▲ 두산 DS30은 수소연료전지 파워팩 하나로 2시간 동안 작동할 수 있는 세계 최초의 양산형 수소연료전지 드론이다. 이 드론은 세미 모노코크 구조로 옥토콥터 형상의 무게를 줄이고 내구성을 높인 것이 특징이다. 내장 통신 모듈을 통해 DS30을 제어하고 수소 파워팩 및 비행제어 정보를 모니터할 수 있다.

기 위해 스택과 수소용기만 있으면 되기 때문에 적재 공간과 무게가 제한되는 드론에 상당한 장점이 있다. 연료 전지 파워팩에서 수소와 산소는 고분자 전해질막과 2개의 전극으로 구성된 수많은 셀로 구성된 스택의 연료 역할을 한다. 이 스택은 수소와 산소 간의 반응을 통해 이온과 전자를 생성하는데, 대기에서 산소를 쉽게 얻을 수 있어 연료 전지 파워팩은 자체 수소 공급원만을 공급하면 된다.

"고밀도 전력 설계로 DP30 Powerpack 성능을 최적화하다."

모바일 기기용 수소연료전지를 개발하려면 재료과학부터 시스템 차원의 설계 최적화까지 전반적인 기술 혁신이 필요하다. 이동성의 핵심은 소형화, 고효율, 경량이다. 또한, 긴 항속시간과 안정적 비행을 위해 고에너지 출력과 내구성도 필수이다. 따라서 연료 전지 스택(fuel cell stack)의 무게를 줄이고, 전력 밀도가 높은 파워트레인(powertrain)의 구성, 그리고 주변 부품을 포함한 전체 파워팩의 설계로 전체 시스템을 단순화하여야 한다. DP30 파워팩은 드론 로터에 전력을 공급하는 두 개의 메인 파워트레인과 두 스택을 위한 컨트롤러로 구성되어 있다. 파워트레인은 DP30 파워팩의 범위와 가변 출력 전압이 40~74V까지 다양해 드론 모터에 대한 엄격한 조절로 48V, 12A 출력과 스택 컨트롤러 보드 및 팬에 대한 12V, 8A 출력을 보장하도록 설계되었다.

DMI는 현재 생산 중인 2.6kW DP30 파워팩 외에 전력용량별로 제품군을 다양화할 계획이다. 다음 출시 예정인 1.5kW 수소연료전지 파워팩부터 10kW 파워팩까지 다양한 용량의 제품을 개발하고, 파워팩별로 적합한 드론을 출시할 예정이다. 이를 통해 DMI는 전력 용량 확대에 따른 스택 구조 변경, 파워트레인 및 주변 부품, 열 방출 방식 등 기타 기계적 문제 해결에 집중할 수 있다.

연료 전지는 수소의 높은 에너지 밀도로 인해 배터리 기술보다 무거운 하중을 탑재할 수 있고 장시간 비행이 가능하다. 배터리 용량은 셀 수에 비례하지만, 무게 때문에 작동 시간이 짧다. 연료 전지는 대형 드론 시스템을 위한 효율적 솔루션이 될 수 있다. 초경량 연료 셀이 높은 에너지 출력을 제공한다.

스택 무게(stack weight)의 가장 큰 부분을 차지하는 양극판(anode plate)에 초박형 금속을 적용하여 총중량을 크게 낮추었다. 스택에 사용되는 주요 재료는 MEA(membrane electrode assembly)이고, 이를 통해 연료 전지 파워팩에 높은 에너지 출력과 내구성을 제공한다. 또한, 셀 간 에너지 출력을 고르게 유지하는 스택 구조로 비행 중 연료 전지 파워팩의 높은 에너지 출력이 안정적으로 유지되는 장점이 있다.

두산 기술진은 이 파워팩을 기체 맞춤형으로 여러 종류의 드론에 통합해 내구성을 높일 수 있도록 설계했다. 파워팩 2.6kW DP30은 인프라 검사와 공공 안전 분야를 위해서 더 긴 비행시간 솔루션을 제공한다. 이 드론의 또 다른 장점은 연료 전지의 불안정성으로 작동 상의 문제가 발생했을 때 예비 배터리를 이용해서 비상착륙할 수 있도록 설계되었다.

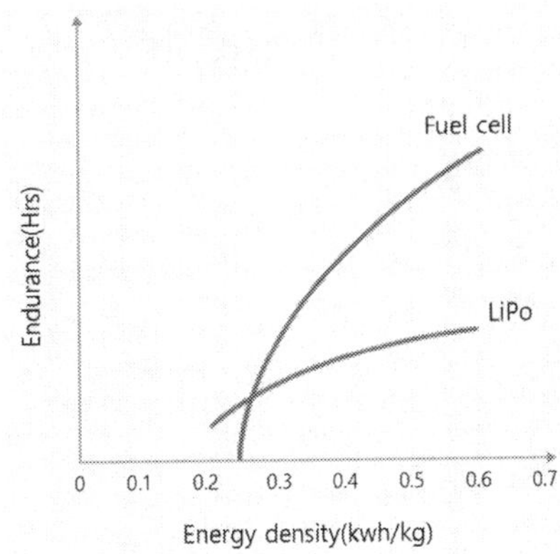

▲ 수소연료전지와 LiPo 배터리 비교

DMI의 View App을 사용하면 전압 및 전류와 같은 파워팩 상태를 모니터링할 수 있다. DMI 대시보드 홈페이지로 파워팩 데이터와 잔여 수소를 실시간으로 확인할 수 있고, 뷰 앱(View App)을 이용하면 드론이 인근 착륙지점에 착륙하거나 수소가 부족할 때 RTH 기능으로 안전성을 높였다. DMI의 통합형 파워팩은 냉각팬, 스택 출력을 제어하는 파워보드, 파워팩 데이터 획득용 내부 센서, 연료 전지 스택 등 고도의 기술 종합 시스템으로 구성되어 있다. 스택과 팬은 각각 이중 시스템으로 쌍을 이루어 신뢰성을 높였다.

Product	DP30	Dimensions(W×L×H)mm	525(W), 590(L), 290(H)
Rated Power	2.6kW	Hydrogen Pressure	0 ~ 350bar
Peak Power	5kW	Operating Temperature	0 to 35℃
Weight (Powerpack)	7.3kg	Storage Temperature	-10 to 40℃
Weight (Hydrogen Tank)	12.34kg (w/10.8L)	Hybrid Battery (Option 1)	LiPo (2,600mAh×2)
Communication Method	LTE, RF, DTT	Hybrid Battery (Option 2)	LiPo (1,800mAh×2)

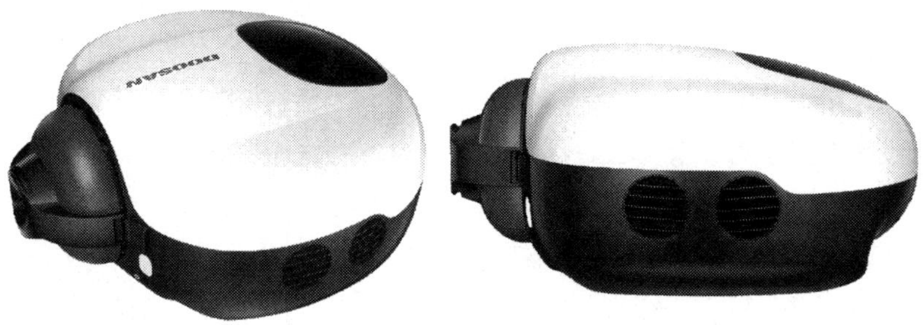

▲ DP30 파워팩

Q38. 멀티콥터의 전진과 후진 그리고 좌우 비행은 어떻게 이루어지는가?

멀티콥터는 헬리콥터의 장점인 제자리비행(hovering), 전진비행, 후진비행 그리고 좌우 측방으로 자유롭게 비행할 수 있는 이점이 있다. 이처럼 전진하는 힘을 추력(thrust)이라 한다. 헬리콥터의 추력은 블레이드를 기울여야 하고 이를 위한 장치는 매우 복잡하다. 그러나 멀티콥터의 추력은 프로펠러의 회전수를 조절해서 달성한다.

"쿼드콥터는 기체가 기울어진 방향으로 추력이 발생하도록 설계되었다."

쿼드콥터의 사례에서 전진비행은 앞쪽에 있는 2개의 프로펠러 회전수를 낮추면 앞쪽으로 기울어지고 드론은 앞으로 이동한다. 후진비행은 뒤쪽에 있는 2개의 프로펠러 회전수(rpm)를 낮추면 뒤로 기울면서 드론은 뒤로 이동한다. 좌우로 이동 역시 같은 맥락에서 왼쪽 2개의 프로펠러 회전수를 낮추면 왼쪽으로 이동하고, 오른쪽 2개의 프로펠러 회전수를 낮추면 드론은 오른쪽으로 이동한다.

쿼드콥터가 제자리비행하면서 전후좌우로 이동하는 방식은 드론을 움직이기 위해 다른 한 쌍의 모터가 사용되기 때문에 어느 방향으로나 같은 방식이 적용된다. 조종기의 피치 조종은 드론의 전진 및 후진 이동을 제어한다.

조이스틱을 앞으로 밀면 뒤쪽에 있는 2개의 모터 회전 속도가 증가한다. 이때 드론은 약간 앞쪽으로 기울어지면서 프로펠러 추력 벡터는 지면과 직각이 되지 않고 기울어진 상태가 된다. 추력 벡터가 기울어지면서 수직 분력과 수평 분력으로 나누어 작용한다. 여기서 수평 분력이 쿼드콥터를 전진하게 하는 힘으로 작용한다. 조종기의 조이스틱을 다른 세 방향으로 움직이면 다른 모터가 사용되지만, 기본 원리는 같다.

드론의 기체 축을 중심으로 회전하는 기술을 요잉(yaw/yawing)이라 한다. 드론을 왼쪽이나 오른쪽으로 회전시키고자 한다면 토크(torque)를 이용하는 것이다. 드론의 전후좌우 이동 기술과 약간 다르지만, 근본적으로 드론 회전수를 이용해서 회전하고자 하는 방향의 토크를 조절하는 방식이다. 예를 들어 시계 방향으로 회전하는 2개의 프로펠러 회전수를 낮추면 다른 2개의 프로펠러 회전수는 자연스럽게 높아진다. 따라서 쿼드콥터는 토크 방향 또는 안티-토크 방향으로 회전

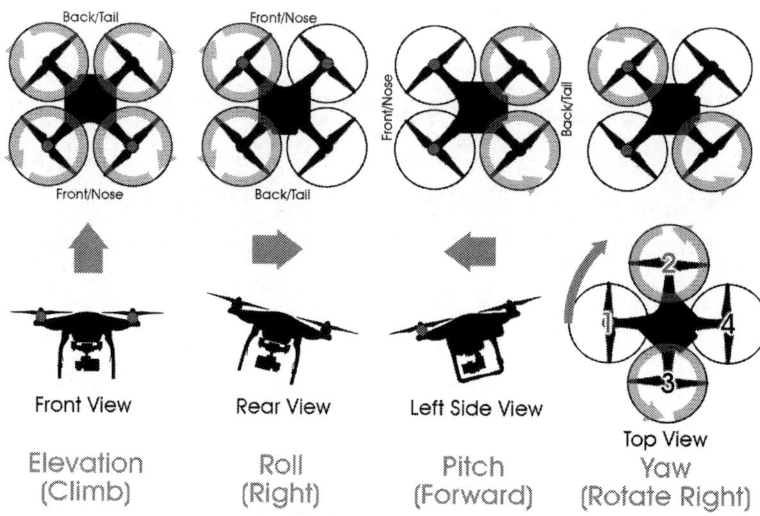

▲ 쿼드콥터의 제자리비행, 롤, 피치, 그리고 요 기동은 프로펠러 회전 속도의 차이에 따른 기체가 기울어진 방향으로 이동한다.

한다. 쿼드콥터의 사례에서 2개는 시계 방향으로 회전하고 2개는 반시계 방향으로 회전한다.

"쿼드콥터의 요잉은 토크의 변화를 이용한다."

예를 들어 쿼드콥터를 왼쪽으로 약간 틀고자(yawing) 한다면 왼쪽에서 더 큰 토크 반작용이 발생하도록 하는 것이다. 따라서 쿼드콥터는 왼쪽 토크 방향(시계 방향 회전 프로펠러) 프로펠러에 더 많은 동력을 공급한다.

쿼드콥터의 상승과 강하(ascending and descending)는 매우 간단하다. 상승하기 위해 전체 프로펠러 시스템으로 동력을 증가시켜야 하고, 반대로 강하하기 위해서는 전체 모터의 회전수를 감소시키면 된다. 또한, 쿼드콥터를 전후좌우 그리고 상승과 강하와 같은 2개 이상의 기동을 수행할 수 있다. 예를 들어 상승하면서 약간의 요잉 또는 롤링을 적용하여 비행 방향을 전환할 수 있다는 것을 의미한다. 비행 컴퓨터(flight computer)에 내장된 알고리즘과 코드(algorithm and codes)는 이러한 방향을 고려하여 각 프로펠러에 필요한 동력을 전달한다. 이를 통해 쿼드콥터는 안정적이고 부드러운 비행을 유지할 수 있다.

Q39. 멀티콥터의 원격무선 조종기 또는 송신기의 기본 구조와 기능은?

소형 드론의 조종 원리는 누구나 조종할 수 있을 정도로 단순하게 설계되었다. 전문 교육이 필요한 고성능 드론을 제외하고 소형 드론은 휴대용 무선 원격조종기를 이용해서 조종한다. 이들 원격무선 조종기는 컴퓨터 게임용으로 사용되는 조이스틱과 유사하고 손가락을 이용해서 스틱을 전후좌우로 밀고 당기는 방식으로 조작한다.

일반적으로 원격무선 조종기(송신기) 모드에 따라 스틱 기능 위치가 다를 수 있어 반드시 제품의 사용 설명서에 따라야 한다. 여기서는 교육 목적상 오른쪽 스틱은 롤과 피치 그리고 왼쪽 스틱은 요(yaw)와 스로틀 배열 송신기에 관한 설명이다. "RIGHT STICK"은 "피치(전후)"와 "롤(좌우)"을 조작함으로써 드론은 전후 또는 좌우로 이동한다. "LEFT STICK"은 "요(yaw)와 스로틀(throttle)"을 조종한다. 요(yaw)는 제자리비행 상태에서 회전하는 기능이고, 스로틀은 드론의 상승 및 강하를 조종한다. 초보자는 미세한 스틱 감각에 익숙해 있지 않기 때문에 스틱을 조작할 때 의도적으로 아주 적은 양으로 밀고 당기는 감각을 익혀야 한다.

PITCH(피치)

피치 기능은 쿼드콥터의 전진(forward) 및 후진(backward) 이동을 조종한다. 스틱을 약간 앞쪽으로 밀면 앞쪽에 있는 2개의 프로펠러가 낮아지고 뒤쪽에 있는 2개의 프로펠러가 높아지면서 기체는 전진 방향으로 기울어지면서 이동한다. 뒤

▲ 드론 원격무선 조종기(또는 송신기)는 회사별로 소비자에 익숙한 다양한 모양으로 설계되지만, 기본적인 조작 기능은 크게 다르지 않다.

로 이동하고자 할 때는 스틱을 약간 아래로 밀어주면 쿼드콥터가 뒤로 이동하는 것을 관찰할 수 있다.

ROLL(롤)

롤 기능은 쿼드콥터를 좌우로 이동하게 한다. 스틱을 왼쪽으로 살짝 밀었을 때 오른쪽 2개는 높아지고 왼쪽 2개의 프로펠러는 낮아져 기체가 기울어지면서 이동한다. 스틱을 오른쪽으로 살짝 밀었다면 반대 방향으로 이동한다.

YAW(요)

요(yaw)는 쿼드콥터가 제자리비행 중 시계 방향이나 반시계 방향으로 회전하는 기능이다. 이 조작 역시 단순하다. 조이스틱을 오른쪽으로 움직이면 드론이 시계 방향으로 회전하고, 왼쪽으로 움직이면 드론은 반시계 방향으로 회전한다.

THROTTLE(스로틀)

스로틀은 프로펠러에 동력을 전달하고 회전하도록 하는 기능이다. 프로펠러가 고속으로 회전함에 따라 공기를 아래로 밀어내면서 쿼드콥터는 부양하기 시작한다. 스로틀 조이스틱을 살짝 앞으로 밀면 프로펠러에 더 많은 전력이 전달되어 드론은 지상에서 상승하기 시작한다. 마찬가지로 조이스틱을 살짝 아래로 밀면 전력이 감소하면서 드론은 강하하기 시작한다. 만약 스로틀을 완전히 내렸다면 프로펠러의 모든 전원이 차단되고 드론은 지상에 착륙한다.

초보자를 위한 기본적인 쿼드콥터를 다루는 방법을 간단하게 소개한다.

첫 번째, 원격무선 조종기의 스로틀 스틱을 엄지와 검지 또는 편리한 방법으로 살짝 거머쥔다. 처음에는 스로틀 조작에 집중한다. 스로틀은 프로펠러에 전력을 공급하여 부양시키는 기능이기 때문이다.

두 번째, 드론을 평평한 지면에 내려놓는다. 쿼드콥터를 약 5피트 앞에 있는 평평한 지면에 놓는다. 그리고 쿼드콥터가 움직일 수 있는 충분한 공간이 가능한지 확인한다. 이것은 부주의 또는 실수로 충돌이나 추락할 때 부상이나 손상을 방지하기 위함이다.

세 번째, 원격무선 조종기를 드론에 바인딩시킨다. 대부분 원격무선조종 항공기는 이륙 전에 송신기를 쿼드콥터에 정확하게 바인딩(binding)되었는지 확인해야 한다. 일반적으로 송신기와 드론의 전원을 켠 다음 왼쪽 조이스틱을 위아래로 움직여 반응을 관찰했다면 비행 준비가 되었다.

네 번째, 스로틀 스틱을 천천히 밀어준다. 처음 스로틀을 약 10%에서 시작하여 천천히 위로 올린다. 처음에는 쿼드콥터를 지상에서 몇 인치 부양시킨 후 다시 내려가도록 하는 것이 훈련목표이다. 스로틀 조작 감각이 편안해질 때까지 이 과정을 여러 번 반복한다. 이 조작이 익숙해질 때까지 다른 모든 조이스틱이나 버튼의 사용은 자제한다.

Q40. 드론 헤드리스 모드는 무엇이고, 어떠한 장단점이 있는가?

드론 조종은 헤드리스 모드(headless mode)로 운용할 수 있다. 이 모드는 비행 자체와 드론 조종 모두를 크게 향상하는 기능이다. 그러나 많은 드론 운용자에게 이 모드의 목적과 관련 내용을 정확하게 알고 있는 사람은 드물다. 이 모드는 드론을 처음 시도하는 초보자들이 쉽게 비행해 볼 수 있도록 저렴한 가격의 쿼드콥터로 개발되었다. 드론의 어느 부분이 앞쪽(front)이고 뒤쪽(back)인지 구분하지 못하는 것이 초보자들의 추락이나 충돌 사고의 한 원인이다.

헤드리스 모드는 일반적인 공간 내 방향이 아니라 송신기로 드론의 방향을 추적하기 때문에 초보자들은 모든 방향에서 드론을 쉽게 조종할 수 있다. 초보자에게 드론 앞쪽이 어디를 가리키고 있든지 간에 송신기 스틱을 왼쪽으로 누르면 드론은 항상 현재 시각에서 왼쪽으로 이동하게 된다. 헤드리스 모드는 드론의 방향 대신 원격무선 조종기(송신기)에 맞춰 드론이 상대적으로 비행하도록 하는 설정이다.

모든 비행체가 전면과 후면이 지정되듯이 쿼드콥터 역시 전면과 후면이 있다. 그러나 실질적으로 대칭적 설계로 인해 비행 중인 쿼드콥터의 전방과 후방을 구별하기가 쉽지 않다. 이 문제를 일부 해결하기 위해 무인항공기(UAV) 제조사들은 드론에 다양한 색깔의 프로펠러를 장착하기 시작했다. 예를 들어 전면 암의 모터에는 빨간색, 후면 모터 암(motor arm)의 경우 검은색의 블레이드와 같이 구분했다.

헤드리스 모드의 작동 원리는 간단하다. 이 모드에서 유일하게 필요한 조건이라면 이륙 전 조종자가 쿼드콥터의 앞쪽(front side)이 다가오는 방향과 일치하도록 방향을 잡으면 된다. 모드는 각 드론 모델에 대해 자체 방식으로 활성화된다. 일반적으로 이 모드는 우측 조이스틱(제어 기능)의 작동에만 영향을 준다. 좌측 조이스틱(축 주위를 회전하고 모터 속도를 증가 또는 감소시키는 기능)은 모든 모드에서 동일하게 유지된다.

헤드리스 모드를 활성화 후 드론의 전방과 후방이 어떻게 방향을 잡았는지는 중요하지 않다. 드론의 이동 방향은 스틱의 움직임에만 정확하게 따른다. 예를 들어 스틱을 앞으로 밀면 드론은 앞으로 이동하고, 스틱을 뒤로 밀면 드론은 뒤로 이동한다. 따라서 조종자가 드론의 축을 중심으로 180도 회전시켜도 상관없다.

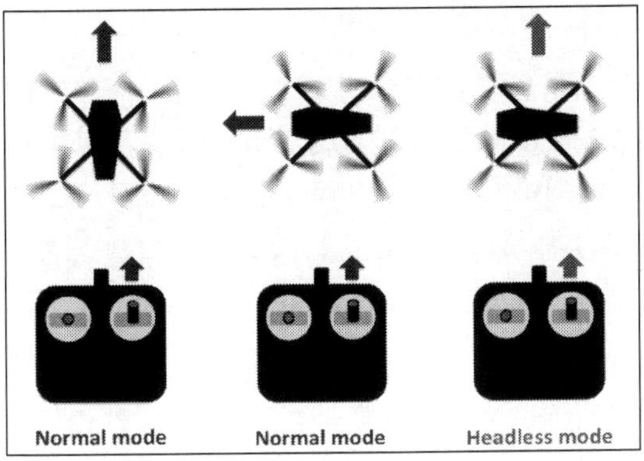

◀ 일반 모드에서 드론은 지정된 방향으로만 움직인다. (왼쪽과 중앙) 그러나 헤드리스 모드에서는 현재 위치에서 송신기 스틱 방향으로 이동한다. 이것은 전면과 후방을 구분하지 않는다는 것을 의미한다. (오른쪽)

이 모드에서 초보 조종자의 기초 훈련 단계에서 드론을 어떻게 조종하는지 훈련한다. 이 모드는 앞서 언급한 것과 같이 전문가용이 아니고 실제 고성능 드론에서는 이러한 기능이 없을 수 있다. 따라서 이 모드는 훈련과 비행 자체 모두를 복잡하게 할 수 있어 가능한 한 빨리 헤드리스 모드에서 비행을 중단하고 일반 제어 모드에서 훈련할 것을 권장한다.

헤드리스 모드는 드론의 앞뒤를 구분하지 않기 때문에 초보자나 어린이도 드론을 쉽게 조종할 수 있다. 헤드리스 모드는 드론의 현재 방향에 초점을 맞출 필요가 없어져 초보자에게 더 직관적 조종 방식이 될 수 있어 충돌 사고 방지에도 도움이 된다. 비록 이 모드가 쉬워 보이기는 하지만, 좀 더 전문적 임무를 수행해야 하는 조종자에게 이 모드를 권장하지는 않는다. 헤드리스 모드 작동 중 강한 자기장의 영향을 받아 센서의 오류가 발생할 수 있고, 정밀 조종을 위한 다른 기능을 오랫동안 사용하지 않음으로써 다양한 기능의 센서들을 활용하지 못할 수 있다.

이외에도 일부 최신 드론은 드론의 앞쪽과 뒤쪽을 구분할 수 없을 정도로 먼 거리에 있을 때 자체적으로 앞쪽을 유지할 수 있도록 하는 "코스 로크(course lock)" 모드가 있다. 또한, "홈 로크(home lock)" 모드 역시 "코스 로크" 모드와 유사하지만, "홈 로크" 모드를 작동했을 때 드론을 마지막으로 기록된 홈 포인트(home point)로 되돌아오도록 한다. 드론이 이륙 지점에서 약 5m 떨어진 곳에 도달하면 드론은 그곳을 제자리비행(hovering)하도록 설정되어 있다. 이들 모드는 드론의 방향과 관련되어 있으면서 드론의 방향을 모를 때 홈 포인트로 빠르게 복귀하고자 할 때 유용하다.

Q41. 드론 작동에 필수인 비례-적분-미분(PID) 제어기는 무엇인가?

현대 출시되는 대부분 드론은 항공 사진을 찍는 동안 조종자의 명령을 따르거나 안정된 위치를 유지하는데 얼마나 많은 작업이 필요한지 모를 정도로 사용이 편리해졌다. 드론 모터와 프로펠러의 조합으로 양력과 추력을 제공하는 방법, 다양한 센서가 드론 주변 정보를 수집하는 방법 등을 다루었다. 이제는 이들 모든 정보를 어떻게 처리해서 드론을 작동하게 하는지와 관련한 PID(proportional-integral-derivative) 컨트롤러의 구성요소는 무엇인지 그리고 PID 컨트롤러는 어떻게 작동하며 드론 비행의 전반적인 체계에서 어떤 기능을 하는지 알아본다.

PID는 특정 입력을 비례-적분-미분 과정을 거치면서 제어 시스템의 오류를 최소화하는 알고리즘이라 할 수 있다. PID 컨트롤러는 드론의 가장 일반적인 유형의 컨트롤러로 드론 안정화와 자율적 제어를 제공하는 핵심 부품이다. 드론의 센서를 눈과 귀라고 한다면 PID 컨트롤러는 두뇌이다. 센서로부터 정보를 수신하고 적절한 응답을 도출한 후 드론의 다른 구성품에 명령하여 원하는 상태를 유지하도록 하기 때문이다.

기본적으로 PID 컨트롤러는 드론 센서로부터 입력을 수신하여 광범위한 알고리즘 세트를 통해 이 정보를 처리하는 전자 구성품이다. PID 컨트롤러가 수신하는 일반 정보 집합에는 드론의 고도, 방향과 각속도 방향, 그리고 위치 등이고 PID 컨트롤러는 드론의 "현재 상태"를 "원하는 상태"와 비교한다.

드론의 원하는 상태는 조종자의 명령에 따라 달라질 수 있다. 예를 들어 제자리비행 하도록 지시된 드론은 수평과 수직 위치를 유지하고 완벽한 수평 각도를 유지해야 한다. 이 위치에서 벗어난 부분은 PID 컨트롤러가 수정하고자 하는 "불원상태(undesired)"가 된다. 자율비행의 경우 조종자는 드론에 특정 장소로 이동하거나 미리 정해진 경로를 따라 비행하도록 명령할 수 있다. 이 명령은 드론이 원하는 다음 매개 변수의 기초를 형성하고, PID 제어기는 이러한 조건을 충족하기 위해 능동적으로 작동한다.

드론 두뇌는 "불원 상태"에서 "원하는 상태"를 유지하는 것은 PID 컨트롤러를 통해 드론 자신이 무엇을 해야 하는지 정확히 알고 있다. 만약 드론이 안정적 제자리비행을 유지하게 된다면, 바람으로 인해 안정된 위치에서 이탈하는 것은 상

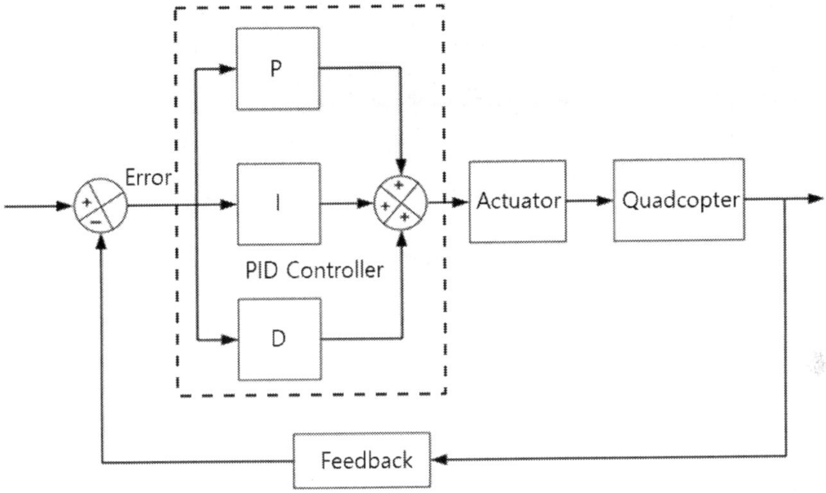

▲ PID 컨트롤러 계통도

쇄되어야 한다. 이것은 PID 컨트롤러가 각 모터에 회전 속도를 제어하는 전자변속기(Electronic Speed Controller; ESC)에 명령을 전송함으로써 이루어진다. 이 또한 드론이 한 장소에서 다른 장소로 자율적으로 날아갈 수 있는 것과 같은 과정이다. 드론이 고도를 높이고, 선회하며, 전진하고, 옆으로 움직일 수 있는 것은 모터 회전 속도의 변화로 이루어지는 것은 주지의 사실이다.

PID 컨트롤러는 비례, 적분, 그리고 미분 계산법 알고리즘을 결합하여 "현재 상태"에서 "원하는 상태"로 이동할 수 있도록 한다. 이러한 맥락에서 "원하는 상태"는 드론의 비행 성능 또는 위치와 관련된 변수(속도, 고도, 위치, 또는 축에 대한 회전)가 될 수 있다. 이러한 각 변수에 대해 현재 값과 원하는 값 사이에는 차이가 있다. 예를 들어 조종자는 드론의 현재 위치 60피트를 유지하는 동안 100피트까지 비행하도록 명령할 수 있다. 이때 원하는 값(100피트)과 현재 값(60피트) 사이의 차이(40피트)가 있고 이를 "오류(error)"라 한다.

실제 매개 변숫값을 형성하기 위해 결합해야 하는 3개의 항으로 구성된 단일 수학 방정식으로 PID 알고리즘을 생각해 보자. 이들 각 항에서 시간 경과에 따른 오차 값은 비례, 적분 또는 미분 요소에 포함되고, 이들 각 조건은 사용자가 튜닝하는 동안 조정(tweak)할 수 있는 고유 요소도 있다. PID 컨트롤러가 세 가지

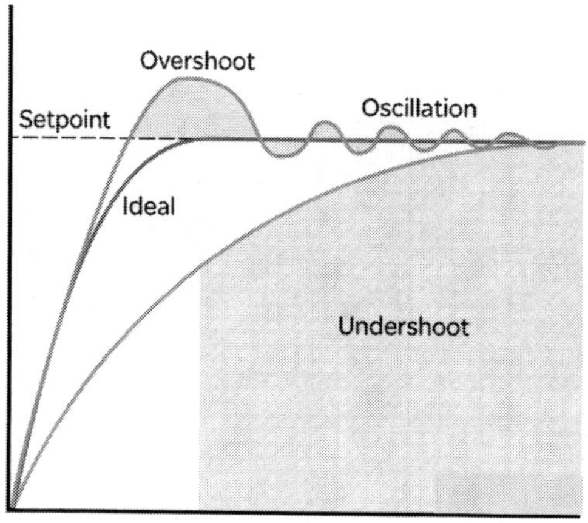

◀ PID 오류 수정

용어를 사용해야 하는 이유는 드론이 현재 상태에서 원하는 상태로 이동하는 과정은 완벽하지 않다. 이것은 골프공을 구멍에 넣으려고 하는 것과 마찬가지로 너무 약하게 공을 치면 구멍에 미치지 못하지만, 너무 강하게 치면 구멍을 넘어갈 수 있다. 비례-적분-미분 계산 방법은 이러한 현상을 방지하기 위해 함께 작동해야 한다.

PID 컨트롤러가 작동하는 방식을 이해하기 위한 핵심 개념은 컨트롤러 반응이 본질적으로 지연된다는 사실이다. 이는 드론이 계속 움직이는 동안에도 "원하는 상태"와 "현재 상태"를 비교하는데, 이는 알고리즘이 실제로 몇 밀리초(a few milliseconds) 전의 데이터를 처리한다는 것을 의미한다. 이것은 현재 값이 원하는 값에 도달하기 전에 양수의 오차 한계와 음수의 오차 한계(negative error margins) 사이에서 진동하는 경향이 있음을 의미한다. PID 컨트롤러의 목표는 이러한 진동(oscillations)을 줄여 드론이 원하는 상태를 가능한 한 빨리 달성하는 것이다. PID 컨트롤러가 가능한 한 빠르고 적은 오차와 함께 원하는 상태를 달성할 수 있도록 3개의 항(terms)은 각기 다른 기능을 수행한다.

첫째, 비례 항(proportional term)은 단순히 오차의 산물이고 조정 가능한 요소이다. 이 요소(factor)를 조정하면 알고리즘이 현재 값과 원하는 값 사이의 간격을 줄일 수 있다. 즉, 오차가 가장 클 때 비례 항이 가장 큰 영향을 받는다. 현재 값이 원하는 값에 가까워질수록 비례 항의 효과가 감소하기 시작한다. 비례 항의 제한은 그것이 유일한 제어 메커니즘(controlling mechanism)일 때 지속 상태 오차(steady-state error)를 발생시킨다는 것이다. 지속 상태 오차는 비례 제어의 작동 방식의 산물이다. 오차가 제로(0)로 감소하면 결과 신호(resulting signal)도 제로(0)가 될 것이다. 따라서 현재 값이 원하는 값에 약간 더 가깝지만, 같아지지는 않는다. 위의 사례에서 드론은 조종자가 원하는 100피트 고도에 도달하지 못한 채 제자리비행할 수 있는 90피트까지 상승할 수 있다.

둘째, 적분 항(integral term)은 드론이 원하는 상태로 이동할 때 시간이 지남에 따라 누적된 오차를 고려한다. 비례 항과 마찬가지로 적분 항도 드론이 움직일 때 컨트롤러가 연속적으로 조정하는 요소가 있다. 적분 항이 고려하는 누적 오차는 음수 또는 양수일 수 있으며 음수와 양수의 오차는 서로 상쇄된다는 점에 유의해야 한다. 즉, 현재 값이 음수의 오차 한계와 양수의 오차 한계(negative and positive error margins) 사이에서 진동하면 적분 항의 효과가 감소한다. 적분 항은 첫 번째 수정 시도에서 "0" 값에 도달하지 않음으로써 지속 상태 오류의 문제를 해결한다. 이것은 현재 값이 원하는 값에 근접할 때 컨트롤러가 작동을 멈추지 않는다는 것을 의미한다. 이것은 적분 항이 최종적으로 "0"이 되는 것은 반복된 진동(repeated oscillations)을 통해서만 가능하다. 이 기능은 한 가지 문제를 해결하지만, 또 다른 문제를 생성한다. 목표하는 값을 지속 초과(overshooting)함으로써 드론이 안정화되는 데 상당한 시간이 걸릴 수 있다.

세 번째, 미분 항(derivative term)은 시간 경과에 따른 신호의 오차 변화율을 고려한다. 이것은 미분 항이 현재 값이 원하는 값에 근접할 때 컨트롤러가 발휘하는 보정률을 느리게 한다는 것을 의미한다. 이 경우 원하는 값에 대한 접근율이 느려지므로 오버슈트를 최소화한다. 이것은 적분 항(integral term)에 의해 초래된 이 제한을 해결함으로써 미분 항은 컨트롤러가 원하는 값을 더 빨리 달성할 수 있도록 지원한다.

Q42. 쿼드콥터의 최고속도 기록은 얼마인가?

드론은 다양한 목적으로 활용된다. 산업계에서 쿼드콥터는 물건을 운반할 수 있는 성능에 중점을 두고 영화 제작자와 사진 촬영가는 최대한 흔들림이 없는 드론을 원할 것이다. 반면 경주용 드론 조종자는 속도 중점의 설계에 관심을 두게 될 것이다.

드론의 최고속도는 얼마나 될까? 2017년 7월 13일 DRL Racer X 드론(800g, 46,000 RPM)이 최고속도인 265.87km/h로 비행한 후 화재가 발생해 추락했고, 이 드론이 가장 빠른 드론으로 기네스북에 기록되었다. 드론의 속도는 아래 [표]와 같이 제품에 따라 다양하다. 일반적으로 카메라를 장착한 드론의 평균 속도는 시속 40마일(64km/h) 정도이지만, 통상 60마일(97km/h)까지 비행할 수 있다. 일반 취미용 드론은 20마일(32km/h) 정도로 제한된다. 그러나 경주용 드론은 시속 100마일(161km/h)을 훨씬 넘는 제품도 있다.

Drone Model	Advertised Speed
DJI Phantom 4 Pro	45mph(72.4km/h)
DJI Mavic Air	42mph(68km/h)
DJI Inspire 1 Pro	58mph(93km/h)
Yuneec Typhoon H Pro	70mph(113km/h)
Ryze Tello	18mph(29km/h)
PowerVision PowerEye	40mph(64.3km/h)
Hubsan Zino Pro	37mph(60km/h)
Walkera F210 Professional(racing)	50mph(80.4km/h)
ImmersionRC Vortex 150(racing)	60mph(96.5km/h)
Bolt Drone FPV Racer(racing)	30mph(48km/h)

대부분의 상업용 드론 명판(name plate)에 표기되는 속도를 최대 속도로 볼 수 없고, 이보다 훨씬 더 빠르게 비행할 수 있다. 일반 드론은 안전이라는 단순한 이유로 최대 속도를 제한하고 있다. 그러나 FPV 드론 레이싱과 같은 특별한 드론을 제외하고는 고속 드론을 원하지 않기 때문이다. 또한, 항공당국 역시 드론이 특정 속도 제한보다 더 빠르게 비행하는 것을 허용하지 않는다. 예를 들어 FAA는 드론 최대 속도를 100마일(161km/h)로 제한한다. 동일 드론이라 할지라도 주변

환경에 따라 속도는 달라질 수 있다. 다음은 속도에 영향을 줄 수 있는 요소들을 분석한 것이다.

첫째, 드론 종류와 설계. 드론은 특정 목적에 따라 설계되고 드론 속도를 결정한다. 예를 들어 초보자용이라면 저렴한 가격의 저전력 모터를 사용할 것이고 훈련용이기 때문에 전문가용이나 고성능 드론만큼 빠르게 비행할 수 없다. 이들 고성능 드론은 고출력 모터를 사용할 뿐만 아니라 공기 저항을 최소화할 수 있도록 날렵하게 설계된다. "DJI Mavic Mini"와 같은 대부분의 상업용 드론 역시 "스포츠 모드"를 탑재하고 있지만, 고속 비행을 위한 배터리 소모는 급증할 수 있다.

둘째, 드론 무게. 드론에 작용하는 무게보다 수직 추력(양력)이 더 커야 드론은 부양할 수 있다. 드론 무게가 무거울수록 중력을 극복해야 하는 힘이 커야 한다. 드론 무게의 상당 부분을 차지하는 것이 배터리이고 페이로드를 탑재했을 때 극복해야 하는 무게의 힘은 드론 추력에 영향을 주는 주요인이다. 따라서 무게가 무거울수록 드론 크기도 커야 하고 공기 저항은 더 커진다. 속도가 주요설계 요소라면 드론 무게는 가볍고 크기는 가능한 한 작아야 한다.

셋째, 모터와 프로펠러. 모터의 종류와 프로펠러 조합은 드론의 속도를 결정하는 요소이다. 드론에 더 강력한 모터를 장착했다면 높은 RPM을 생성하여 더 높은 추력을 발생시킬 수 있다. 모터의 종류는 드론의 전반적인 설계에서 매우 중요하다. 최근 출시되는 드론에 사용되는 모터에는 기본적으로 브러시드 모터(brushed motor)와 브러시리스 모터(brushless motor)의 두 가지 유형이 있다. Holystone과 같은 저가형 드론은 전력 효율이 높지 않은 저렴한 브러시 모터를 사용하지만, DJI Mavic 시리즈와 같은 고급형 드론은 효율이 더 높은 브러시리스 모터를 사용한다. 모터가 비효율적이면 동일 출력을 내기 위해 배터리가 더 많이 소모되므로 배터리가 더 크거나 비행시간이 더 짧고 출력이 낮아 비행할 수 있는 속도 역시 느리다. 마찬가지로, 더 높은 추력을 생산하려면 피치 각도(pitch angles)가 높은 프로펠러를 사용해야 하지만, 모터 성능과 적절하게 절충되어야 한다. 피치가 크면 클수록 항력이 높아 모터 전력이 높아야 한다. 피치가 너무 크면 더 큰 모터와 더 큰 배터리를 사용하여 전력을 공급해야 하므로 드론의 전체 무게가 증가한다. 따라서 최대 속도를 달성하는 데 필요한 모터 크기와 피치 각도 사이의 적절한 절충이 필요하다는 것을 의미한다. 낮은 피치 각도 프로펠러는 전력 효율이 더 높고, 진동이 낮아 사진 촬영과 같은 안정된 상태가 필요한 조건에

◀ 레이싱 드론은 무게, 추력 그리고 공기역학적 설계가 필수이다.

적합하다.

넷째, 작동 모드. 드론은 사용자의 목적에 맞는 모드에 맞게 설계되고 제작된다. 이들 많은 제품 중 특별히 "스포츠(sport)" 모드가 있다. 이 모드로 전환했을 때 내장 컴퓨터는 드론 충돌 방지 센서의 일부 안전 기능을 비활성화하고 배터리 전력 입력을 높여 모터 출력을 증가시킨다. 따라서 드론의 고속 비행을 위해서 조종자가 어떤 모드로 작동시키느냐에 달려있다.

다섯째, 대기 조건. 드론을 날리는 지역의 대기 조건 역시 모터 출력 전력과 드론 속도에 영향을 주는 요인이다. 국내처럼 한겨울과 한여름과 같이 상당한 기온 차는 배터리 전력에 영향을 줄 수 있다. 한겨울 낮은 기온에서 찬 배터리로부터 완전 방전 부족으로 인해서 모터의 전력 생산이 낮아질 것으로 예상할 수 있다. 이처럼 출력이 낮으면 온난한 대기 조건에서 훨씬 더 빠르게 비행할 수 있는 모델의 속도가 느려질 수 있다. 모든 항공기에서 풍향은 속도와 밀접한 관련이 있다. 드론이 맞바람(headwind)에서 비행하고 있다면 대지속도(ground speed)는 풍속만큼 느려지고, 뒤바람(tailwind)을 받고 비행한다면 속도는 그만큼 더 빨라진다.

결론적으로 주어진 모델에서 속도를 높이는 방법은 무게 감소(특히 배터리), 추력 증가(프로펠러 교체), 그리고 공기역학 개선(항력 계수 감소)이다.

Q43. 쿼드콥터의 통달거리를 결정하는 요소는 무엇인가?

드론이 얼마나 멀리 날아갈 수 있는지도 드론 운용자들의 주요 관심사 중 하나이다. 모든 드론 성능 사양에는 최대 비행속도, 비행시간, 거리, 그리고 제어 거리가 표기되어 있다. 일반 소형 드론에 탑재된 송신기는 최대 통달거리가 1.6km로 2.4GHz 주파수 대역에서 작동한다. 그러나 실제 통달거리는 잡음과 장애물과 같은 몇 가지 요인에 의해 영향을 받는다. 원격무선 조종기(radio controller)의 통달거리(control range)를 늘리기 위한 몇 가지 방법이 있다. 기본적으로 저주파 전파는 신호가 약해졌을 때도 물체를 넘어서 더 멀리까지 전달된다. 예를 들어 DJI Phantom 4의 사례를 보자.

- Max Flight Speed(m/s): 20
- Flight Time(min): 28
- Range(Distance÷2)(km): 16.8
- Control Range(km): 5

이 사양에 따라 비행할 수 있는 거리는 속도와 시간을 곱한 값이다. 드론이 이륙 위치로 되돌아와야 하므로 2로 나누어주어야 한다. 제품에 표기된 거리는 16.8km이지만, 무선으로 제어할 수 있는 거리는 5km 내외이다.

"드론이 비행할 수 있는 거리를 결정하는 것은 무선 통달거리이다."

무선 조종기를 변경해서 통달거리를 확장할 수 있다. 예를 들어 표준 2dB 스톡 안테나(stock antenna)를 2배의 전력을 공급하는 4dB 안테나로 업그레이드하는 것도 한 방법이지만, 전력이 2배라고 해서 통달거리가 2배가 되는 것은 아니고 대략 30~50% 정도를 높일 수 있다. 또한, 무선 조종기의 전력 부스터(power booster)를 추가하여 통달거리를 늘릴 수도 있다.

드론의 최적 통달거리를 달성하기 위해서는 드론과 무선 조종기 사이에 어떠한 장애물이 없는 가시선(line of sight) 상태가 되어야 한다. 중간에 가시선을 가릴 수 있는 장애물이 있다면 신호는 약해질 수 있다. 송신기 안테나에서 드론 수신기까지 영역은 마치 타원체 모양을 형성하고 이를 프레넬 존(Fresnel Zone)이라

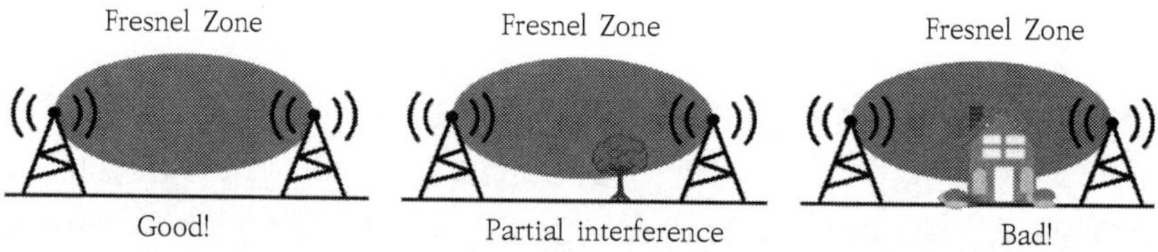

▲ 무선송신기 안테나와 수신기 안테나 사이에 장애물이 신호의 수신 품질을 결정한다.

한다. 최상의 통달거리는 이 영역에 장애물이 없어야 한다. 중간에 장애물이 존재하면 신호 강도는 떨어진다. 송신기와 수신기 사이 수직 장애물이 가장 큰 간섭을 일으킨다.

드론 조종에 사용되는 공통 주파수는 2.4GHz와 5.8GHz이다. 이들 두 주파수 사이의 주요 차이점은 범위와 대역폭으로 2.4GHz는 느린 속도로 데이터를 전송하지만, 통달거리가 길다. 반면, 5GHz 주파수는 더 빠른 속도로 전송되지만, 통달거리가 짧다.

드론 운용자는 무선이 간섭받을 수 있다는 점을 항상 고려해야 한다. 주변에 다른 전자기기의 작동이나 송전선 주변 등에서 원하지 않는 무선 주파수 신호가 송신기와 드론 간의 통신을 중단시킬 수 있다. 간섭은 신호 수신을 방해하거나, 일시적인 신호 상실 또는 통신 품질을 떨어뜨릴 수 있다.

드론을 무조건 멀리 날리는 것이 주목적은 아니다. 조종자의 시야에서 벗어나면 원하는 기동을 할 수 없어 추락 또는 충돌 가능성이 커 인적 물적 피해가 발생할 수 있다. 조종자는 규정에 따라 부주의하게 금지 또는 통제 구역에 진입하지 않도록 주의해야 하고, FPV를 사용하고 있다면 관찰자(spotter)를 배치하고 운용할 것을 권장한다. 드론을 50%의 배터리로 먼 거리까지 비행할 수 있지만 되돌아올 때 문제가 발생할 수 있다. 특히 강한 돌풍이나 통신이 원활하지 않으면 드론을 조종자 위치로 유도할 수 없어 추락은 피할 수 없다.

Q44. 드론은 얼마나 높은 고도까지 상승할 수 있는가?

소형 드론의 통달거리는 무선이 도달할 수 있는 범위로 제한된다면 고도 역시 무선 통달거리만큼 상승할 수 있지 않을까 하는 것이 일반적이다. 드론 운용 중 언제든지 드론이 도달 가능한 최대 고도에 도달하려고 시도하는 것은 혹시라도 있을 수 있는 장애물이나 공중 충돌을 방지하기 위함이다.

쿼드콥터의 추력은 프로펠러 회전에 의한 것을 공기 밀도(air density)의 영향을 받는다. 이론적으로 쿼드콥터가 최대로 상승할 수 있는 고도는 대략 15,000피트(4,500m)로 알려져 있다. 이 고도 이상에서는 공기 밀도가 낮아지면 프로펠러가 충분한 양력을 제공할 수 없다. 실제 드론은 RC 송신기의 유효 통달 범위를 기반으로 펌웨어(firmware; 펌웨어는 소프트웨어와 하드웨어의 중간에 해당하는 것이며 하드웨어로 실행되는 소프트웨어의 기능)에 내장된 제한이나 배터리 수명 제한으로 인해 그 이상의 높은 고도에는 도달할 수 없다.

쿼드콥터에 따라 도달할 수 있는 최대 고도는 다르다. DROCON MJX Bugs 3 Drone은 이론적으로 송신기의 대략적인 운용 통달 범위인 최대 300m 높이까지 도달할 수 있다. Hubsan H501S는 비행시간이 20분이고, 더 높은 고도까지 상승할 수 있지만, 소프트웨어는 250m로 제한되어 있다. DJI Mavic Pro 는 운용 모드에 따라 다르게 설정되어 있다. 초급 모드로 비행할 때 내장된 소프트웨어는 120m까지만 상승할 수 있다. 그러나 초급 과정을 마친 후 이 한계는 500m까지 상승할 수 있도록 프로그램화되어 있다.

또한, Yuneec Q500 Typhoon은 1,000m까지 상승할 수 있는 것으로 알려져 있고, 이것은 시중에서 판매되는 어느 기종보다 높은 고도까지 상승할 수 있는 쿼드콥터 중 하나이다. 이 기종은 비행시간이 최대 25분을 비행할 수 있는 배터리를 갖추고 있다. 쿼드콥터 제조사들이 자사의 드론이 도달할 수 있는 최대 고도를 규정하거나 제한을 두는 데는 그만한 이유가 있다. 앞서 언급했듯이 높은 고도에서 비행하는 것은 프로펠러로부터의 추력(수직 양력)을 감소시키는 것을 의미한다.

고고도에는 상층풍(winds aloft)은 지상풍(surface wind)보다 더 강하게 불 수 있어 드론이 성능 한계를 쉽게 초과할 수 있다. 또한, 기온이 떨어지면 배터리 성능이 급격하게 떨어질 수 있다. 이외에도 드론 조종자 사이에 혼동하는 요소가

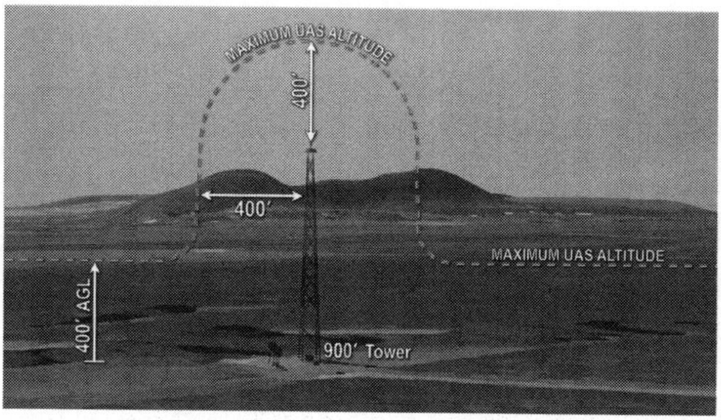

◀ 드론 고도 제한

해수면 고도(MSL)와 지표면으로부터 고도(AGL)이다. 대부분의 드론 높이는 "AGL" 고도를 사용하지만, 비행계획을 수립할 때 참고하는 항공도에는 "MSL"로 표기되어 있어 이들 사이의 고도를 혼동하지 않도록 주의해야 한다.

또한, 드론이 항상 시야 범위를 넘어서는 비행을 금지하고 있고, 이는 조종자가 드론을 멀리 그리고 높이 날리고자 할 때 주의해야 한다. 이것은 드론 조종자는 항상 드론과 시각적인 접촉이 유지되어야 한다는 것을 의미한다. FPV 드론을 사용하여 비행할 때 조종자는 드론을 시각적으로 감시할 보조 관찰자 또는 스팟터(secondary observer or spotter)와 함께 있어야 한다.

최근 출시되는 드론 성능은 하루가 다르게 향상되고 있어 이론적 통달 범위와 최대고도 이상으로 비행할 수 있지만, 장애물, 빌딩, 공역 침범, 인적 물적 피해 사례들이 보고되면서 규제는 더 강화되는 추세이다. 최근 출시된 고출력 드론의 고도 제한을 시험해 보고자 하는 시도는 누구나 흥미 있는 일이다. 그러나 공기역학적으로 고고도는 수직 추력 감소, 강풍, 기온, 그리고 원거리 통신에 따른 드론 제어에 문제가 발생할 수 있다. 이것은 드론을 제어할 수 없는 상황으로 전개되었을 때 사고 개연성은 높다.

드론 조종자는 항상 관련 법적 규정에 따라야 한다. 일반적으로 DJI가 쿼드콥터에 설정한 펌웨어 제한은 항공당국에서 정한 상용 공역 고도를 기준으로 한다. 예를 들어 1981년 FAA에 따르면 모형 항공기 조종자들은 지상 120m(400피트) 이상 비행할 수 없다고 규정하고 있다. 이 고도는 비행기와 유인 항공기의 하한 고도이다. 만약 드론에 설정된 고도 제한을 초과해서 상승하려면 해당 소프트웨어를 제거하거나 수정해야 한다. 이것은 명백한 불법 행위임을 인식해야 한다.

Q45. 드론에 사용되는 주파수는 어떠한 특성이 있는가?

드론 조종에 사용되는 공통 제어 주파수는 2.4GHz와 5.8GHz이다. 이들 두 주파수 사이의 주요 차이점은 통달거리와 대역폭(bandwidth)이다. 2.4GHz는 상대적으로 느린 속도로 데이터를 전송하지만, 더 긴 통달거리를 제공한다. 5GHz(5.8) 주파수는 상대적으로 빠른 속도로 전송되지만, 더 짧은 통달거리를 제공한다. 5GHz와 같이 주파수가 높을수록 솔리드 객체(solid objects; 구름이나 안개)를 관통할 수 없어 통달거리가 상대적으로 짧다. 그러나 주파수가 높을수록 데이터의 전송 속도가 빠르다.

다른 전자기기의 간섭으로 인해 드론과의 연결 속도가 빨라지거나 느려질 수도 있다. 대부분의 가정용 무선 전자기기와 휴대전화 등도 역시 2.4GHz 대역의 주파수를 사용한다. 이들 여러 전자기기가 동일 무선 공간에서 사용될 때 주파수 혼잡이 발생할 수 있다. 5GHz 주파수 대역은 2.4GHz 대역보다 주파수 혼잡 현상이 크지 않은데 이것은 이 주파수대에서 작동하는 전자기기가 많지 않기 때문이다. 또한, 5GHz 대역은 23개의 채널로 설정되어 있고, 2.4GHz 대역은 11개의 채널만 설정되어 있다. 따라서 2.4GHz 대역에 많은 주파수 간섭이 발생한다고 예상할 때 5GHz 대역으로 변경하는 것을 고려하되 제어 거리가 줄어들 수 있다는 것을 예상해야 한다.

안테나 이득(antenna gain)과 방사 패턴(radiation pattern)은 안테나의 통신 범위에 영향을 미치는 두 가지 특성이다. 안테나 이득은 안테나의 지향성과 전기효율(directivity and electrical efficiency)을 결합한 안테나의 주요 성능 지표이다. 송신 안테나의 이득은 안테나가 입력 전력을 무선파(radio waves)로 얼마나 잘 변환하는지 나타낸다. 수신 안테나의 이득은 안테나가 수신 전파를 얼마나 잘 전력(electrical power)으로 변환하는지 나타낸다. 방사 패턴은 안테나에서 나오는 무선파의 강도에 대한 방향 의존도(directional dependence)를 의미한다.

안테나에는 고유한 방사 패턴이 있다. 전 방향에서 동등하게 송출하거나 수신하는 전 방향 안테나(Omni-directional antennas)는 안테나를 중심으로 구체 모양의 방사 패턴을 형성한다. 지향성 안테나(Directional antennas)는 특정 한 방향으로만 원뿔 모양의 패턴으로 송신 또는 수신한다. 예를 들어 공원에서 무선 조종기와 짧은 거리에서만 비행하고자 한다면 전 방향 안테나의 설정이 적합하

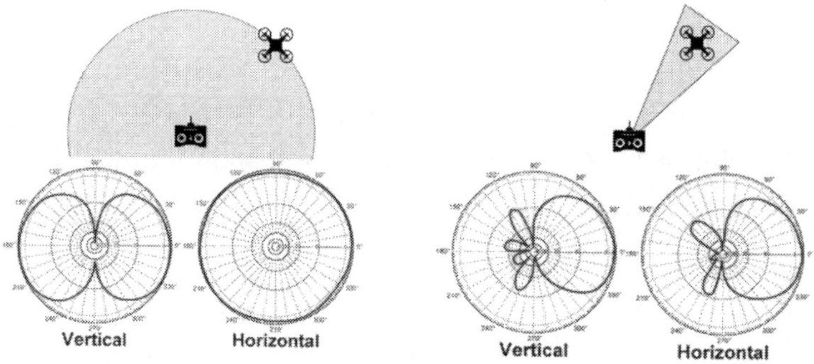

▲ 송신기와 수신기 안테나에서 전파의 방사 패턴에 따라 통달거리가 달라진다.

다. 반면 한 방향으로 장거리 비행을 원한다면 지향성 안테나가 적합하다.

송신기 전력(transmitter power)이 높다면 드론의 통달거리도 늘어나는 것이 사실이지만, 전력을 2배로 높이면 통달거리가 2배로 증가한다는 것은 일반적인 오해이다. 실제 2배의 통달거리를 얻고자 한다면 송신 전력을 4배 증가시켜야 한다. 전파는 구체 모양으로 전파되고, 전력 밀도는 반지름의 제곱에 비례하여 변한다. 예를 들어 송신기 전력이 1W이고 통달거리가 1km라면 동일 기기로 통달거리 2km에 도달하려면 4W 송신기가 필요하다. 물론 전력은 드론이 얼마나 멀리 날 수 있는지를 계산하는 데 사용되는 변수 중 하나일 뿐이다.

신호 간섭(signal interference)은 원하지 않는 무선 주파수 신호가 무선 조종기와 드론 사이의 통신에 간섭을 일으키는 현상이다. 간섭은 신호 수신을 방해하거나, 일시적인 신호 손실 또는 드론과의 통신 링크(communications link)의 품질을 방해할 수도 있다. 무선 신호의 주요 간섭 원인은 다음과 같다.

- 동일 주파수 대역의 다른 드론 또는 전자기기
- 전파의 방사 패턴의 중복 또는 겹치는 현상
- 고압 송전선, 통신 중계탑, 밀집된 고층 건물 구역
- 악천후에서의 비행
- 배터리 부족
- 높은 출력의 인접 전자기기
- 비행영역선도를 벗어난 비행

Q46. 드론의 FPV와 TPV는 무엇이고 어떠한 차이가 있는가?

원격시각(first-person view; FPV or remote-person view; RPV)은 비디오 조종술(video piloting)이라고도 한다. FPV는 드론 앞쪽 또는 뒤쪽에 카메라를 장착한 드론 눈이라고 할 수 있다. 카메라의 위치에 따라 앞쪽에 장착되었을 때 FPV 그리고 뒤쪽에 카메라를 장착하여 기체 일부와 전경을 볼 수 있는 카메라를 TPV(third-person view)라 한다. 대부분은 FPV의 형태이지만, 일부 기종은 TPV를 장착하기도 한다.

FPV/TPV 모드로 비행하는 것은 마치 드론 조종실에 앉아 모든 움직임을 조종하는 것과 같은 느낌을 준다. 대부분 드론은 가시권에서 비행하지만, 이 방식은 가시권을 넘어서까지 비행할 수 있는 장점이 있다. 드론은 조종자가 착용한 비디오 FPV 고글 또는 비디오 모니터에 무선으로 공급되어 FPV로부터 원격으로 조종된다.

FPV의 정교한 설정은 조종자의 고글에 있는 자이로스코프 센서에 의해 제어되는 팬과 틸트 짐벌 카메라(pan-and-tilt gimbaled camera)와 듀얼 온보드 카메라(dual onboard cameras)를 포함하며, 실제와 유사한 입체적 시야를 가능하게 한다. 실시간 생중계(real-time live feed)는 카메라에서 스마트폰이나 컨트롤러의 화면 또는 고글에 전송된다. FPV 모니터는 가격이 저렴하고 유연성이 훨씬 좋아 대부분 스마트폰을 컨트롤러에 연결하면서 FPV 화면으로만 사용할 수 있지만, VR 고글을 사용하는 것보다 더 좋은 것은 없다.

FPV 설정은 공중과 지상 장비로 구성된다. 기본 FPV 시스템은 드론에 장착된 카메라와 아날로그 비디오 전송기로 구성되며, 지상에는 비디오 수신기와 디스플

▲ FPV는 드론의 눈이다. 왼쪽 그림은 FPV에서 촬영한 전경이다. TPV는 FPV와 달리 기체 뒤쪽에 카메라를 장착해서 드론 기체를 포함해서 전경을 보여주는 원격시각이다.

레이가 있다. 첨단 장비는 전문화된 하드웨어에 추가된다. GPS 항법 및 비행 데이터가 있는 화면 디스플레이, 안정화 시스템, 그리고 신호 상실이 발생했을 때 출발점으로 자동 비행할 수 있는 "RTH" 기능이 있는 자동조종장치를 포함한다.

이외에도 서보로 작동하는 팬 및 틸트 기능(pan and tilt capability)을 카메라에 추가하는 것이다. 이것은 비디오 고글과 "헤드 트래킹(head tracking)" 장치와 결합하면 조종자가 실제로 RC 항공기의 조종실에 앉아 있는 것처럼 몰입감 있는 원격시각을 만들어낸다. 수신 장비는 아날로그 비디오 수신기와 디스플레이로 구성된다. 최신 수신 장비는 더 넓은 통달 범위와 선명도를 위해서 더 정교한 안테나와 함께 수신된 이미지를 기록하는 장치를 갖추고 있다.

FPV는 비행기, 헬리콥터뿐만 아니라 최근 무인항공기에 탑재하여 FPV의 기능을 최대화하고 있다. 특히 쿼드콥터는 좁은 공간에서 저속이나 제자리비행하면서 고품질 비디오를 촬영할 수 있는 민첩한 카메라 플랫폼으로 많은 인기를 얻고 있다. 이러한 대중화는 주로 새로운 제조 기법과 부품 비용 감소로 인해 가능했으며, 더 많은 드론 운용자가 FPV를 쉽게 사용할 수 있게 되었다. 최근 몇 년 동안 FPV 멀티로터 레이싱은 빠르게 성장하는 분야가 되었다.

무선조종에 사용되는 주파수는 900MHz, 1.2GHz(amateur radio licensees only), 2.4GHz, 그리고 5.8GHz이다. 일반적으로 무선조종 통달 범위를 넓히기 위해 사용되며, 지향성이 높은 이득 안테나(high-gain antennas)의 사용은 비디오 범위를 증가시킨다. 최신 장비는 노이즈 제거와 같은 추가 기술의 도움으로 20~30마일 이상의 통달 범위를 달성할 수 있다. 표준 비디오 주파수 외에도 1.3 GHz와 2.3GHz는 2.4GHz와 같이 더 일반적인 주파수와 사용된 주파수에 대한 대역의 간섭 없이 사용되는 것으로 나타났다.

900MHz는 나무, 큰 식물, 심지어 건물 주변까지 더 긴 통달 범위와 우수한 물체 투과율을 제공하지만, 이 주파수에서 운용하기 위해서는 더 큰 안테나가 필요하므로 일부 설정의 경우 휴대성이 문제가 될 수 있다. 많은 국가에서 무선 사업자 면허를 갖추어야 하므로 대중화되기는 어렵다. 최근 몇 년 사이 드론 등에 많이 사용되고 있는 주파수는 5.8GHz이다. 이 주파수에 대한 하드웨어는 매우 저렴하고 면허 없이도 사용할 수 있으며 안테나 역시 상대적으로 작아서 휴대성이 향상된다. 이 주파수는 FPV 고글과 결합하면 양호한 비디오 품질을 얻을 수 있다. 그러나 이 주파수는 특히 물이나 콘크리트와 같은 조밀한 물체 주변에서

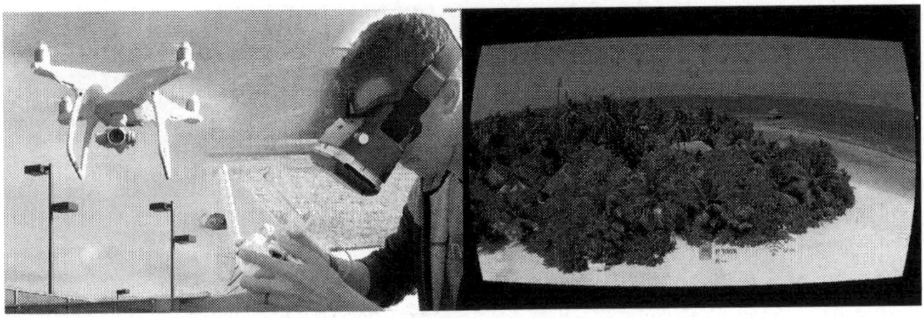

▲ FPV 드론 조종기, 고글 그리고 조종자 시각

신호 투과성이 약해 유효 통달 범위가 제한된다.

최신 드론은 FPV의 실시간 영상을 스마트폰(smartphone) 화면으로 볼 수 있도록 개발되었다. 이들 모바일 기기는 비행 제어와 그 이상을 제공할 수 있어 훨씬 더 많은 것을 수행할 수 있다. 대부분 드론이 FPV 드론이라는 점을 고려할 때 새로운 세계를 경험할 수 있다. 다만, 사생활 침해와 같은 법적 규제를 철저히 준수해야 한다. 일반적으로 스마트폰을 활용한다면 원격무선 조종기로 할 수 있는 그 이상을 수행할 수 있다.

▲ FPV 드론과 스마트폰의 결합

Q47. 드론의 비행 모드와 기능은 무엇인가?

대부분 DIY 드론이나 호기심에서 멀티콥터를 처음 시작할 때 사용 설명서에 적혀 있는 많은 정보로 인해 머리가 복잡해질 수 있다. 그러나 최근 출시된 드론은 포장 상자(box in a drone)에서 꺼내 바로 비행할 수 있도록 소비자 친화적 수준까지 발달했다. 또한, 초보자에게 이착륙이 부드럽지 않아 제어 불능 속도로 떨어지면서 기체는 물론 프로펠러 손상 사고가 적지 않다. 이러한 점을 고려해서 한 번의 스위치 조작으로 이륙하고 자동으로 착륙할 수 있는 모드를 탑재한 드론이 등장하였다.

멀티콥터의 비행 모드(flight mode)는 제품에 따라 다를 수 있지만, 공통 모드와 특정 드론만이 보유한 기능이 있다. 이들 모드와 관련 용어를 소개한다. 대부분 멀티콥터는 동일 기본 비행 모드로서 일반 비행 모드(regular flight modes)와 조종자의 수준 또는 목적에 따라 더 정교한 모드와 특징을 갖춘 지능형 비행 모드(intelligent flight modes)를 갖추고 있다. 그러나 모든 드론이 같은 용어를 사용하고 있지 않기 때문에 드론 제작사에서 제공하는 사용 설명서를 참고해야 한다.

[1] 일반 비행 모드(Regular Flight Modes)

이 모드는 드론 조종자에게 제공되는 옵션이기 때문에 전문성 수준에 따라 비행할 수 있다."

① 초급자 모드(Beginner Mode)는 대부분 드론에서 사용할 수 있다. 이 모드는 드론 비행에 아직 익숙하지 않은 사람들을 위한 모드이다. 드론은 모든 가용 센서를 이용함으로써 드론을 안정시키고 쉽게 비행할 수 있도록 한다. 원격조종기는 30m 이내로 드론 이동을 제한하기 때문에 초보 조종자는 드론이 통제 불능 상태가 되어 멀리 날아갈 걱정을 하지 않아도 된다.

② 위치 모드(Positioning Mode) 또는 P-Mode는 드론의 GPS 기술과 광학 센서를 이용해 안정적인 제자리비행을 유지한다. P-모드는 P-GPS와 P-OPTI와 같이 두 유형이 있다. 드론이 P-GPS 모드일 때는 드론의 GPS 위치를 이용해 바

람에 의한 수평 편류(drift)를 보정하기 때문에 안정적 수평 위치를 유지할 수 있어 드론 운용에 큰 도움이 된다. 조종자가 원격조종기를 놓더라도 P-GPS 모드인 드론은 원래 위치에서 멀리 표류해서는 안 된다. 드론이 GPS 신호를 상실하면 P-OPTI 모드로 전환한다. 이 모드에서 드론은 수평 위치를 더 이상 유지할 수 없다. 이것은 외부 요인의 영향을 받으면 드론은 어느 방향으로나 날아갈 수 있다는 것을 의미한다. 그러나 드론 탑재 광학 센서(optical sensors)는 여전히 장애물을 피해 비행한다. 드론의 광학 센서는 감지 거리가 짧고, 드론이 어두운 환경에 있거나 거의 보이지 않는 장애물을 식별할 수 없다.

③ 자세 모드(Attitude Mode or Att mode)는 GPS 신호와 광학 센서 기능을 모두 상실할 때 활성화된다. 기압계를 이용하면 고도를 유지할 수 있지만, 표류에는 극도로 취약해진다. 드론을 안정적으로 유지하기 위해서는 수평 표류(drift)를 지속해서 보정해야 하므로 숙련한 드론 조종자조차도 비행은 어려울 수 있다. GPS 포지셔닝 기능이 없는 드론은 조종자가 방향감각상실로 이어질 수 있는 드론의 상대적 방향 자세(directional attitude)에 따라 이동한다. 이 모드에서 조종자는 드론을 제대로 제어할 수 없어 드론이 표류하는 경향과 방향감각을 상실함으로써 플라이어웨이(flyaway)의 주원인이기 때문이다. 자세 모드에서의 비행이 어려움에도 불구하고, 이 모드는 많은 드론 영화제작자들이 선호하는 비행 모드이다. 사진 촬영 드론은 GPS에 의한 지속적인 보정 움직임을 피할 수 있어 흔들림이 없이 촬영할 수 있다. 자세 모드에서는 자동제동(auto-braking) 기능이 비활성화되어 조종자가 제어를 놓자마자 드론이 더 유연하고 자연스럽게 정지할 수 있다.

④ 스포츠 모드(Sport Mode)는 레이싱 전용 드론과 같이 속도를 위한 모드이다. 이 모드에서 모든 장애물 회피 알고리즘이 비활성화된다. 또한, 드론이 도달할 수 있는 가장 빠른 속도로 비행할 수 있게 한다. GPS 기술은 여전히 드론이 비행하는 동안 안정성을 유지하기 위해 작동하지만, 이 모드는 장애물과 충돌하지 않기 위해 조종술(piloting)에 의존해야 한다.

[2] 지능형 비행 모드(Intelligent Flight Modes)

이 모드는 대부분 자율적이어서, 드론 조종자는 활성화된 지능형 비행 모드(Intelligent Flight Mode)에 의해 지시된 방식으로 드론이 움직이는 동안 프레임과 합성 샷(framing and composing shots)에 집중할 수 있다. 이 모드를 사용하여 드론 사진작가들은 수동으로 촬영했다면 매우 어려웠을 수천 장의 사진과 동영상을 촬영할 수 있다.

① Cinematic Mode: 시네마틱 모드는 DJI의 포지셔닝 모드와 자세 모드의 최상 기능을 결합하여 영화 제작자가 최대한 부드러운 영상을 캡처할 수 있도록 한다. 이 모드에서 드론은 자세 모드에서 동작하는 방식과 유사하게 관성(inertia)을 통해 더욱 유연하고 자연스러운 동작으로 제동한다. 드론의 요 움직임(yaw movement)도 느려져 회전 움직임이 한결 부드럽다. 이 기능은 Mavic Pro를 포함하여 이후에 출시된 모든 드론에서 사용할 수 있다.

② TapFly: DJI 드론에서 사용할 수 있는 전형적인 자율비행모드(autonomous flight mode) 중 하나인 TapFly는 모바일 기기(mobile device)의 화면을 한 번만 두드려도 지도상의 어느 위치로든 드론이 향하도록 한다. 드론의 장애물 회피 기술은 기동하는 동안 계속 작동한다. 화면 슬라이더(on-screen sliders)를 이용해 드론의 이동 속도와 고도를 설정할 수 있다.

③ Active Track: Active Track은 DJI 드론의 가장 인기 있고 자주 사용되는 지능형 비행 모드 중 하나이다. GPS와 카메라 기술을 함께 사용하여 조종자가 드론을 조종하지 않고도 사람, 동물, 또는 차량을 추적할 수 있다. 대상에 대한 드론의 상대 위치는 추적 모드(tracking mode)에 따라 달라지며, Trace, Profile, Spotlight과 같이 3개의 추적 모드가 있다. 추적 모드(Trace mode)에서는 드론은 조종자가 설정한 거리를 유지하면서 목표물 뒤를 따라간다. 프로파일 모드는 드론이 앞에서 피사체를 캡처하고자 할 때 적용되는 모드이다. 이를 위해서 드론은 반드시 프로파일 모드(Profile mode)에 있어야 한다. 조종자가 더욱 역동적인 영상을 위해 스포트라이트 모드(Spotlight mode)를 활성화하여 드론을 어느 방향으로 비행해도 피사체의 초점을 유지할 수 있다.

▲ 드론 제작사에 따라 다양한 기능을 탑재하고 있다.

④ QuickShot: QuickShot 모드는 스틸과 비디오 클립(stills and video clips)을 빠르고 쉽게 캡처할 수 있다. 하위 모드에서 QuickShot에 대한 피사체를 선택하는 것은 물체 주위에 박스를 그리거나 두드리는 것처럼 간단하다. 이 모드는 간단해 보이지만, 다양한 비행 패턴을 제공하여 더욱 흥미로운 사진을 얻을 수 있다. QuickShot 모드 중 인기 모드는 드론이 피사체에 초점을 맞추면서 위아래로 날아가는 드로니(Dronie)이다. 드론 비디오를 본 적이 있다면 드로니 모드(Dronie mode)가 작동하는 것을 보았을 가능성이 있다. 로켓 모드(Rocket mode)는 특별히 위를 향해 직진하는 기능이다. Helix Mode는 더 흥미로운 QuickShot을 만들어 드론이 나선형으로 회전하면서 위쪽으로 이동한다. 마지막으로, 서클 모드(Circle Mode)는 드론이 초점을 맞춘 피사체를 중심으로 정확히 한 바퀴 회전하는 기능이다.

⑤ Tripod: Tripod Mode는 전문 드론 사진작가들에게 매우 인기가 높으며, 특히 근접한 스틸과 동영상을 캡처하는 데 적합하다. 이 모드에서는 드론의 이동 속도가 2.2mph로 감소한다. 조종기가 감쇄되었기 때문에 조종자는 매우 정밀한 움직임을 할 수 있게 해주고 드론의 위치를 안정적으로 유지할 수 있게 한다. 이

모드는 GPS 신호 고정(signal fixing)에 크게 좌우된다.

⑥ Draw: 이 모드에서는 모바일 장치(mobile device)의 화면에 패턴을 그리기만 하면 드론이 따라갈 경로를 지정할 수 있다. 이동 속도는 화면 슬라이더(on-screen sliders)를 사용하여 제어할 수 있으며, 카메라 이동은 드론이 전진 모드인지 자유 모드(Forward or Free mode)인지에 따라 달라진다. 전진 모드에서는 카메라가 왼쪽 및 오른쪽의 작은 움직임으로 제한된다. 카메라를 원하는 방향으로 움직이려면 Free(자유) 모드를 활성화해야 한다.

⑦ Waypoints: Draw 모드와 마찬가지로 웨이포인트 모드에서 드론의 비행경로(flight path)를 지정할 수 있다. 다만, 이 모드에서는 드론이 비행해가는 목표 지점을 지정하는 것이 다르다. 드론이 한 지점에서 다른 지점으로 이동하는 최적 경로를 결정할 수 있어 융통성이 향상된다. 또한, 정확한 좌표를 사용하여 경유지를 설정할 수 있으므로 정밀도가 더 높다. 특정 비행경로를 반복해야 하는 경우 나중에 사용하도록 설정한 지점을 저장할 수도 있다.

⑧ Gesture Mode: Gesture Mode에서 드론의 카메라는 카메라와 드론 조종자의 명령에 따라 효과적으로 작용하는 특정 제스처(specific gestures)를 인식할 수 있다. 이 모드에서 사용할 수 있는 제스처는 다양하다. Gesture Mode의 많은 기능은 PalmLauch 등 Spark만의 특색이 있어 얼굴을 인식하는 즉시 손바닥에서 드론을 발진할 수 있다. 또 다른 스파크 전용 기능(Spark-exclusive feature)인 PalmControl은 센서 앞에서 손을 움직여 드론을 제어할 수 있다. 제스처 모드에서 자신의 사진을 빨리 찍으려면 얼굴 앞에 프레임(frame)을 만드는 데만 손을 사용하면 된다. 반대로, 45도 각도로 드론을 향해 팔을 들어 올리는 것은 비디오 녹화를 시작한다. 제스처 모드는 DJI 드론의 더 전문적 라인(professional line)으로 이어지지 않았을 수도 있지만, Spark가 오랜 세월에도 불구하고 대중성과 매력을 유지해온 이유 중 하나일 것이다.

⑨ Terrain Follow Mode: 지형추적모드는 Phantom 4 Pro와 Mavic 시리즈와 같은 하향 광학 센서(downward-facing optical sensors)가 있는 DJI 드론

▲ 이 기능은 지형의 높낮이를 따라 비행할 수 있도록 설정할 수 있다.

에서만 사용할 수 있다. 이 모드에서는 경사가 최대 경사 20°인 언덕을 올라가도 지상과 일정한 표고 차를 유지할 수 있다. 표고 차는 1~10m까지 설정할 수 있으며, 드론이 지형을 내리막길로 통과하면 작동하지 않는다.

⑩ Spotlight Pro: 이 모드는 ActiveTrack의 Spotlight 서브 모드보다 훨씬 더 정교하고 세련된 버전이다. 현재 Inspire 드론에서만 사용 가능한 이 기능은 카메라가 지정된 피사체를 계속 추적하면서 드론은 독립적 이동이 가능하다. Spotlight Pro에는 화면의 영역을 지정할 수 있는 구성 모드(Composition Mode)도 있다. 추적(Tracking)은 피사체가 이 영역에 들어올 때만 시작된다.

⑪ Course Lock: 코스 로크(Course Lock) 모드에서는 드론 이동을 제한하는 경로를 지정한다. 이것은 지정 경로만 따라 앞뒤로만 이동할 수 있다. 독립 카메라 조종기를 사용하면 사전 지정된 경로(pre-determined path)를 통과할 때 카메라를 모든 방향으로 이동할 수 있다.

⑫ Points of Interest: 관심 지점(Points of Interest) 모드는 Circle QuickShot Mode와 같이 카메라가 선택된 피사체에 초점을 유지하면서 드론이 원을 그리며 비행하는 기능이다. 이 모드에서는 이동 속도, 고도 및 원의 반지름을 조정할 수 있다. 드론은 조종자가 개입할 때까지 원을 따라 계속 비행한다. 조종자는 필요하다면 피사체에 대한 초점을 유지하면서 드론의 비행을 일시 중지할 수도 있다.

Q48. 군집 드론 비행은 어떻게 가능하고 응용 기술은 무엇인가?

최근 대형 행사에 빠짐없이 등장하는 것이 수십 또는 수백 대의 드론을 이용해서 밤하늘에 수놓은 드론 쇼이다. 이들 드론을 유심히 관찰해보면 모든 드론이 공간에서 전후좌우 그리고 상하에서 일정한 거리를 유지하고 있는 것을 볼 수 있다. 마치 군대의 대열과 같이 서로 충돌하지 않으면서 일사불란하게 한 몸체처럼 움직임에 저절로 탄성을 지른다. 이를 군집 드론(drone swarm)이라 한다.

여기서는 군집 드론을 가능하게 한 기술을 분석해 보고 민간 차원의 군집 드론 기술은 도심항공교통(UAM) 기술의 핵심이 되겠지만, 군과 대테러 차원의 군집 드론은 미래 전장에 대한 새로운 무기체계로 등장할 가능성이 커졌다. 도심항공교통(UAM)과 군사용 드론에 대해서는 별도의 주제로 다루고 있으니 참고하길 바란다.

군집 드론은 여러 대의 드론이 협업해서 하나의 주어진 임무를 수행하는 것이다. 군집 드론의 운용에서 가장 중요한 것 중 하나는 공간에서 대열(formation)을 유지하는 것이다. 군대 대열은 2차원 평면에서 이루어진다면 군집 드론은 공간의 3차원 공간이라는 점에서 더 정교한 기술이 필요하다. 떼를 지어 비행하는 수십, 수백 개의 드론 중 단 한 대의 드론이라도 대열을 이탈한다면 그 드론이 주위 드론들과 충돌하며 대열은 순식간에 무너지고 연쇄 충돌이 발생하게 될 것이다.

군집 드론에서 대열을 유지하기 위해서는 먼저 드론 한 객체의 위치를 명확하게 인식하는 데에서부터 출발해야 한다. 드론이 자신의 위치를 정확히 인식하게 함으로써 주변 드론들과의 거리를 유지하면서 충돌 없이 주어진 임무를 수행하는 것이야말로 군집 드론 운용의 가장 핵심이다.

드론의 정밀한 위치를 인식하게 하는 가장 대표적인 시스템으로는 RTK-GPS가 있다. GPS만을 활용한 공간 위치 인식은 상당한 오차가 있다는 것은 주지의 사실이고, 이 오차를 실시간으로 보완해주는 시스템이 필수이다. 실제 GPS만을 이용했을 때 위치 오차는 미터(m) 단위이지만 RTK-GPS는 센터미터(cm) 단위로 데이터를 전송한다.

RTK-GPS는 GPS 신호를 재보정하는 장치를 추가하여 오차 범위를 현저하게 낮춘다. 예를 들어 100대의 드론을 동시에 띄우고자 한다면 먼저 한 지점에 RTK-GPS 기준점(reference point)을 설치한다. 이 기준점에서는 주위를 비행

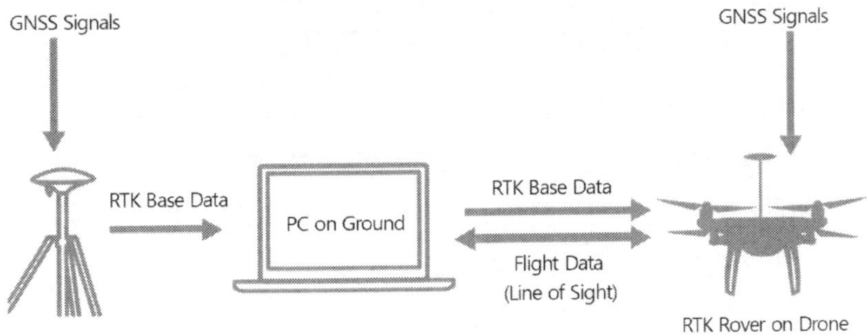

▲ RKT-GNSS 시스템

하는 드론들과의 상대적 거리와 각도를 실시간으로 계산하여 GPS에서 수신된 위치 데이터를 보정한다.

실시간(real time)으로 위치를 파악하기 때문에 GPS를 통해 얻게 된 위치 정보에 오차가 있다면 RTK-GPS 기준점이 보정 신호를 통해 오차를 최소한으로 낮출 수 있다. 군집 드론은 실시간으로 드론 자체의 위치 정보를 인식하여 그 정보를 전송하고 있으므로 운용자는 대열에 조금이라도 변화가 생기면 알아차릴 수 있다. 이처럼 드론과 드론 사이, 그리고 드론과 명령 주체 사이 서로 정보를 전달할 수 있게 하는 통신시스템은 성공적인 군집 드론 운용을 위한 또 하나의 필수 요소이다.

군집 드론의 정밀하고 안전한 운용을 위해서는 명령 주체가 비행 중인 여러 드론에 대해 많은 정보를 알고 있어야 한다. 드론들의 실시간 위치를 비롯해 다른 드론들과의 거리 및 고도는 물론이고 배터리 잔량 등 드론의 여러 상태는 비행 중에 항상 파악할 수 있어야 한다. 어느 한 드론의 문제는 연쇄 반응으로 군집비행을 망칠 수 있기 때문이다.

군집비행을 위해 사용되는 통신 수단으로는 Bluetooth, Wifi, Zigbee, UWB 무선통신 네트워크 등이 있다. 이들 근거리 통신망은 원활하고 신뢰할 수 있는 군집비행을 수행하기 위한 필수이고 5G처럼 군집비행에 적용할 수 있는 통신시스템은 지속해서 발전하고 있다.

군집비행을 위해서 얼마나 많은 조종자가 필요한지도 주요 관심 대상이다. 만약 100대의 드론을 운용하기 위해서 100명의 조종자가 필요한가? 그렇지 않다.

▲ 드론 군집비행은 첨단 기술의 접합으로 서로 충돌하지 않고 일정 거리를 유지할 수 있는 기술이 핵심이다. 이는 미래 도심항공교통의 가능성을 보여준다. 군용 또는 테러용으로 개발된 가능성이 있기에 이에 대응책 역시 시급한 과제이다.

군집 드론의 조종은 단 한 대의 컴퓨터를 이용해서 원하는 드론 쇼를 연출할 수 있다. 군집비행은 복잡한 알고리즘과 탑재 카메라 그리고 근접 센서를 개별 드론에 통합해 구성한다.

군집 드론은 벌과 같은 곤충들의 군집 생활에서 아이디어를 생각해 냈지만, 실제 로봇공학에서 군집 행동을 복제하는 것은 매우 어려운 기술이다. 실제 이를 실행하기 위해서는 엄청난 데이터를 빠르게 처리할 수 있는 능력이 필수이다. 수십 대의 드론이 간단한 자율 동기 비행하도록 만드는 데 필요한 처리 능력조차 어마어마하지만, 수백 또는 수천 대의 군집비행에 필요한 처리 능력은 상상을 초월할 정도였다.

디지털 컴퓨터의 처리 능력과 함께 초소형 전자기기와 센서의 발달로 몇 년 전에는 불가능했던 수백 대의 드론이 군집비행이 가능할 정도로 기술이 발달했다. 특히 군집 드론은 각각의 드론에 탑재된 카메라와 근접 센서를 통합한 덕분에 가능해졌다. 근접 센서(proximity sensors)와 장애물 회피 센서는 드론이 서로의 존재를 감지하고 충돌을 피할 수 있게 하여 드론이 비행 중에 서로 안전한 거리를 유지할 수 있다.

드론에 탑재된 카메라와 근접 센서는 군집비행의 핵심이다. 중앙집중화된 통제체계(centralized system)에는 큰 문제가 있다. 이 시스템에서 리드 드론에

◀ 드론 쇼의 한 장면이다. 공간에서 드론 사이의 3차원 일정 거리를 유지할 수 있는 기술이 핵심이다.

다른 드론보다 많은 정보가 전달될 것이고 대역폭 제한으로 인한 지연이 발생하는 것이 보통이기 때문이다. 또한, 리드 드론이 추락하거나 기술적인 문제가 발생했을 때 리드 드론에 따라 전체 무리가 영향을 받게 된다. 명령의 분산 개념은 중앙집중식 시스템의 문제를 피하고 드론이 진정한 무리처럼 행동하도록 만드는 것이다.

그러나 분권화 시스템에서는 각각의 개별 드론이 인접 드론과 통신하고 데이터를 공유한다. 군집 전체에 걸쳐 데이터를 전달하는 이점이 있으며, 이는 더 역동적인 작동이 가능하다. 드론의 탑재 컴퓨터 프로세서가 두뇌 역할을 하고 초당 수백 회의 계산을 수행한다. 특히 안전하게 비행할 수 있는 드론의 수를 고려할 때 처리 능력의 제한은 여전히 극복해야 하는 주요 과제 중 하나이다.

현재 드론 군집은 대부분 소형이면서 동일 드론으로 구성되지만, 앞으로 다양한 종류의 군집 드론을 기대할 수 있을 것이다. 이처럼 맞춤형 드론 군집의 가장 큰 장점은 유연성이다. 오케스트라 지휘자가 필요한 악기를 조율하듯 군집 드론 운용자가 원하는 대로 드론을 추가하거나 제외할 수 있어 군집 드론의 활용은 무한이다.

Q49. 자율비행 드론의 분류 기준은 무엇인가?

자율비행 또는 자율주행 운송수단은 미래 산업의 핵심으로 떠오르고 있다. 오토파일럿(autopilot)은 항공기의 비행경로를 조종사의 수동 조작을 대신해서 제어할 수 있도록 설계된 시스템이다. 따라서 오토파일럿은 조종사를 대체하는 것은 아닌 조종사의 조작 행위를 대신 보조함으로써 조종사가 다른 시스템의 조작이나 과업에 집중할 수 있도록 한다. 자율비행은 자동화 시스템 제어 하에서 인간 조종사의 개입이나 감독 없이 비행할 수 있는 항공기이다. 예를 들어 드론이 물건을 원하는 장소까지 배달해 준다거나 마치 케이블카와 같이 승객을 탑승시키고 목적지까지 비행하는 상상은 도심항공교통의 미래이다.

자율드론(autonomous drone)과 UAV라는 용어도 혼용해서 사용하기도 하지만, 약간의 차이가 있다. 이것은 대부분 UAV가 첨단 센서를 이용해서 자동화된 임무를 수행하지만, 여전히 인간 운용자에게 의존한다는 사실에서 비롯되었다고 할 수 있다. 다만, 자율비행 드론은 "인간의 개입 없이 운용할 수 있는 UAV"이다. 따라서 자율비행 드론은 완전히 자율적(autonomously)으로 이륙해서 임무를 수행한 후 착륙까지 자율적으로 수행할 수 있는 항공기로 보아야 한다.

> "자율비행 드론은 UAV의 한 종류이지만 모든 UAV가 반드시 자율비행 드론은 아니다."

완전 자율비행 드론 "Percepto"는 사람의 개입 없이 강한 바람 속에서도 착륙할 수 있다. 자율비행 드론은 사람이 조종하지 않는 만큼 지상관제 시스템, 즉 통신 관리 소프트웨어가 운용에 큰 역할을 하므로 UAS의 일부로도 간주한다. 자율비행 드론은 소프트웨어 외에도 클라우드 컴퓨팅(cloud computing), 컴퓨터 비전, 인공지능(AI; artificial intelligence), 기계학습(machine learning), 딥러닝(deep learning), 열 센서(thermal sensors) 등 사람의 개입 없이 임무를 수행할 수 있는 첨단 기술(advanced technology)이 대거 활용된 결과물이다.

최근 몇 년간 자율비행 드론은 생산성을 극대화하면서 비용 및 위험 감소, 현장 안전, 보안 및 규제 준수 보장, 그리고 팬데믹 상황에서 인력 보호 등의 임무를 수행하면서 초가시권(BVLOS)에서 비행할 수 있어 다양한 상업적 혁신을 도모하

▲ Percepto 드론은 자율적으로 이륙해서 프로그램화된 임무를 수행한 후 자율 비행으로 착륙한 후 보관과 충전이 모두 자율적으로 이루어진다.

였다. 또한, 일부 자율비행 드론은 패키지 배송(package delivery)과 같은 소비자 관련 임무와 보건 물자의 중요한 배송에 사용될 수 있다.

자율비행 드론 기술은 항공우주산업에서 5단계 수준의 자율성을 채택하고 있다. 현재 이 기술은 레벨 3에서 레벨 4 사이에 있어 드론이 어느 정도 결정을 내릴 수 있지만, 일정 수준의 인적 감독이 필요하다. 이 기술을 완전히 자율화하려면 국가별 관련 법, 규정, 항공/도로 교통 상황 및 안전 기준에 부합하도록 하는 몇 가지 과제를 극복해야 한다.

완전 자율비행을 달성하기 위한 주요 도전적 과제로는 특히 악천후에서 드론이 마주칠 수 있는 환경을 관찰할 수 있는 센서, 레이더와 카메라를 설계하고, 시험 및 인증이 필요하다. 자율비행을 위해서 기능적으로 안전한 소프트웨어 개발 그리고 공기역학 향상, 중량 감소, 배터리 또는 추진 시스템 성능 향상을 통해 이동거리 및 운반 용량을 어떻게 증가시킬 것인지에 대한 연구와 인증이 필요하다. 이외에도 시뮬레이션은 개별 부품을 최적화하고 전체 시스템을 인증하는 데 도움을 줌으로써 이러한 과제를 해결하는 데 중요한 역할을 할 것이다.

▶ Level 0: No Automation

드론 자동화가 없어 조종자가 드론의 모든 기동을 제어해야 한다. 플랫폼은 항상 100% 수동으로 제어되기 때문에 레이싱 드론은 전적으로 수동으로 조작한다.

Level 0	Level 1	Level 2	Level 3	Level 4	Level 5
No Automation	Low Automation	Partial Automation	Conditional Automation	High Automation	Full Automation
드론 조종 100% 수동	조종자는 통제실에서 전반적 운용을 책임진다. 드론은 최소한 한 개의 중요한 기능만을 수행한다.	조종자는 안전 운용에 대한 책임을 갖고, 특정 조건에서 드론 헤딩과 고도를 조종할 수 있다.	조종자는 전적으로 준비태세만 갖춘다. 드론은 주어진 특정 조건에서의 모든 기능을 수행한다.	조종자는 드론 조종에서 배제된다. 드론은 백업 시스템을 갖추고 있어 어느 한 시스템의 고장에도 전체 시스템은 정상 작동한다.	드론은 AI 도구를 사용해서 자율 학습 시스템으로서 비행을 계획하고 수행한다.
레이싱, 무선조종 항공기	검사 및 유지관리, 위치와 탐지, 사진 촬영, 보호 및 보안, 모니터링	매핑, 측량, 스프레잉 및 씨앗 뿌리기	매핑, 배송, 측량	사진 촬영과 영화 제작	
장애물 회피 기능 없음	Sense & Alert, 드론은 장애물을 탐지하고 이를 조종자에게 경고한다.		Sense & Avoid, 드론은 장애물을 탐지하고 이를 조종자에게 경고하고 이동을 중지한다.	Sense & Navigate, 드론은 장애물을 탐지하고 이를 조종자에게 경고하고 장애물을 피해서 비행한다.	

▶ Level 1: Pilot Assistance

조종자는 드론 운용의 전반적인 작동과 안전을 제어한다. 그러나 드론은 제한된 시간 동안 적어도 하나의 필수 기능을 수행할 수 있다. 이 시스템에서는 지속적인 드론 제어 기능이 없으며 동시에 비행속도와 방향을 제어하지는 않지만, 항법 또는 고도 및 위치를 유지할 수 있다. 비행 안정화를 위해 GNSS를 지원하는 취미용 또는 프로슈머 드론이며, 헤딩, 고도 및 속도의 모든 입력은 수동 입력을 통해 이루어진다. 이는 간단한 레크리에이션 사진이나 비디오 영상에서부터 업계 고급 자산 검사에 이르기까지 다양하다. 이 수준의 감지와 회피(Sense & Alert) 기능은 드론이 장애물에 근접했을 때 조종자에게 알리는 정도의 수준이다. 그러나 회피 부분은 조종자의 수동 입력에 달려있다.

▶ Level 2: Partial Automation

드론 조종자는 전반적인 운용을 모니터하고 책임지고 있으며 언제든지 드론을 조종할 준비가 되어 있어야 한다. 그러나 특정 조건에서 드론은 헤딩, 고도, 속도를 제어할 수 있다. 조종자는 여전히 공역과 비행상황 감시, 비상시 대응 등 전반적인 업무를 맡고 있다. 대부분 드론은 현재 이 수준에서 플랫폼이 내비게이션 기능을 보조하고 조종자가 일부 업무에서 벗어날 수 있도록 한다. 사전에 프로그램화된 비행경로가 오토파일럿에 업로드되고, 드론은 이륙 후 업로드된 지시에 따라 비행하는 작업을 시작할 것이다. 이 수준의 자율성을 가진 일부 드론은 자동 이착륙 기능이 내장되어 있다. 이것은 드론을 더 쉽게 다룰 수 있게 하지만 자율성을 더 부여하지는 않는다.

▶ Level 3: Conditional Automation

드론은 스스로 비행할 수 있지만, 조종자는 여전히 주의를 기울이고 언제든지 개입할 준비를 해야 한다. 드론은 조종자에게 개입이 필요하면 통보하기 때문에 폴백(fallback) 시스템이다. 이 레벨은 드론이 "주어진 특정 조건"에서 모든 기능을 수행할 수 있음을 의미한다. 센서가 장애물을 감지하면 드론은 미리 프로그램된 비행경로를 따라 비행한다. 장애물을 탐지 후 드론은 정지하고 조종자와 가까운 곳에 있는 물체에 대한 경보를 보낼 것이다. 그런 다음 조종자는 드론이 미리 프로그램된 경로를 따라 계속 비행하기 전에 헤딩/고도를 수동으로 수정한다. Level 3에 자동화 전개 기능이 탑재된 드론의 자율성을 측정하는 또 다른 방법은 드론의 작업 환경을 고려하는 것이다. 일부 제조업체는 "완전 자동화된 드론 박스"를 구축해 드론 배치 자동화에 진일보했다. 이것은 비행을 감독하는 데 필요한 사람이 없다는 것을 의미한다. 동일 작업을 자주 수행하기 위해 드론을 현장에 배치하는 것이다. 사전 프로그램화된 비행경로는 동일하고 드론은 자동 이착륙 기능을 갖추고 있으며, 드론 박스는 보관소와 배터리 충전 기회를 제공하고 주어진 일정에 따라 자동으로 드론을 전개한다.

▶ Level 4: High Automation
드론은 조종자가 조종할 수 있지만, 항상 조종할 필요는 없다. 드론은 적절한 상황에서 규칙적으로 비행할 수 있다. 드론의 한 시스템이 고장 나더라도 계속 작동할 수 있도록 백업 시스템을 갖추어야 한다. 드론의 동작은 고정된 내장 기능 또는 시스템 동작을 지시하는 규칙에 의존한다. 특정 센서 스택이 장착된 드론은 사람이나 물체를 따라가는 기능이 있다. 이때 비행경로의 장애물을 감지하고 헤딩 또는 고도를 변경하여 충돌을 적극적으로 피한다. 드론이 주어진 임무를 수행하는 방법을 자동으로 변경하면서 임무를 완수할 방법을 스스로 찾는다.

▶ Level 5: Full Automation
5단계 자율성이 드론 산업의 핵심 목표인 도심항공교통과 대형 화물 운반 드론의 최종목표를 위한 수준이다. 드론은 인간의 개입에 대한 기대 없이 모든 상황에서 스스로 제어하고 기동한다. 여기에는 어떤 조건에서든 모든 비행 작업의 전 시간 자동화가 포함되지만, 아직 이런 드론은 개발되지 못했다. 그러나 미래 완전 자율비행 드론이 개발될 것으로 예상할 수 있는 것은 AI 도구를 사용하여 비행을 계획하는 것이다. 즉, 일상적으로 지정된 행동을 수정할 수 있는 자율 학습 시스템이다. 보안 드론을 상상해 보자. 매일 정기적으로 자동 전개하여 공중 순찰 임무를 수행하지만, 특히 취약 지역에 대한 학습으로 취약 지역에 대해서 더 집중적으로 순찰을 강화할 수 있도록 진화할 수 있다. 일단 절차가 완성된다면 드론은 효과적으로 지각할 것이고 모든 단일 응용 범주에서 많은 시간을 절약할 수 있을 것이다.

완전 자율비행 드론 수준까지 해결해야 하는 난제들이 많이 남아 있음을 알 수 있다. 예를 들어 피자 가게에서 피자 한 판을 주문했다고 가정했을 때 드론에 배달해야 하는 집 주소만 입력하면 드론이 이륙해서 일정한 비행경로를 따라 주문자 집 앞에 안전하게 착륙하여 피자를 배달한 후 다시 돌아오는 과정까지 가능한 수준에 와있다. 그러나 비행 중 예측할 수 없는 상황 관리, 기상 악화, 또는 많은 사람이 수시로 모여 있는 장소나 인구 밀집 지역을 회피할 수 있는 이동 경로의 선택 등 위험 상황에서의 의사결정에 관한 문제가 남아 있다. 이러한 애플리케이션 응용 프로그램 기술의 실행 가능성과 상업적 성공을 입증하면 승객을 운송할 수 있는 완전 자율형 드론이 현실화될 것이다.

Q50. 민간 드론의 10대 유망 분야는 무엇이 있는가?

드론이 현대인의 삶을 더 안전하고 편리한 수단이 되었고, 그 끝이 어디인지 가늠하기 어려울 정도로 빠르게 인간의 활동 영역을 확대해 가고 있다. 현재의 드론 기술이 진행형이라면 미래는 인간 생활 곳곳에 드론으로 가득 찰 것으로 보인다. 세계적 추세에 따라 국내에서도 각 지방자치단체에 드론 연구 및 체험 시설 그리고 미래 도심항공교통과 연계한 프로젝트들이 속속 개설되고 있다.

"인간에게 새의 눈을 갖게 해 준 드론 활용은 당신의 상상력에 달려있다."

드론의 활용이 아이디어 차원에서 무한일 수 있음이 입증되면서 인간 생활 속에 깊이 파고들고 있다. 드론이 대중화되면서 드론의 유망 사업을 알아보고 상용 드론과 단순 오락과 취미를 위한 드론의 활용, 그리고 드론 개발자에게는 새로운 아이디어를 제공하는 차원에서 다루었다. 드론의 미래 활용은 이것으로 한정하지 않는다. 예를 들어 드론에 인간의 5감을 감지할 수 있는 센서를 탑재한다거나 인간의 언어를 알아듣고 행동할 수 있는 드론 그리고 로봇과 협업할 수 있는 시스템의 융합이 미래 드론의 모습일 수 있다.

▲ 이 사진을 찍으려면 비행기나 헬리콥터만 가능했다. 그러나 당신의 주머니에서 꺼낸 드론으로 이를 촬영할 수 있다면 가성비뿐만 아니라 당신은 새의 눈을 갖게 된 것에 놀라움을 금하지 못할 것이다.

▲ 드론이 물건을 배송하기 위해서는 많은 장애물을 안전하게 통과할 수 있어야 한다. 드론은 높은 지능을 갖추어야 한다. [출처] https://a57.foxnews.com/

① Drone Delivery Business(드론 배송 사업)

드론 기술이 급성장하면서 세계적인 운송산업 기업들이 드론을 활용한 배송 등 높은 수익을 창출하기 위한 가능성을 인정받았다. 세계 최초로 드론을 이용한 배송이 시연되었던 것은 2016년부터이다. 국내에서는 2017년 육지에서 약 4km 지점에 있는 섬에 드론을 이용해서 우편물을 배송한 사례가 있다. 드론이 소비자가 원하는 지점에 정확하게 물건을 배송하기 위한 임무는 단순해 보이지만, 필연적으로 비행체의 기본에 항행 능력과 비행경로 선상의 각종 장애물을 인지하고 회피할 수 있는 자율비행 능력을 갖추어야 한다. 이를 위해서 드론의 오토파일럿 기능과 "3차원 정밀지도" 등을 탑재하여 드론 스스로 목적지를 안전하게 찾아갈 수 있는 자율비행 능력까지 갖추어야 가능하다. 이외에도 "드론 교통 관리" 체계의 도입으로 그동안 가능성으로만 여겨지던 드론 택배 시대가 앞당겨지고 있다. 드론의 배송 임무는 단지 소비자의 요구에 응하는 것 외에도 외지 또는 고립된 주민에 대한 비상식량이나 의료품을 전달할 수 있는 운반 비행체로 발전시켜야 할 매우 유용한 분야이기도 하다. 드론 기술을 이용한 택배 사업은 계속 확장되겠지만, 많은 규제와 법률, 기술적 오작동 등으로 아직 기대에 크게 미치지 못하고 있다. 드론 택배 산업의 장점은 시간과 공간을 절약하여 배송비의 절감 효과, 그리고 소비자는 훨씬 빠르고 안정적으로 물건을 받을 수 있고 업체와 소비자 모두

▲ 대규모 경작지를 측량하고 작물 생장을 모니터하기 위해서는 드론 농업은 필수이다.

에게 이익이 될 수 있다. 그러나 드론의 비행과 항행 능력 그리고 장애물을 인지하고 회피해서 항행할 수 있는 성능은 점차 향상되고 있지만, 근본적으로 비행체의 능력과 새로운 동력원을 찾아야 하는 근본적인 문제를 안고 있다.

드론의 긍정적 측면 외에도 드론을 사용하는 데 따른 반대 의견도 적지 않다. 미래에는 대부분 인력에 의존했던 활동과 직업이 일부 기술과 로봇공학으로 대체될 것이다. 드론 택배 산업의 발달로 기존 직원들의 일자리 감소와 위축, 그리고 드론 카메라와 GPS 항행 중 사생활 침해에 대한 우려 역시 해결해야 한 과제이다.

② Agriculture Industry(농업)

농업은 인류의 생존과 직결된 가장 중요한 분야이다. 세계적 기후 변화로 인해 농작물 생산에 영향을 주면서 생산량 증대라는 시대적 과제를 안고 있다. 또한, 인구 증가와 기아를 종식하기 위한 세계적 수준의 농업은 기존 농업 역량을 최대 70%까지 늘릴 필요가 있다는 것이 전문가들의 견해이다. 또한, 근본적으로 어렵고 힘든 일을 꺼리는 현상은 농업의 기계화도 시대적 과제이다. 드론은 항공 방제와 씨앗 뿌리기, 경작지 측량, 그리고 농작물 작황을 관리하는 능력은 시간과 비용, 안전 등에서 획기적 성과를 입증했다. 광대한 농토를 조사하고 농작물의 성장을 모니터링하는 작업은 전적으로 비행기나 헬리콥터가 그 역할을 담당해 왔다. 그러나 드론 기술이 발달하면서 농업에 유인 항공기가 수행하던 임무 대부분과 소규모 또는 미세한 농작물을 관리할 수 있으면서 드론 농업이 주목받고 있다.

드론에 부착된 열화상 카메라로 농지 단위 면적당 최적의 비료 필요량을 자동으로 계산하고, 어떤 농약과 비료를 어느 정도 투입해야 할지도 드론으로 축적한 데이터를 통해 자동으로 산출한다. 드론이 열매의 색상을 분석해 작물 상태를 파악하거나 나무에 살충제를 뿌리기도 한다. 이 모든 것은 농경지에 설치한 여러 센서와 이를 수집할 수 있는 사물인터넷 기술이 결합한 결과이다.

드론에 탑재된 센서들 통해 경작지의 토질 상태, 기상, 그리고 작황 정보를 수집하고 이를 분석하는 소프트웨어를 통해 생산성을 극대화할 수 있는 조합이 실시간으로 이루어진다. 이렇게 분석된 데이터는 다시 드론에 전달되어 파종, 비료 살포, 방제 작업 등의 임무를 효율적으로 수행하게 한다. 드론은 기후 변화와 식량 확보라는 인류적 과제에 필수라는 추세로 볼 때 농업 분야에 드론은 앞으로도 혁신적 진보와 발달은 계속될 것이다. 특히 사물인터넷과 드론 기술이 융합한 "스마트 팜(smart farm)" 시대는 미래 농업을 꿈꾸는 젊은 농부의 매력적인 직업군으로 자리 잡을 것으로 기대한다.

③ Urban Air Mobility(도심항공교통)

어느 국가를 막론하고 도심은 심각한 교통혼잡과 자동차 배기가스로 인한 문제를 해결하기 위한 수단으로 이미 오래전부터 "플라잉 카"에 대한 연구가 꾸준히 제기되었다. 이처럼 "플라잉 카"에 관한 희망이 멀티콥터가 활성화되면서 새로운 가능성이 입증되었다. 드론 기술을 바탕으로 "하늘을 나는 택시"라는 새로운 도심항공교통(Urban Air Mobility; UAM)에 대한 가능성이 어느 때보다 커졌다. 도심항공교통은 지상의 제한된 도로망의 한계를 뛰어넘어 공중공간을 활용함으로써 교통혼잡, 소음 및 대기오염이 줄어든 도심 속 승객 수송을 원활히 하고 최적화하는 것이다.

미국에서 이 프로젝트는 2018년 Uber가 개발 계획을 제시했고, 2020년부터 미국 LA와 댈러스에서 시험비행을 시작으로 2023년에 공식화하기 위한 계획이 진행되고 있다. 도심항공교통의 주력 기종은 전기모터로 동력을 공급하는 수직이착륙(eVTOL) 항공기로 대기오염과 소음을 최소화한다. 이 프로젝트를 위한 수직이착륙 항공기의 최대 항속거리는 대략 100km이고, 시속 240~320km로 비행할 수 있을 것으로 예상한다.

▲ 도심항공교통과 버티포트 개념도 [출처] https://www.flyingmag.com

UberAir 드론은 지상 300~600m 고도에서 비행하고, 초기 플라잉 택시는 조종석 1개와 4개의 승객석 형상으로 설계될 것으로 알려졌다. 시험 운행에서 안전성을 인정받는다면 최대 6명의 승객이 탑승할 수 있는 자율비행 드론 택시를 발전시키고자 한다. 이 회사에 따르면 초기 승객 마일 당 5.73달러(1.6km당 36달러)의 비용이 책정되었지만, 사업이 활성화 단계에 이르러서는 승객 마일 당 0.44달러까지 떨어질 것으로 예상했다. 드론 택시(drone taxi) 이용자들은 스마트폰 앱을 이용해서 드론을 호출하고, 버티포트(Vertiport) 건설과 함께 빌딩 옥상에 구축돼 있고 기준에 적합한 헬리패드를 활용할 예정이다. 또한, 대도시권 광역교통에 도심항공교통이 포함될 수 있도록 복합환승센터 구축을 위한 프로젝트도 함께 추진되고 있다.

국내 도심항공교통은 2020년 6월 4일 발표에 따르면 2025년 상용서비스 개시를 목표로 하고 있다. 이 프로젝트에 따르면 도심항공교통은 도시 권역 30~50km의 이동 거리를 목표로 하고 있다. 도심항공교통에 관한 국가적 차원의 투자와 유수 대기업도 적극적으로 사업을 추진하고 있는 상황에서 사업 개발과 이행 과정이 예상보다 늦어지는 것은 법적 뒷받침과 서비스 보안에 대한 이용자들의 회의적인 신뢰 때문이고, 이들 요소가 국가 간 도심항공교통의 발달 수준을 결정할 것으로 본다.

④ Inspection of Commercial Aircraft Using a Drone(드론 검사)

첨단 센서를 장착한 드론의 또 다른 혁신적 아이디어는 항공기, 항공모함, 선박, 정유시설, 기계 공장, 지하 구조물, 건물 등과 같은 대형 구조물을 검사하는 데 활발하게 사용되고 있다. 이들 대형 구조물 전체를 검사하기 위해서는 주변에 여러 대의 대형 크레인을 이용해야 했지만, 고성능 카메라를 탑재한 드론은 구조물의 세밀한 부분까지 접근할 수 있고 사진을 촬영하거나 동영상으로 관심 구역을 정밀하게 검사할 수 있다. 또 다른 장점은 비용이 거의 들지 않기 때문에 언제든지 반복해서 검사할 수 있다.

항공기 검사와 점검 분야에서 드론을 활용해 운송용 항공기를 점검하고 필요한 지원 활동의 효율성을 배가시켰다는 보고에 다른 항공사들 역시 항공기 점검에 적극적으로 드론을 활용하기 시작했다. 실제 A320 항공기의 전체 외부 점검은 약 10분 정도로 마칠 수 있고, 중요 부품과 의심 부분에 대해서는 여러 각도에서 사진을 촬영하여 분석함으로써 육안으로 검사했을 때보다 해상도가 높고 선명한 사진으로 분석할 수 있는 장점이 있다. 현재는 운용자가 드론을 조작하여 원하는 검사를 진행하지만, 사전 프로그램화된 검사경로를 따라가면서 자율기능의 드론으로 발달하게 될 것이다. 드론에 내장된 센서를 사용하여 구조물 형태에서 안전하고 최적의 거리를 결정하여 고해상도 사진을 캡처한 다음 3D(3차원) 해상도로 스캔한다. 드론을 이용한 대형 구조물의 검사는 결정적으로 시간을 절약하고 많

▲ 드론을 이용해서 항공기 외부를 점검하고 있다. 이 기술은 장차 모든 중요 구조물 내외부를 정밀 검사하는 데 활용될 것이다.

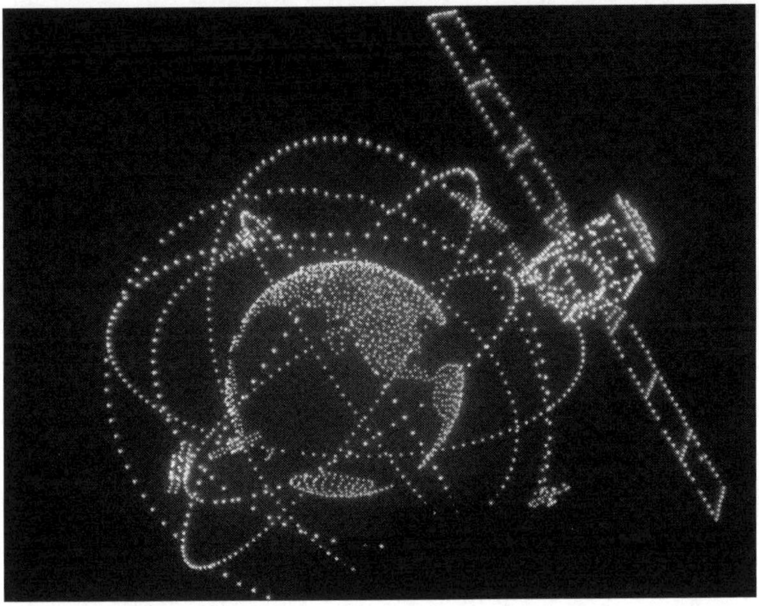

▲ 드론 영상쇼에 최대 3,281대의 드론(2020.10.20.)이 사용되기도 했다.
[출처] https://www.guinnessworldrecords.com

은 인력과 장비를 투입해야 하는 비용과 안전상의 제반 문제의 해결책으로 산업계에서 적극적으로 활용될 것으로 기대한다.

⑤ Drone Lighting Show(드론 쇼)

인텔은 2016년에서 500대 이상의 드론이 다른 드론과의 통신이 없이 독립적인 경로에서 잘 조화된 비행을 달성했다고 발표했다. 군집 드론 쇼에서 각 드론은 반드시 다른 드론과 통신하는 것이 아니라 특정 기동을 위해 독립적으로 프로그래밍되는 잘 조정된 자율비행을 위한 드론 프로그래밍 분야의 발전이다. 일부 대형 행사에 3,000대 이상의 드론이 동원되기도 했다.

드론의 엔터테인먼트 분야에서 기존의 불꽃놀이를 능가하는 놀라운 연출력과 함께 재사용할 가능성을 고려했을 때 거의 무제한의 설계 조합과 무한 자원을 반복적으로 사용할 수 있어 환경 문제에서도 자유롭다.

드론을 이용한 조명 또는 광고 방식은 매연을 줄이고 주변 동식물 생명에 직접적인 영향을 미치는 소음을 낮추는 효과가 있다. 이 분야 선두주자로 인텔은

◀ Intel Shooting Star drone
[출처] https://o.aolcdn.com

"Shooting Star" 초소형 드론을 개발하였다. 이 드론은 무게 330g의 초미니 쿼드콥터이다. 이 드론의 구조는 스티로폼과 경량 플라스틱으로 제조되었고, 라이트 쇼를 진행하는 데 필요한 LED(발광다이오드) 조명을 장착했다. 운용자 컴퓨터에는 공연 직전에 공중에서 안무를 조절하고 비행을 최적화하는 알고리즘을 미리 프로그래밍해 놓았다. 전문가가 사용하는 컴퓨터를 통해 내장 LED로 40억 개 이상의 다양한 색의 조합을 할 수 있는 이들 드론을 동시에 제어할 수 있다.

⑥ Use of Drones in Damage Assessment and Insurance(보험산업)

드론과 보험사업이 어떠한 관련이 있는가 하는 의문이 있을 수 있지만, 손해보험과 보험사가 드론 기술을 활용해 영업을 개선한 것이 세계 5대 시장으로 평가될 정도로 활용성은 높다. 드론의 특징을 최대로 활용하여 피해 지역을 신속 정확하게 판정하는 데 필요한 정밀한 사진과 영상을 촬영할 수 있을 뿐만 아니라 측량기술을 활용해서 피해 지역을 실시간으로 측량할 수 있는 장점이 있다.

보험산업에 드론을 적용하는 목적은 손해가 발생한 후 재산에 대한 신속하고 효율적인 검사를 통해 신속하게 피해평가를 하고 피보험자가 보험사의 서비스에 대해 지불하고 만족하도록 하기 위함이다. 손해가 발생한 후 재산검사를 적용하는 것만이 이 기술을 사용하는 유일한 이유는 아니다. 보험계약 전 자산 가치를 평가하는 데 활용된다.

대형 화재나 태풍과 대규모 피해가 발생했을 때 헬리콥터 또는 비행기를 활용하지 않고는 피해평가가 쉽지 않았으나 드론의 투입으로 인적 물적 절감 효과는 기대 이상이다. 특히 자연 재난으로 인한 피해는 매우 광범위하고 때로는 긴급할

▲ 드론의 이용한 피해 지역 산정

수 있어 가능한 한 빨리 점검하고 수리하는 것이 중요하다. 재난 지역은 접근이 어려워 조사원이 사고 위험에 노출될 수 있고 조사를 위해서 장기간 상주해야 하는 어려움도 있을 수 있다. 이러한 현장에 드론을 투입한다면 드론을 관리할 조종자만으로 원하는 작업을 수행할 수 있다. 이 분야에 문제를 제기할 수 있는 유일한 제한은 규제나 드론 사용에 관한 법률이다.

⑦ Search and Rescue(수색과 구조)

국민을 보호하는 것은 국가의 책무이고, 이를 위한 육상 및 해상에서 사고가 발생했을 때 현장을 신속하게 발견하고 구조대를 투입할 수 있도록 다양한 수색 및 구조장비를 갖추고 있다. 우리는 수색 및 구조 임무에 대부분 헬리콥터가 투입되고 지상에서는 수색견을 동반한 연인원 수백 명의 인원이 투입되었다는 뉴스를 자주 접하곤 한다. 그러나 드론을 이용한 항공 실시간 동영상은 원거리나 근거리 물체를 촬영하여 통제소에 전송하는 방식의 새로운 개념의 수색과 구조 임무가 자리 잡게 될 것이다.

드론을 사용함으로써 비용뿐만 아니라 환경오염도 현저하게 줄일 수 있다. 드론을 활용한 수색구조 임무에서 유일한 단점은 짧은 비행시간으로 대부분 드론의 경우 약 30분 내외로 드론 기술이 해결해야 하는 주요 과제 중 하나이다. 이 문제

▲ 드론에 탑재된 열화상 카메라로 조난자 구조
[출처] https://www.dslrpros.com/

가 해결된다면 드론은 수색과 구조 임무의 주요 임무를 수행하게 될 것이고, 조난자의 생명을 구할 수 있는 확률은 크게 높아질 것이다. 드론과 3차원 지형정보의 결합은 수색 경로와 수색 패턴을 정밀하게 계획하고 예측할 수 있어 수색과 구조에 필요한 결정을 내리는 데 큰 도움이 될 것이다.

⑧ Surveillance Drones(감시산업)

얼마 전 보안경을 착용한 중국 공안이 시민을 보는 것만으로 그 사람의 개인정보 및 신체 온도를 현장에서 확인할 수 있는 기술을 선보였다. 이 기술에 분명한 찬반 논란을 불러일으켰다. 드론에 이 기술을 접목했을 때 공중에서 수많은 사람의 개인 정보를 쉽게 판단하고 범죄 경력이 있는 사람을 식별해 낼 수 있는 긍정적 측면이 있지만, 모든 시민이 잠재적 감시 대상이 된다는 점에서 심각하게 우려하고 있다. 이것이 이론적으로만 가능했던 "빅 브라더(big brother)" 실현이 아닌가 하는 의심을 거둘 수 없기 때문이다.

▲ 드론과 얼굴 인식 기술의 접목은 찬반 논란이 치열하지만, 확실한 것은 권력자들의 사회통제 수단으로 활용되었을 때 "빅 브라더"는 현실화될 것이다. 범죄 예방이라는 긍정적 측면이 없지 않으나 불법 활용에 대한 철저한 사회적 합의와 관리 감독이 필요하다. [출처] https://www.ifsecglobal.com

군에서 드론은 이미 오래전부터 무인기를 감시용으로 사용해 왔다. 경찰 역시 이미 교통, 거리, 도주범 검거에 결정적 위치 추적 위해 드론을 이용하고 있다. 드론에 얼굴 인식을 접목하기 위한 기술은 전 세계 유수 스타트업 전문가들이 기술의 상업화를 위한 연구와 노력이 집중되고 있어 이 기술의 상용화는 시간문제이다.

최근 개발된 감시 드론으로 스캐너 드론(Scanner Drone)이 있다. 이 쿼드콥터는 탄소 섬유로 제작되었으며 전형적인 경량 드론으로 1회 충전으로 약 11분 동안 비행할 수 있는 것으로 알려져 있다. 앞서 언급한 것과 같이 감시용 드론이 얼굴 인식과 개인 정보를 인식하는 기술 개발은 막을 수 없다. 이에 이들 유형의 드론은 운용을 법으로 엄격한 규제가 필요한 분야이다. 이들 드론을 제작하거나 운용하는 회사들은 많은 정부 기관, 공공 안전 및 민간 부문과 협력해야 할 것이다. 첨단 과학의 발달과 "빅 브라더" 탄생의 가능성의 아이러니는 현대 사회에 던져진 피할 수 없는 화두가 되었다.

⑨ Sport & Racing(스포츠와 레이싱)

오늘날 드론 상업화에 성공할 수 있었던 배경에는 누구나 쉽게 그리고 집안에서도 드론을 날려 볼 수 있도록 소비자 친화형 기능을 대거 접목했기 때문이다. 따라서 오락용 드론은 별도의 자격증 없이도 공원이나 집 마당 공터에서 날릴 수 있다. 이처럼 드론을 날리는 것이 재미있다는 것을 인식하게 되면서 드론의 무한 가능성에 매료되기 시작할 것이다. 드론의 스포츠화에 기여한 것이 드론 레이싱(drone racing)이고, 이를 위한 드론 레이싱 리그(Drone Racing League; DRL)가 발족했다. 드론은 지상에서 몇 피트 위에서 시속 80~90km 이상으로 비행한다. 이 분야에서 세계 최고속도는 2017년 시속 288km를 기록하기도 했다. 드론 레이싱을 위해서는 FPV 고글을 착용했을 때 실제 조종실에서 조종하는 것과 같은 느낌이 들게 되는 것도 또 다른 흥미이다. 드론 레이싱에서 승리하기 위해서는 조종자는 매우 빠른 반응과 눈과 손의 협업이 필수이다. 드론 레이싱이 스포츠로 자리를 잡아가면서 스타워즈 게임과 같은 위상이 높아질 것이다.

⑩ Weather Forecasting(기상 예보)

기상(weather)은 자연현상으로 인간이 인위적으로 조절할 수 없지만, 예보할 수 있다면 사전에 대비하여 피해를 최소화할 수는 있다. 전통적으로 기상관측은 기상 기구, 라디오존데, 기상 정찰기, 레이더, 인공위성 등을 통해 기상 관련 데이

▲ 드론 레이싱을 위한 세트 [출처] https://content.assets.pressassociation.io

터를 수집해 왔다. 그러나 국지적으로 발달하는 기상 예보에 관한 한계와 비용 그리고 위험성 때문에 제한적으로 이루어질 수밖에 없다. 이 한계를 드론이 보조한다면 더 완전한 기상 예보를 얻을 수 있을 것이다. 뇌우 또는 토네이도와 같은 악기상에 관한 실시간 자료를 수집하기 위해서는 차량이나 비행기를 띄워야 했지만, 이제 드론이 훨씬 더 저렴한 비용으로 같은 작업을 수행할 수 있다.

드론에서 보내온 실시간 데이터나 영상은 날씨를 더 잘 예보할 수 있게 될 것이고, 기상 예보는 이전보다 훨씬 더 정확해질 것으로 기대한다. 인간과 동식물은 기후 변화와 밀접한 관계가 있으며, 이들의 생명을 좌우할 수 있다. 지구인의 활동에 기온, 습도, 강수, 바람 등의 기후인자뿐만 아니라 홍수, 호우 폭설, 폭풍, 해일, 그리고 태풍 등 자연재해는 인간과 동식물 활동에 미치는 영향은 생존까지도 위협할 수 있다.

지구온난화와 같은 기상이변은 태풍, 폭설 등으로 산업 전반에 걸쳐 막대한 경제적 손실을 초래하지만, 기상 예측을 사업의 기회로 삼고 있는 기업들도 늘고 있다. 그만큼 기상(기후)의 중요성은 높아졌다. 첨단 기상 드론은 기상학자들이 기상 상태를 더 잘 조사하고 예측할 수 있을 것이고, 왜 폭풍이 발생하는지 더 명확하게 알 수 있을 것이다. 예를 들어 폭풍을 예측하는 데 10분이 걸리는 지금과는 달리 훨씬 더 빨리, 심지어 1시간 전에 예측할 수 있다면 이것은 수천 명의 생명을 구할 수 있을 것이다.

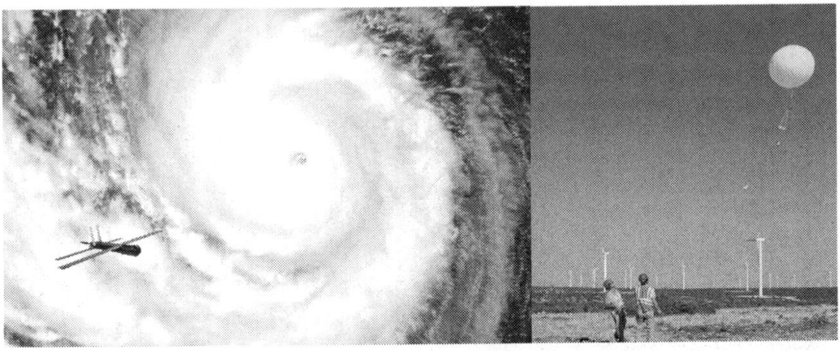

▲ 드론은 사람이 하던 일과 기상 정찰기의 역할을 더 완전하게 대체해 나갈 것이다.

Q51. 군사용 드론과 미래의 전장은 어떠한 변화가 있을까?

군용 드론은 초기 표적용 항공기의 개발로부터 시작되어 현재 잘 드러나지 않지만, 상당한 진화를 했을 것이고, 미래 전장에서 드론은 핵심 역할을 할 수 있음을 어렵지 않게 예측할 수 있다. 군은 한 국가 방위의 최후 보루로서 현대화는 피할 수 없는 과제이다. 첨단 기술을 최대로 활용하고, 그 과정에서 군비를 절감할 수 있다. 현재 드론의 발전 추세로 볼 때 군용 드론은 머지않아 적극적 전투에 참여할 수 있는 전사(warriors)로서 활약하게 될 것으로 예상한다.

드론은 이미 1918년 전부터 활용되었으나 단순한 무선조종 항공기의 역할을 했기 때문에 많이 사용되지 않았다. 최근 들어 자율비행 수준의 드론이 개발되기 시작하면서 미래에는 이들 드론의 활약상이 입증되고 있다. 초기 드론은 항공기 제작 국가들의 전유물처럼 활용됐으나 보편적 기술의 진화로 이제는 대부분 국가에서 드론을 전투와 정찰 및 감시 그리고 보급품 운반 등 다목적으로 드론 활용을 연구하고 있다.

현재 드론 기술은 다소 제한적이지만 매년 비약적으로 성장하는 추세다. 드론은 점점 더 작아지고 조용해지고 더 가벼워지고 있다. 이 기술은 더 나은 능력으로 더 긴 비행시간을 허용하고 있다. 드론은 생명의 직접적 위협이 존재하는 전장에서 인간을 대신해서 싸울 수 있어 병사들의 생명을 보호하는 데 결정적 역할을 한다. 정찰 요원이 정찰 임무를 수행하기 위해 초소형 드론을 날려 주변 및 공중에서 정보를 수집할 수 있다.

초기 군용 드론의 주요 용도는 정찰과 감시 임무로만 한정되었다. 그러나 최근 AI 기술이 발달하면서 인공지능과 다른 로봇 플랫폼이 통합 전투 능력을 갖추었

◀ 현대전에서 소형 드론은 정찰 요원의 필수 장비이다.

▲ 다양한 무장 드론 투발 수단이 시도되고 있다.

고 드론은 미래 전쟁의 무기(weapons)가 될 가능성이 크다. 현대 드론의 특성이 초소형이면서 군집비행에서 볼 수 있듯이 대량 생산이 가능하여 역사상 가장 사용하기 쉬운 무기 중 하나로 다양한 발사 플랫폼으로 공격과 반격에 사용될 수 있다. 드론이 전장에 투입되는 상황을 가상했을 때 미래 전장은 마치 비디오 게임을 하는 듯한 착각을 하게 될 상황이 전개되지 않을까 한다. 드론, 무인 선박과 잠수함, 전투 로봇 그리고 무인 탱크 등 대부분 무기체계가 무인화 추세라고 본다면 미래 전쟁은 컴퓨터 게임을 연상하는 것도 무리는 아닐 듯싶다.

드론이 소형화와 경량성 그리고 군집비행 능력과 함께 민첩한 기동성을 갖춤으로써 대공화기로 격추가 쉽지 않다는 점에서 더 위협적인 존재로 등장했다. 이에 스텔스 기능의 드론은 현재 개발이 진행 중이며 전쟁 방식에 큰 변화를 줄 것으로 예상한다. 스텔스 전투기가 제공권의 최상위 전투력이라는 점에서 스텔스 드론 역시 미래 전쟁을 주도하게 될 것이다. 드론의 군집비행은 이미 실현되었다. 제2차 세계대전 당시 미군 항공모함으로 격침하기 위한 최후의 수단으로 조종사가 자신의 전투기를 몰고 항공모함에 돌진했던 사례에서 무인항공기는 얼마든지 투입할 수 있고, 대규모 떼를 지어 목표물에 돌진한다면 이들 모두를 격추하는 것은 현재 기술로 매우 어렵다.

드론은 머지않아 완전 자율비행이 가능한 수준에 이르게 될 것이고, 전투 환경에 투입되는 것이 새로운 것은 아니지만, 그 위협과 위력은 점점 더 커지고 있다.

▲ MQ-9 Reaper 공격용 드론

실제 언론에 공개된 공격용 드론 사례로는 부시 행정부에서 총 50회의 무인기 공격을 허가했고, 오바마 행정부는 506회의 무인기 공격(drone attack)을 승인했다. 트럼프 대통령이 첫 3차례의 드론 공격을 승인하는 데 걸린 시간은 주말이었다. 이 공격은 예멘의 알카에다 조직원들을 겨냥한 것이었다. 이들 공격에 사용된 많은 드론은 수백 마일 떨어진 곳에 있는 조종자에 의해 작동되는 리퍼 또는 프레데터(Reaper or Predator) 드론으로 알려져 있다.

군사용 드론이 로봇 전사를 향한 첫걸음이 될 수 있다. 실제 공상과학에서나 존재하는 상상의 세계가 현실화되고 있음을 볼 수 있다. 드론은 사람이 조종하는 나르는 일종의 로봇이다. 미래를 상상하는 영화에서 로봇이 전쟁을 치르거나 심지어 인간과 맞서 싸우는 로봇에서 때로는 섬뜩함을 느낀다. 기본적으로 전투용 드론은 하늘을 날 수 있는 로봇으로 인간이 조종하는 로봇이다. 이런 기술의 미래는 드론을 비행 로봇으로 바꿀 수 있고 로봇 전사로 이어질 수도 있다. 현재는 인간은 여전히 통제하에 있지만, 스스로 학습능력이 가능하도록 자율성을 부여했을 때 인간과 대립은 피할 수 없을 것이다. 따라서 군사용으로 개발된 드론 기술이 너무 앞서갈 수 있다는 점에서 논란이 크다.

현재의 기술 발전이 계속됨에 따라 기계가 인간의 삶과 죽음의 결정권을 가질 수 있다는 것이다. 실제 스티븐 호킹 박사와 일론 머스크로부터 이 기술에 대한 경고가 있었다. 이들은 드론 기술은 "화약과 핵무기에 이어 전쟁의 세 번째 혁명"이라고 말할 정도로 드론은 인간을 보조할 수 있는 수단이 될 수 있지만, 분명 인간을 위협할 수 있는 존재이기도 하다.

드론은 군사 전략과 정보수집 절차에서 매우 중요한 부분이다. 드론의 투입으로 이제는 군사 전략이 바뀌지 않으면 안 된다. 드론은 그 존재만으로 전투 환경

▲ 미래 무인 전투기는 유인 전투기와 무인 전투기의 협동작전 또는 단독으로 공중전을 수행할 수 있는 자율성을 높이는 방향으로 진화하게 될 것이다.

에 큰 변화를 초래할 것이다. 미 공군에서 개발한 스카이보그(Skyborg)는 자율적으로 이륙, 착륙, 악기상 조건에서의 비행, 전투 수행 등 다양한 능력을 갖추고 있어 유인 전투기를 완전히 대체할 수 있을 것으로 예상한다. 이 드론은 최신 AI 기술을 기반으로 설계돼 경험과 함께 적응하고 개선할 수 있다. 이 무인 전투기는 스스로 작전을 계획하고 전장에 들어서면서 새로운 전술과 전략을 익히는 비행기로 진화하게 될 것이다.

우리는 밤하늘을 아름답게 수놓은 군집 드론의 연출 기술에 감탄한다. 하늘에 떠 있는 수백 대의 드론이 충돌하지 않고 조종자의 통제에 따라 자유자재로 동작을 연출할 수 있는 이면의 기술에 놀라움을 금치 못한다. 군집 드론을 군사 목적으로 활용될 수 있음은 누구나 상상해 볼 수 있다. 군집 드론은 연출자의 프로그램에 따라 오류 가능성이 거의 없이 스스로 매우 복잡한 군사 작전을 수행할 수 있다. 미래 전장에 투입된 드론의 임무 수행 과정에서 인간 참여와 상호작용 없이 자율적 판단에 따라 실패와 위험 가능성을 최소한으로 줄일 것이다. 이에 미래 전장은 드론 무리가 점점 더 활약할 수 있는 기술적 선택이 될 가능성이 크다.

드론은 해상 감시에 편리한 수단이다. 드론은 수중 잠수함을 탐지하는 데 이용되었고 필요에 따라 수중 표적을 공격할 수도 있다. 이외에도 해군 드론이 바닷속을 자율 주행하며 상대 잠수함 탐지에도 탁월하다. 미래 해군의 작전은 현재와는 크게 달라질 것이다. 일부 해군 전용 드론은 잠수함을 추적하고 공격할 수 있는 능력을 갖추게 될 것이다. 이처럼 해상과 수중 작전의 미래는 이러한 능력이 발전

▲ 드론과 합동 작전을 수행하는 항모전단

함에 따라 완전히 바뀔 것이다.

드론의 출현과 드론 기술의 발달은 전장에서 공격 전략과 방어 전략 모두 현대군의 전략을 획기적으로 바꾸고 있다. 미래 전장에서 드론 기반 전략을 실행하는 데 있어 공군, 육군, 해군의 역할을 포함한다. 군인들은 더 이상 지상군에게 필요했던 강도 높은 체력 수준이 필요하지 않을 수도 있다. 대신 드론 임무를 계획하고 수행하는 병사들의 능력이 더 중요할 수 있다. 이것은 강인한 체력보다는 미래 전장을 주도할 각종 무인 무기체계를 인식하고 효율적으로 활용할 수 있는 능력에 더 많은 관심을 두게 될 것이다. 실제 전장 행동의 상당 부분은 온갖 종류의 드론이 수행할 것이다. 군 지휘관과 전투 개발 연구원들은 드론이 군조직 자체를 변화시킬 수 있다는 것을 인식하고 드론 기반 전장 개념을 수립해야 할 것이다. 군사용 드론은 우리가 생각했던 것보다 점점 더 그 존재 가치가 높아지고 있는 것은 명백하다.

미래 전장에는 드론의 존재가 군 작전의 일부 때로는 전부를 차지할 정도로 확대될 것이다. 미래 AI 기술과 결합하고 스스로 학습할 수 있는 드론은 운동 기술, 시각 기술, 그리고 언젠가는 인간의 능력을 뛰어넘는 감각 기술을 갖추게 될 것이다. 그러므로 전장에서 드론은 무엇보다도 신뢰성이 높고 안전하다는 것이 최대 장점이다. 게임 속의 전장 환경을 결코 상상으로만 여길 수 없는 것은 게임 속의 전장이 하나씩 현실이 되고 있다.

Q52. 유무인 항공기의 통합 작전 성공 여부를 보여준 MUM-T는 무엇인가?

2000년대 초반 미 공군은 아프가니스탄에서 정밀 표적 타격을 위해서 건십 AC-130과 무인정찰기 MQ-1C로 구성된 멈티 작전 개념을 수립했다. 무인정찰기 MQ-1C는 탑재된 센서를 통해서 실시간으로 지휘소와 건십 AC-130 조종실에 영상 및 관련 정보를 전송했고, 건십(gunship) AC-130은 이들 정보를 받아 주요 표적을 정밀 타격했다. 군작전에 무인기의 투입이 이미 오래전부터 이루어졌지만, 이 작전에서 유인기와 무인기가 하늘에서 동시 작전을 성공한 유의미한 결과를 얻었다. 이 같은 작전 개념이 가능할 수 있었던 것은 드론의 발달이 배경이 되었고, 점점 더 스마트한 드론이 등장하면서 유무인 항공 작전 개념은 더 확대되고 있다.

최근 미 해군은 무인 공중급유기가 비행 중인 전투기에 공중급유하는 데 처음으로 성공했다. 드론이 발달하면서 정찰과 공격 기능 외에 공중급유까지 유인 항공기와 무인항공기가 합동작전하는 "멈티"(MUM-T; Manned-Unmanned Teaming) 편대 시대가 현실화되고 있다. "멈티"는 유무인 복합운용 체계를 의미한다. 대부분의 공중급유는 전문적으로 훈련받은 조작자가 기류 등의 영향을 받는 3차원 공간에서 고속비행하는 항공기 사이에 이뤄지는 것이어서 고도의 기술이 필요하다. 무인기를 이용한 공중급유에 성공한 기술을 바탕으로 다양한 공중급유 기술이 발달할 것으로 예상한다. 예를 들어 전투기 연료가 거의 떨어졌을 때 소형 무인 공중급유기를 급파하여 연료를 공급한 후 자폭하거나 추락시키는 방법도 연구될 수 있다.

MQ-25는 항공모함에 탑재되는 함재 무인 공중급유기로 개발되어 F/A-18 E/F(슈퍼호넷), F-35C 스텔스기 등에 공중급유 임무를 수행한다. MQ-25의 개

▲ AC-130(gunship)과 무인정찰기 MQ-1C의 멈티 작전

▲ 무인기(MQ-25)가 고도의 기술이 필요한 공중급유에 성공함으로써 함재 전투기를 비롯한 항공기 작전 반경이 크게 넓어졌다.

발로 이들 전투기의 작전 반경이 현재의 640㎞에서 1280㎞ 이상으로 2배 이상 확장되었다. MQ-25는 길이 16m, 날개 너비 23m(접으면 9.5m), 높이 3.4m로 제법 큰 무인기다. 항속거리는 최대 930km이고, 장거리 고고도 무인정찰기 "트리톤(해상형 글로벌호크)"에 장착한 것과 같은 강력한 롤스로이스 터보팬 엔진 1기를 탑재했다. 날개 아래에는 무장 장착대 2개가 있고, 왼쪽 날개 아래에 초밤 공중급유저장소(Cobham Aerial Refueling Store) 1기를 장착한다. 한 번에 최대 15,000파운드의 연료를 운반할 수 있다.

이런 기본 임무 외에도 다른 드론처럼 정보, 감시, 정찰 임무도 맡을 수 있다. 이 무인기는 완전 스텔스 성능을 갖추지 않았지만, 인렛 등 기체 일부에 레이더에 잘 탐지되지 않는 저피탐 설계가 적용돼 기존 공중급유기보다 뛰어난 스텔스 성능을 갖고 있다. 미 해군이 도입 중인 F-35C 스텔스기와 함께 적 대공망으로부터 비교적 안전하게 작전할 수 있을 것으로 예상한다.

보잉은 호주 공군과 "로열 윙맨(Loyal Wingman)"이라는 무인 전투기를 개발하고 있다. 조종사 대신 전투 임무를 수행할 충성스러운 호위기라는 의미로 인공지능(AI)이 제어한다. 이 무인 전투기에 탑재된 첨단 센서를 이용해 정찰 및 감시뿐만 아니라 제한된 공중전과 유인 항공기를 보호하는 임무 등을 수행한다. 무인 전투기의 손실 가능성이 크다고는 하지만, 결정적으로 조종사의 생존성을 높일 수 있고, 저렴한 비용으로 대량 생산할 수 있는 장점이 각국에서 경쟁적으로 "멈티" 작전 개념을 발전시키고 있다.

▲ 공격헬기(AH-64)와 무인정찰기의 조합은 전형적인 MUM-T 작전 개념이다.

미래 전장에 로봇 군인의 참전은 이미 오래전 공상과학 만화나 영화에 등장하였지만, 오늘날 현실이 되고 있음을 직감하고 대비하지 않으면 안 되는 상황이 되었다. 유무인 복합체계 개념이 항공 작전에만 국한하지 않고 로봇과 무인 선박 그리고 무인 잠수함의 복합체계를 구성한다면 이 개념은 무한으로 확대될 수 있다.

우리의 첨단 기술력은 유무인항공기의 합동 작전의 효율을 높이기 위한 기술적 배경은 그 어느 나라에 비해 높다. 다만, 이를 기술적으로 융합시킬 수 있는 전체적 설계가 절실하다. 재래식 전투로 인명피해가 발생하는 것을 최소화해야 한다는 절대 과제는 "멈티"가 대안으로 떠오르고 있다. "멈티" 작전의 도입으로 인명피해를 줄이는 동시에 임무 수행의 시너지 효과를 극대화할 수 있을 것이다.

현대전에서 MUM-T 기술과 기능은 미래 항공기가 개발되는 방식뿐만 아니라 미래의 전쟁을 수행하는 방식에도 큰 변화를 초래할 것이다. 단순히 MUM-T 환경은 유무인 복합운용 체계라고 볼 수 있지만, 이를 실현하기 위해서는 유인 플랫폼에 대한 조종사 능력과 업무 증가로 인한 영향도 함께 고려해야 한다는 점에서 항공 의학적 그리고 인적요소도 함께 고려해야 한다. 유무인 복합운용 체계는 인간-기계 인터페이스(human-machine interface; HMI)에 영향을 미칠 수 있는 요인이다.

KAI(한국항공우주연구원)는 최근 수리온 기동헬기와 소형무장헬기(LAH) 그리고 드론을 결합한 "멈티" 작전 개념을 소개했다. 적 대공화기로부터 공격을 받을

▲ KAI LAH와 수리온 헬리콥터의 버전 MUM-T 개념은 작전 성공률과 조종사 생존성을 높일 수 있다. 이 개념의 민간 도입도 활발해질 것으로 예상한다.

수 있는 지역 또는 정찰 및 감시가 필요한 구역에 접근하여 헬기에서 드론을 발사한다. 드론은 작전 구역을 비행하면서 지휘소에 실시간 영상 정보 등을 제공한다. 이 같은 합동 작전으로 정찰 및 감시 임무는 지상부대의 도움 없이도 탑재된 무기로 공격하거나 때로는 드론 자폭 공격 등을 수행한다.

미래 전장에 드론을 출격시킴으로써 다양한 전술적 효과를 거둘 수 있음을 충분히 예측할 수 있다. 드론의 기술적 수준이 유인 항공기의 통제를 받으면서 주어진 임무를 수행하지만, 기술적 진화가 좀 더 진행된다면 멈티 작전 개념은 더 확대될 것으로 본다. 무인항공기의 전투 능력은 단연 조종사의 생존력을 높일 수 있고, 동시에 드론이 표적을 정밀 타격할 수 있도록 AI 기술과 원격조종 정밀도가 높아졌기 때문이다.

멈티는 군작전뿐만 아니라 재난, 대형산불 현장에서 수색 및 구조에도 활용될 수 있다. 이 작전의 가상 시나리오는 적진에 고립된 아군의 위치를 수색하기 위해서 원거리에서 소형 드론을 출격시켜 은밀하게 적진을 수색하여 아군의 위치를 찾아낸 후 구조헬기를 긴급 투입해서 구출하는 작전이다.

Q53. 드론 방어책은 무엇이고 어떤 기술이 있는가?

드론의 발전과 무한 확장 가능성은 전문가들의 일치된 견해이다. 드론의 기술력이 발달하고 대중적 인기를 받으면서 부지불식간에 범법자가 될 수 있고, 일부에서는 의도적으로 사생활 침해라든지 불법 행위가 자행되고 있다. 이러한 생활 속 불법 행위는 적절한 홍보와 단속으로 대처할 수 있지만, 공항, 항공기, 원전 시설과 같은 국가 중요산업시설에 대한 테러 행위는 일반적 대응 접근이 아닌 국방 차원의 대처가 시급한 것이 현실이다. 군사 분야에서 공격 및 정찰용 드론 개발은 국방적 과제가 되었지만, 이를 뒤집어보면 이를 방어하기 위한 대책도 필수이다. 현재는 가정에 불과하지만, 공격용 드론은 수백 또는 수천 대를 한꺼번에 발진시킨다면 이를 어떻게 요격할 것인지에 대한 드론 방공망 구축이 긴급 과제로 떠올랐다.

국내에서도 불법 드론을 감시하고 무력화하기 위해 정부는 2025년까지 "드론 캅(drone cop)" 프로젝트 지원에 나섰다. 과학기술정보통신부는 사회 전반에 드론이 일상화되는 시점에 성행할 것으로 예상하는 불법 드론을 퇴치할 수 있는 시스템을 사전에 구축하기로 했다. "드론 캅"은 레이더가 닿지 않는 사각 지역을 순찰하고 불법 드론이 발견되었을 때 추적하거나 전파를 쏴 기능을 마비시킬 수 있다. 지상에서도 비슷한 감시, 교란 기능을 담당할 레이더 시스템을 이용해서 경찰이 불법 드론을 확보해 신원 등을 조사할 수 있는 기술도 개발할 것이다.

드론 기술의 빠른 발전과 이들의 잠재적 위협에 대한 인식이 높아지면서 드론의 탐지와 요격 그리고 격추할 수 있는 드론 대응책(drone countermeasures) 시장이 급성장하고 있다. 그러나 드론 기술의 융통성이 광범위한 만큼 신뢰할 수 있는 탐지와 요격 메커니즘을 찾아야 하는 새로운 과제에 직면했다. 드론 대응책이 당면과제로 등장하면서 다양한 아이디어 제품이 출시되고 있지만, 상황에 따라서 모든 드론에 적합하지 않아 적절한 대책을 선택하는 것은 쉬운 일이 아니다. 드론 대응책을 마련할 때 주변 공역과 관련 법률은 물론 각 대응책에 대한 타당성, 찬반 등을 고려해야 한다. 단일 산업 내의 모든 위협이나 조직에 대해 단일 대응이 이상적이 아니라는 의미이다.

드론 대응책을 개발하기 위한 필수 조건 중 하나는 드론의 특성을 철저하게 분석하는 것이다. 드론은 하나의 비행체에 불과하지만, 드론을 움직이는 소프트웨

▲ 드론 기술이 인간의 활동 영역에 깊숙이 파고들면서 분명 유용한 측면이 있지만, 다른 한편으로는 드론의 불법 활용에 대한 대응책이 또 다른 드론 산업의 한 축으로 성장하고 있다.

어와 센서들의 특징을 분석해서 이를 무력화하는 기술이 개발되고 있다. 드론은 각종 소형전자부품의 집합체이기 때문에 전파를 역이용하고, 레이저를 쏴 무력화하는 기술이 보편적이다.

최신 군용으로 개발되는 드론의 특징이 소형이면서 단순하고 대량 생산이 가능하며 조종자 한 명이 수십 혹은 수백 대의 드론을 조종할 수 있다는 점이다. 이들 군집 공격 드론을 방어하는 대책은 아직은 상상 단계에 있지만, 하늘에 보이지 않는 투명막을 쳐 이 장벽에 부딪힌 드론의 기능을 마비시키는 기술이 논의되고 있다.

또 다른 드론 방어책 산업은 드론의 존재를 신속 정확하게 탐지하는 기술이다. 미래의 공격 드론은 소형이고 은밀한 장소에 숨겨 두었다가 지정된 프로그램에 따라 임무를 수행할 수 있다. 때로는 임무를 수행한 후 다시 원래 위치로 돌아와 또 다른 명령을 기다리거나 아니면 새로운 명령을 부여받을 수 있다. 드론 기술은 어느 순간 인공지능(AI)을 갖추게 되었을 때 더욱 탐지와 요격이 어려울 수 있다. 공격과 방어의 무기체계는 끊임없는 진화에 진화를 거듭하게 될 것이다.

드론 대응책은 법적 대응책, 수동적 대응책, 그리고 적극적 대응책이 논의되고 있다. 앞서 언급한 것과 같이 드론이 일상화되면서 문제 발생 가능성도 그만큼 커졌다. 최우선 드론 방어책은 드론 운용자들에게 불법 드론에 관한 지속 가능한 계도 활동을 펼치는 것이다. 이것은 드론 운용자가 얼마든지 자신도 모르게 드론의 불법 운용에 대한 유혹에 빠질 수 있기 때문이다.

첫째, 법적 대응책

드론 대응책의 가장 쉽고 효율적인 방법은 법적 대응이다. 그러나 이것은 어디까지나 드론 운용자와 드론 제작자의 적극적 참여가 전제되어야 한다는 점에 한계가 있다. 대부분 드론 제작자는 법 규정에 따라 제작하지만, 문제는 DIY 드론이다. 비록 저급한 기술로 제작된 드론이라도 기본 드론 기능은 충분히 수행한다. DIY 드론에 고급 센서 및 소프트웨어를 교체할 수 있다. 예를 들어 지오펜싱(geo fencing) 기능을 보자. 이 기능에 대한 찬반 의견이 존재하지만, 분명한 것은 특정 공역이나 시설에 부주의하게 침입하는 것을 막아주는 아주 유용한 기술이다. 드론에 탑재된 소프트웨어 프로그램은 GPS 또는 무선 주파수 식별(RFID)을 통해 비행금지구역의 경계를 한정한다. 그러나 모든 드론이 이 기술을 사용하는 것은 아니며, 결정적으로 우회할 수 있는 기술이 존재하고 오늘날에는 신뢰성 있게 사용하기 어려운 몇 가지 다른 접근법이 있다.

이를 위해 특정 크기와 성능 이상의 드론은 반드시 등록할 것을 법으로 정하고 번호판과 함께 조종자 자격(등록)증명을 부여하는 것이다. 이것은 항공기의 한 종류로서 최소한의 조치이다. 실제 오락이나 취미용 소형 쿼드콥터와 같은 무게와 크기가 매우 작은 드론을 제외한 모든 드론은 관계 당국에 등록을 의무화하고 조종자가 보고해야 하는 사항들이 포함되어야 한다.

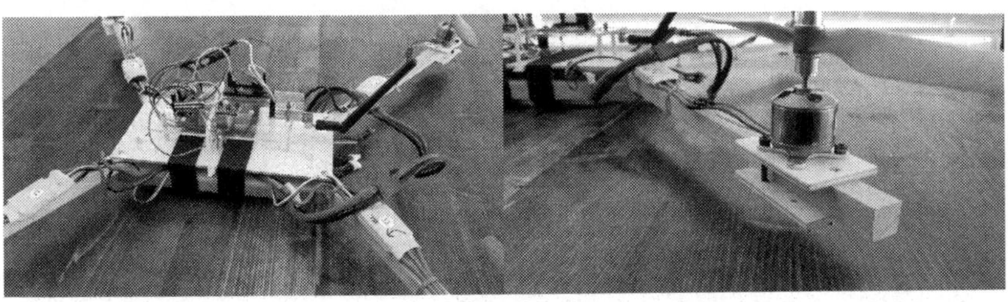

▲ DIY 드론 제작 모습이다. 드론 키트를 구매해서 조립하거나 각 부품을 구매해서 조립하는 동호인이 늘어나고 있다. 이러한 경향은 점점 더 많아질 것이다.

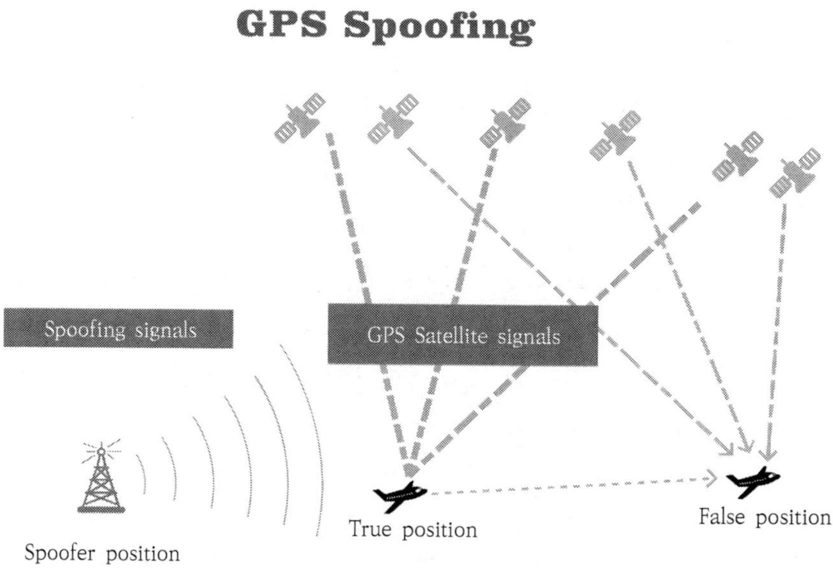

▲ GPS 스푸핑은 드론을 조종자가 원하는 지점이 아닌 다른 지점을 향하도록 기만하는 기술이다.

드론 탐지 시스템에는 드론이 비행한 경로를 기록할 수 있는 블랙박스를 탑재해야 하고, 기록 내용은 날짜 및 시간을 포함한 다른 모든 데이터와 함께 저장된다. 이들 기록 및 데이터는 조사 목적으로 관계 당국의 요청이 있을 때 언제든지 응해야 한다. 이 대책은 여러 가지 이점을 제공한다. 이를 통해 단체는 드론 소유자를 식별할 수 있으며, 어떠한 불법 행위가 이루어졌을 때 관계 당국을 통해 해결되기 때문에 보고 조직이나 단체에 대한 투명성이 높아지고 책임 한계를 명확하게 할 수 있다. 그러나 자가제작(DIY) 드론이 급증하면서 규제를 벗어날 수 있어, 테러범이나 불법 사용자가 불순한 의도가 있을 때는 이를 적발할 수 있는 수단이 사실상 없다.

두 번째, 수동적 대응책

이 대응 방책은 드론을 격추하거나 무력화시키지 않고 드론 운용자를 찾아내 드론의 불법 행위를 통보하여 대응하는 방법이다. 드론의 접근이 예상되는 구역에 경고 팻말을 설치하거나 드론이 감지되면 자동으로 경고 방송을 할 수 있는 등의 대응책이다. 그러나 드론을 탐지할 수 있는 장비나 감시원을 배치해야 하고, 드론이 언제 어디서 출현할지 모르는 상황에서 24시간 감시 장비나 감시원을 배치하기도 쉽지 않은 과제이다. 불법 드론이 발견되었을 때 즉각 감시원을 출동시켜 드론을 요격하거나 조종자를 찾아 비행을 중단시켜야 한다. 드론을 회수한 후 드론 운용자에 대한 불법 여부를 조사한다.

이 대응책은 적용 프로그램에 따라 매우 효과적일 수 있고 드론 충돌로 인한 피해를 방지할 수 있는 이점이 있다. 그러나 드론이 불법 침투 비행을 계속했을 때 드론에 탑재된 위험물이 투하될 수 있고, 이로 인한 인적 물적 타격을 입을 수 있다. 이 같은 수동적 대응책은 민간에나 적용할 수 있는 대책으로 드론의 발전 속도에 따라가기가 사실상 어렵다.

세 번째, 적극적 대응책

드론에 대한 인지도가 높아지고 불법 드론에 대한 지속적인 예방 교육으로 대부분 드론 운용자들은 드론 운용에 대한 경각심을 갖고 있다. 불법 드론은 특별한 목적을 갖고 접근하는 사례가 대부분이다. 항공기가 이착륙하는 구역, 국가의 중요 시설 및 군사 시설 근처로 접근하는 드론은 전적으로 적대적 목적이기 때문에 모든 수단을 동원해서 탐지하고 요격 및 격추해야 한다. 이 대응책은 불법 드론의 발견, 요격 그리고 즉각 격추 또는 기능을 마비시켜 떨어뜨리는 것이다. 이를 위한 전제 조건이 불법 침입 드론을 조기에 탐지할 수 있는 장비이다.

드론은 소형이고 저고도에서 은밀하게 이동할 수 있어 재래식 대형 레이더로 탐지하기는 사실상 어렵다. 미국이나 이스라엘 등에서 소형 드론을 탐지 요격 그리고 격추할 수 있는 레이더와 레이저포를 개발 중인 것으로 알려졌다. 드론은 원격조종이고 초소형 전자부품 집합체라는 점이 장점이자 가장 취약한 부분이다. 불법 드론에 대한 효과적이고 실질적인 대응책으로 불법(무장) 드론으로부터 공격을 막아내 인적 물적 피해를 사전에 방지할 수 있다. 현재 불법 드론을 요격하는 수단은 다음과 같다.

① 전파 교란(재밍 또는 스푸핑)

재밍이나 스푸핑(jamming or spoofing)은 드론의 통신망 또는 GNSS를 교란하거나 기만하는 것은 드론이 출발 위치로 되돌아가게 하거나 멀리 내쫓거나 아니면 강제로 착륙 또는 추락시키는 방법으로 현재 가장 많이 활용되고 있는 대응책으로 실용적이고 효과적이다. 재밍(jamming)은 통신 또는 레이더 체계의 사용을 방해하거나 제한, 또는 기능을 크게 떨어뜨리는 데 사용되는 전파방해 기술이다. 전파 교란은 무선통신의 고의적인 방해, 차단 또는 간섭하는 행위이다. 재밍의 목적은 전송된 신호의 수신을 차단이나 간섭을 일으켜 정확하게 수신되지 못하도록 하는 것이다.

스푸핑은 재밍과 달리 주로 군사 작전에 사용되는 전파 기만 기술이다. GPS 위성의 위치와 시간을 계산해 위성으로부터 받은 신호와 동일 신호를 송출하여 해커가 원하는 위치로 위성의 위치를 옮기거나 시간을 이동시켜 GPS 수신기가 위성으로부터 받은 신호 대신 GPS 스푸핑 신호를 택하도록 위치와 시간을 조작하는 것이다. 따라서 드론이 스푸핑에 걸려들었다면 최초 프로그램화된 위치에서 멀리 떨어진 다른 위치로 이동하게 될 것이다.

이 같은 전파 대응책은 방어자와 공격자 모두 활용할 수 있다는 점에서 주의해야 한다. 역설적으로 주요 임무를 수행하는 드론이라면 다양한 전자 방해책에 대응할 수 있는 시스템을 갖추어야 한다. 이외에도 전파를 이용하는 것으로 주변에 있는 다른 드론이나 항공기 또는 전자기기의 작동에도 영향을 줄 수 있고, 오토파일럿 모드에 심각한 영향을 줄 수 있다. 민간에서 이 방식은 관계 당국의 승인을 받아야 하고 사후 처리 결과를 보고해야 하지만, 군사 작전은 군 당국의 결정과 승인에 따라 진행된다. 이 대응책의 부가적인 이점은 드론 조종 신호가 송출되고 있는 원점을 추적할 수 있어 장사정포나 미사일의 표적이 될 수 있다.

② 드론 잡는 맹금류

불법 드론을 포획하기 위한 다양한 아이디어 중 맹금류를 이용한 방법이 인터넷에 공개되었다. 이 방어책은 드론을 독수리와 같은 맹금류 먹이로 인식시켜 이를 포획하도록 한 작전이다. 실제 프랑스와 네덜란드에서 훈련된 맹금류가 공중에서 드론을 낚아채는 모습을 보여주는 동영상이 공개되기도 했다. 이에 대한 찬반 의견은 다양하다. 그러나 기본적으로 맹금류를 훈련하는 데 상당한 기간이 필

◀ 맹금류를 이용한 드론 포획

요하고, 드론의 프로펠러가 비록 경량 소재로 제작되었을지라도 고속으로 회전하기 때문에 맹금류에 상처를 입힐 수 있다. 이 같은 우려에 프랑스군의 검독수리가 잡은 드론의 프로펠러는 부서지지 않은 채 고장 난 듯 정지돼 있었고, 독수리는 전혀 상처를 입지 않았다. 독수리가 여우와 같은 먹이를 낚아챌 때 날카로운 이빨 또는 발톱 공격은 본능적으로 무력화시킬 수 있는 능력이 있다고 자신하고 있다. 그러나 맹금류를 훈련하는 것이 매우 제한적일 뿐만 아니라 맹금류보다 드론이 더 많고 여러 대의 드론이 떠 있을 때 어느 드론이 불법 드론인지 식별할 수 없는 것도 문제이다.

③ 소총, 전자기 펄스, 그리고 레이저포

만약 당신 주변 가까이에 소형 불법 드론이 날아다니는 것을 발견했다면 아마도 주변에 보이는 돌이나 공과 같은 물체를 던져 떨어뜨리고자 시도할 것이다. 그러나 드론이 제자리에 떠 있는 경우를 제외하고 상당한 고도로 떠 있고 이동하고 있어 이를 조준하고 격추하는 것은 사실상 어렵다. 그러나 소총(firearms)이나 전자기 펄스(electromagnetic pulse; EMP), 레이저를 사용한다면 불법 드론을 격추할 수 있다. 드론의 특성상 출현 지역과 시간을 특정할 수 없어 드론 전담팀만으로 이를 퇴치하는 것이 어렵다.

따라서 최전선에 있는 병사들에게 군용 드론의 식별과 경각심을 높이고 비록 사거리가 제한되기는 하지만, 필요에 따라 개인화기를 이용해서 이를 격추할 수 있도록 훈련이 필요하다. 그러나 EMP 및 레이저포 등은 전문 드론 포획팀 또는

▲ 지능형, 고속 소형 군집 드론을 조기에 포착해서 격추하는 것이 결코 쉬운 과제는 아니다. 이 분야에 가장 높은 기술을 보유하고 있는 이스라엘은 박격포탄 정도의 크기를 요격할 수 있는 레이저 무기로 드론을 격추할 수 있는 기술을 개발 중이다. 군사용으로 가장 높은 효율성과 실현 가능성이 큰 것으로 평가되고 있다.
[출처] https://www.armytimes.com

전담 부대에서나 가용한 수단으로 작전에 제한이 있을 수밖에 없다. 이 수단은 군사적 기술이고 만약 민간에서 이 같은 방어책을 사용한다면 관계 당국의 승인을 받아야 한다.

얼마 전 이스라엘군은 공중에서 발사되는 레이저로 드론을 격추하는 실험에 성공했다고 발표했다. 이스라엘 정부 대변인에 따르면 소형 민항기에 탑재한 고성능 레이저 시스템 시제품으로 다수의 드론을 격추하는 실험에 성공한 것으로 알려졌다. 이 작전에 사용된 드론 격추용 레이저 시스템은 100kW의 레이저 빔을 발사하며, 표적 탐지와 격추에는 이미 개발된 방공 기술을 적용했다.

이번 실험이 높이 3,000피트(약 900m)에서 1㎞ 거리의 목표물을 대상으로 진행됐지만, 제품이 실전에 배치되면 20㎞ 거리의 목표물도 격추할 수 있다고 주장했다. 특히 레이저 시스템은 방공 미사일보다 비용 대비 효율 측면에서 높은 평가를 받는다. 이 시스템을 이용해 드론은 물론 박격포탄과 로켓포탄, 탄도 미사일도 격추할 수 있을 것이라며 3~4년 안에 완성 단계의 시제품 개발을 기대하고 있다고 덧붙였다. 이번 실험의 성공은 격추용 레이저 제품 개발의 중요한 이정표라고

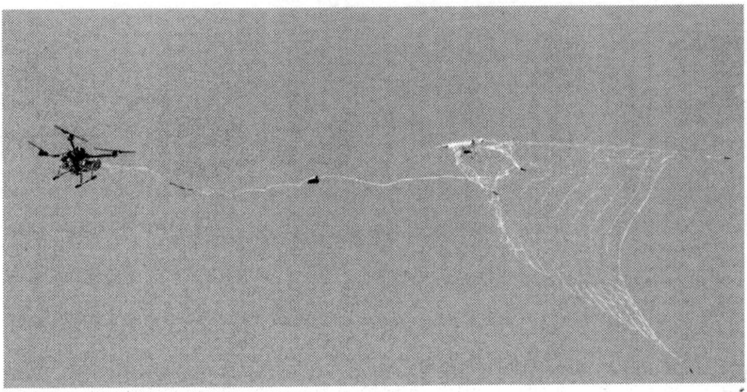

▲ 드론 잡은 드론이다.

의미를 부여했다. 이스라엘은 공중 발사 레이저와 함께 지대공 레이저 발사 장비도 개발 중이다. 공중 발사 레이저는 고고도에서 지상 목표물까지 타격할 수 있다는 점에서 전술적 활용 가치가 높은 것으로 평가된다. 특히 저고도 방어시스템인 "다비드 실링(David's Sling)"은 고고도 방공 미사일 등과 함께 운용할 경우 효율을 높일 수 있을 것으로 예상한다. 이 레이저 시스템은 다양한 위협으로부터 이스라엘을 보호하는 저비용의 새로운 보호장비라고 평가했다.

④ 그물 대포

불법 드론에 퇴치하기 위한 방어책으로 침입 드론에 그물을 쏴서 포획하는 방법이다. 이를 위해서 개발된 것이 그물 대포(net cannon)이다. 불법 드론이 발견되면 지상에서 견착식 그물 대포를 쏴 포획해야 하지만, 드론이 낮은 고도와 대포 사거리 내에 있을 때만 효과적이라는 단점이 있다. 이외에도 근거리에 있는 드론을 신속하게 포획할 수 있도록 휴대가 간편하게 개발된 그물 총도 있다.

⑤ 드론 잡는 드론(안티-드론)

"드론은 드론으로 잡는다."라는 평범한 생각으로 드론에 그물을 펼쳐서 물고기를 잡듯 이동하면서 그물로 드론을 포획하는 방법이지만, 드론 민첩성을 고려한다면 그물에 걸릴 수 있는 드론은 많지 않으리라고 본다.

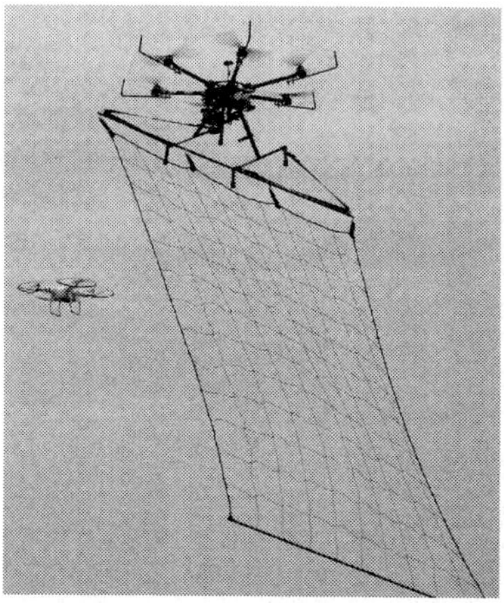

◀ 그물을 펼치는 방식이지만, 기동성이 현저히 떨어져 효과에는 의문이다.

전투기의 공중전을 응용한 원격 FPV 드론에 불법 드론을 공격할 수 있는 무기를 탑재하여 드론을 탐지 요격 그리고 격추할 수 있는 드론 방어책이 개발되고 있다. 지상에서 드론을 탐지하고 차량으로 따라잡기는 매우 어렵다. 불법 드론의 출현이 경고되면 즉시 드론을 띄워 위치를 추적하고 공격할 수 있는 시스템이 개발될 것이다. 또한, 드론에 AI 기능을 탑재한 자율비행 드론이라면 드론 출현이 예상되는 구역을 주기적인 공중 정찰로 드론 공격을 막아낼 수 있을 것이다. 이 방법은 지상보다 훨씬 광범위한 구역을 감시할 수 있고 즉각 추격할 수 있어 유용한 대응책으로 고려되고 있다. 일부 드론에는 무장 대신 레이저 또는 전파방해 장비를 이용해서 불법 드론을 무력화시키는 것이 효과적일 수 있다.

결론적으로 드론은 차세대 산업과 인간 생활에 새로운 가능성을 보여준 창작물이지만, 불법 드론과 공격 드론이 점점 더 늘어나고 있는 것이 현실이다. 위에서 다양한 드론 방어책이 제시되었지만, 가장 효율적 드론 대응책을 찾는다는 것은 쉬운 일이 아니다. 분명한 것은 드론 방어책이 새로운 산업으로 등장할 정도로 시급한 과제로 떠오르고 있다.

Q54. 드론 해킹, 하이재킹 그리고 방어책은 무엇이 있는가?

최근 지능화된 드론이 많은 분야에 활용되고 있고 적용 분야는 무한으로 확장되고 있지만, 동시에 드론을 방어하기 위한 산업 역시 동반 성장하고 있는 아이러니한 현상이 전개되고 있다. 당신의 드론은 안전하다고 자신할 수 있는가? 어느 날 드론 조종자는 자신의 드론이 의도하지 않게 추락하거나 다른 불법 행위에 사용된 사실을 전혀 눈치채지 못할 수 있다. 4차 산업을 선도하고 있는 5G, 디스플레이 혁명과 디지털 컴퓨터는 세상을 바꾸어가고 있지만, 사이버 공격 일명 해킹(hicking) 피해도 속속 보고되고 있다.

"드론도 해킹할 수 있을까?"

대부분 전문가는 해킹이 가능한 것으로 보고 있으며, 드론이 더 지능화하는 만큼 해킹 위협은 더 증가할 것으로 본다.

2011년 12월, 아프가니스탄 국경에서 비밀리에 정찰 비행을 하던 미군의 드론 "RQ-170 센티넬(Sentinal)"이 이란군에 의해 탈취되었다. 이 드론은 록히드마틴사와 이스라엘이 공동으로 제작한 스텔스 무인기로 알려졌다. 이란군이 드론을 나포한 방법은 GPS 조작을 통한 전자 해킹이었다. 이란은 드론의 GPS 연결을 차단하고 자동비행모드로 전환한 다음 암호화되지 않은 GPS 주파수를 조작해 이란 영토로 유도한 것으로 알려졌다. 이 방법은 전형적인 스푸핑 기술이 적용되었

▲ RQ-170은 록히드마틴에서 스텔스 공중 정찰용 무인기로 알려져 있다.

다. 또 다른 스푸핑은 고도 50m에서 비행하게 설정된 드론을 고도 100m로 날고 있는 것으로 인식하게 한 후 원하는 데이터 고도를 전송하면 이 드론은 스스로 고도 100m로 비행하고 있는 것으로 인식해 원래 설정된 고도를 유지하기 위해 고도를 50m로 낮추게 된다. 실제 고도 50m로 비행하던 드론은 50m를 낮추게 되어 지상에 떨어졌을 때 이를 탈취하는 방식이다.

2016년 일본 도쿄에서 열린 보안콘퍼런스 "2016 팩섹(PacSec)"에서 레저용 드론들을 마구잡이로 해킹해 마음대로 조종하는 상황을 시연한 적이 있다. 한 보안회사에서 드론을 포함해 원격조종기로 움직이는 어떤 기기라도 통신 프로토콜을 장악해 해킹하는 "이카루스(Icarus)" 시스템을 공개했다. 손바닥 크기의 이 장비는 단순히 전파방해 등을 통해 움직임을 방해하는 수준이 아니라 원격제어장치의 보안취약점을 노린 해킹 방식이다.

2016년 세계 최대 전자상거래 기업 "아마존"이 미국 캘리포니아 팜스프링스에 드론을 이용한 배송(delivery) 시스템을 시연하는 데 성공했다. 아마존 프라임 에어(Prime Air)는 최대 15마일 상공을 비행할 수 있는 전기 드론을 활용해 5파운드 미만의 택배를 30분 이내에 배송하는 "드론 배송 시스템"을 구축했다고 밝혔다. 그러나 상업 드론 배송이 상용화되기 위해서는 인구 밀도가 높은 도심지역의 안전문제뿐만 아니라 해커로부터의 공격으로 택배물건을 가로채지 못하게 보안문제가 완벽하게 해결돼야 한다. 드론의 상용화에 있어 보안의 취약성은 극복해야 할 큰 과제이다.

여러 차례 언급되었지만, 드론 기술은 컴퓨터와 스마트폰 기술과 유사하다. 이들 기기가 해킹에 취약하듯 드론 역시 의도적 목적을 갖고 해킹할 수 있다. 실제 드론을 해킹하기 위한 소프트웨어가 있는 것으로 알려져 있다. 물론 오락이나 취미용 드론을 해킹 목적으로 삼기보다 고성능 상업용 또는 군용 드론은 해킹에 대비할 수 있어야 한다. 드론 해킹이 가능한 것은 드론이 컴퓨터나 스마트폰과 같이 무선통신 시스템이나 제어장치를 사용하고 있기 때문이다. 일반적으로 드론에는 4개의 주요 통신 채널로 작동한다.

① GPS: 비행 제어를 위한 위치 지정과 항법

② WiFi: 지상국과 데이터 중계

③ Bluetooth: 데이터 및 정보 송수신

④ 장거리 통신 주파수: 장거리 통신

◀ 5G WiFi/GPS 스마트 드론이지만, 보안성을 갖추지 않으면 해커의 쉬운 표적이 될 수 있다.

GPS 와이파이, 블루투스 등은 드론 운용자에게 잘 알려진 통신 및 제어에 사용되는 통신 채널이지만, 이들 대부분은 해킹을 방지하기 위해 암호화되어 있지 않아 해커는 드론 지상국과 통신을 가로챌 수 있다. 해커는 사용자의 비디오, 사진 또는 드론이 수행하는 기타 활동 대부분을 가로챌 수도 있다.

드론에는 FTP와 텔넷(FTP and the Telnet)이라는 2개의 기본 서버가 있다. FTP는 드론의 사진과 동영상을 쉽게 수신하고 저장할 수 있는 기능이고, 텔넷은 드론의 루트에 접근할 수 있게 해준다. FTP 및 루트는 암호화되어 있지 않다. 따라서 해커가 서버에 액세스할 수 있다면 드론은 얼마든지 해커의 지시에 따라 움직일 수 있다. 이 중 가장 많이 사용되는 방법이 공중에서 드론을 탈취한 후 충돌시키는 것이다. 해커는 이러한 방법으로 드론의 데이터와 정보를 훔치거나 또 다른 사이버 공격을 위한 악성 프로그램(malware)을 심어 둘 수 있다.

GPS는 많이 알려진 오리엔테이션 및 항법용 센서이지만, 민간용으로는 암호화되어 있지 않아 전파방해 기술에 취약하다. 이 중 GPS 스푸핑은 전형적인 드론 해킹 수단으로 사용되고 있다. 해커가 드론 지휘소에 접속하여 해커가 원하는 좌표 또는 충돌을 유도하는 좌표를 어렵지 않게 입력할 수 있다. 만약 이를 알아채지 못했다면 드론은 자신이 입력한 목적지로 가고 있다고 생각할 것이다.

멀드론(Maldron; 최초로 보고된 드론 백도어를 자칭하는 악성코드)과 같은 일반 악성코드도 컴퓨터나 스마트폰을 해킹할 수 있고, 이것은 인터넷을 통해 드론을 해킹하는 데 사용될 수 있다. 해킹은 해커의 특정 목적을 갖고 공격하는 행위이기 때문에 드론 데이터를 탈취하거나 삭제 또는 당신의 행위를 엿볼 수 있어 사회적으로 또는 군사적으로 심각한 피해를 볼 수 있다.

▲ 비행 해커의 출연을 이미지화한 것이다. [출처] https://cdni.rt.com

또 다른 해킹 방법은 다른 드론을 해킹해서 해킹한 드론을 조종할 수 있는 드론까지 등장했다. Skyjack 드론은 다른 드론을 추적하여 해킹한 후 이들 드론을 원하는 목적으로 조종할 수 있도록 설계되었다. 이 기술의 소스 코드도 쉽게 사용할 수 있으며, 다양한 애플리케이션을 지원하도록 수정할 수 있다.

Skyjack 드론과 같은 플라잉 해커(flying hacker)는 WiFi를 사용하여 다른 소형 드론을 탐지한 후 드론에 접속해 와이파이 패킷을 주입해 통상 스마트폰인 리모컨에서 인증이 취소돼 통제된다. 이들 플라잉 해커는 비용이 저렴하고 기본 지식만 갖추면 구누나 쉽게 제작할 수 있다. Skyjack 드론이 실용 목적보다는 개념 검증 차원에서 제작되었다. 그러나 유사한 기술이 단지 드론을 가로채는 것보다 더 광범위한 표적을 해킹하거나 더 지능적인 플라잉 해커로 진화할 수 있음이 더 우려스러운 점이다. 실제 업계 관계자들에 따르면 범죄자나 테러리스트가 소형 좀비 드론 떼가 중요 시설에 대한 잠재적 공격 행위까지 가정해 대응책을 마련해야 한다고 조언하고 있다.

2011년 미군 드론이 이란군 해커의 공격을 받아 납치된 사례는 군용 드론이라고 해서 해킹에 자유로울 수 없음을 보여준다. 군에서도 저렴한 비용으로 대량 생산할 수 있는 정찰 및 감시용 드론이 점점 그 활용 범위가 증가할 것이다. 군의 생명이 보안이지만, 아이러니하게도 군용 드론 역시 해킹에 취약하다. 드론 방어

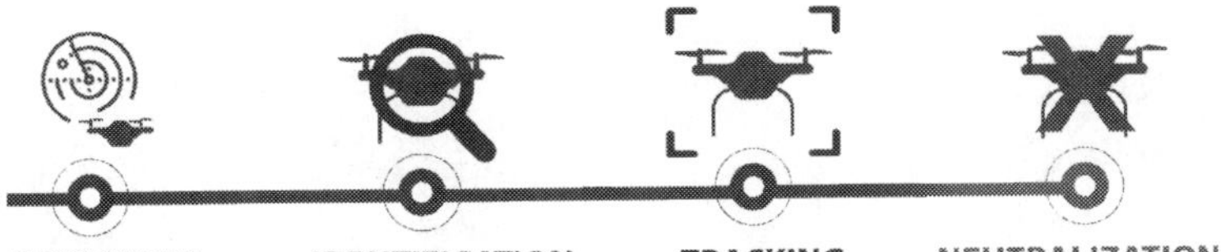

▲ 드론을 포획 또는 격추하기 위해서는 탐지, 식별, 추격, 그리고 무력화 단계로 이어진다.

에 대한 심각성이 알려지면서 사이버 보안 전문가들이 드론 해킹에 대응하기 위한 다양한 방어책 개발에 몰두하고 있음에도 해커들은 이를 무력화시킬 수 있는 기술로 대응하고 있다. 문제는 대부분 드론 기술이 민간이나 군 드론 모두 거의 유사하다는 점에서 해킹당한 후에나 사실을 인지할 수 있어 해커와 사이버 전사와의 끝없는 전쟁은 계속될 것이다. 실제 군 조직에 해커를 방어하기 위한 조직이 창설됨과 함께 상대방 드론을 해킹할 수 있는 화이트 해커(white hacker)의 양성에도 많은 연구와 투자가 진행되고 있다.

군용 드론이나 국책 사업으로 진행되는 드론 또는 주요한 사업상의 업무를 수행하는 드론은 단순한 탈취로 인한 문제보다 소프트웨어에 담겨 있는 중요한 정보를 빼내기 위한 목적이 더 크다. 드론 해킹에 대한 방어책이 결코 쉬운 문제가 아닌 것은 해킹이 일반화되었고, 이를 위한 소프트웨어를 어렵지 않게 구할 수 있기 때문이기도 하다. 해킹에 대응하기 위한 새로운 프로그래밍 언어 등 다양한 기술이 개발되고 있지만, 근본적으로 무선을 기반으로 한 드론은 해킹에 취약할 수밖에 없는 근원적 문제로 창과 방패의 영원한 논쟁으로 보인다.

"드론의 첨단 센서는 스마트폰 센서 기술과 공유한다."

그러다 보니 드론을 날아다니는 스마트폰이나 컴퓨터라고 보아도 무방할 정도이다. 이것은 비행체에 네트워킹 프로세스, 연산, 디지털 컴퓨팅 시스템, 지상 제어 시스템, 오토파일럿, 그리고 시스템이 결합한 형태이다. 드론에는 다양한 센서와 컴퓨터 시스템이 사용되고 있어 해커로부터 보호하기 위한 기술이 필수이다. 해커가 컴퓨터에 접속하여 악성코드를 심어 파일을 훔치거나, 활동을 감시 또는

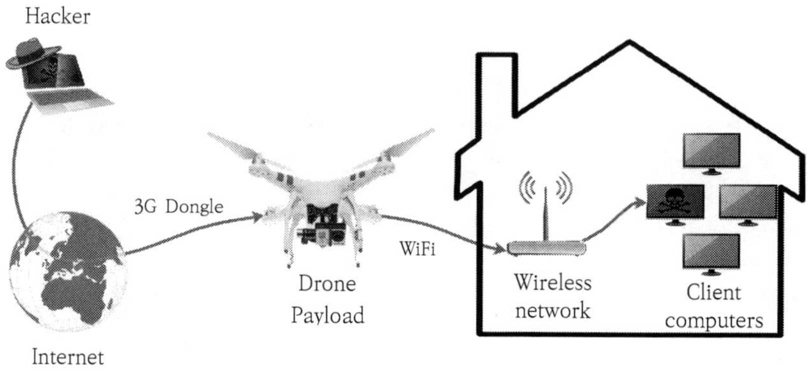

▲ WiFi 드론 해커의 활동은 근본적으로 무선으로 연결되어 있어 가능하다.
[출처] https://www.4armed.com

중요 자료에 접속을 차단하는 것과 같이 드론도 해커의 표적이 될 수 있다는 사실을 부인할 수 없다. 이제는 드론까지도 사이버 보안이 필수가 되었다. 군사용 드론이나 중요한 임무를 수행하는 드론을 해커로부터 보호하기 위한 다양한 규제가 시행되고 있거나 계획되고 있다.

드론이 전자부품의 집약체라는 점을 고려한 가장 효율적 기술이 전자식별(e-identification)이다. 이 기능의 핵심은 상황에 따라 드론이 운용자나 조종자의 식별 정보를 중계할 수 있도록 함으로써 해커를 식별하는 데 도움이 될 수 있다. 또한, 드론이 탈취되는 것을 방지하기 위한 소프트웨어도 속속 개발되고 있다. 이 소프트웨어 프로그램에는 안면 인식(facial recognition)과 같은 생체(biometrics) 측정 시스템을 탑재하여 해커가 드론을 탈취하기 위해서 접근하는 것을 방지한다. 또한, 군용 드론이나 중요한 임무를 수행하는 드론은 모든 정보의 송수신을 암호화하는 기술을 사용하지만, 일반 드론에는 적용이 어렵다.

드론 해킹을 연구한 존스 홉킨스의 화이트 공과대학(Johns Hopkins' Whiting School of Engineering) 학생들은 드론 해킹에 대한 두 가지 실험을 했다. 한 실험에서 무선 연결을 여러 번 보냈고, 두 번째 실험에서는 제한 용량을 초과하는 데이터 패킷(data packet)을 전송했다. 이 두 실험 모두에서 드론은 추락했다. 이들 실험에서 밝혀졌듯이 드론을 차량, 건물, 다른 드론, 그리고 항공기에 충돌시키는 데 사용될 수 있다. 해커들은 드론을 이용하여 사진과 다른 정보를 수집할 수 있다.

드론 대응책의 수동적 수단으로 공항이나 군기지 같은 일부 지역은 "드론 금지" 표지 또는 "지오펜싱" 기능이 있지만, 현재 시중에 유통되고 있는 저렴한 소프트웨어로 이러한 보안 메커니즘을 우회하는 것은 가능하다. 해커들은 드론에 보내는 신호를 바꾸고 비행 데이터를 바꿀 수도 있다. 드론을 해킹함으로써 해커 집단은 무선 네트워크(wireless network)에도 접속할 수 있다.

드론의 급격한 증가와 함께 드론 제작사는 보안을 경시한 채 판매에만 주력하고 있다. 이것은 일반 드론은 해커의 대상이 아니라는 자위적 인식이지만, 이들 드론도 얼마든지 해킹의 대상이 될 수 있다. 따라서 드론 사용자가 이를 인식하고 드론 해킹을 방지할 수 있는 적극적 방책을 수립하는 것은 사용자의 선택에 달려 있다. 드론 해킹 사례와 드론의 특성을 기반으로 한 사용자의 선택을 돕기 위한 다양한 방법을 소개한다.

"컴퓨터 또는 스마트폰의 보안 패치를 설치한다."

일부 드론은 게임용 패드와 유사한 특수 보안 패치(security patch)가 설치되어 있지만, 대부분은 개인용 기기를 이용해서 드론을 제어하고 있다. 따라서 사용자는 바이러스 백신을 설치해서 스마트폰과 PC가 악성코드가 침입하는 것을 방지할 수 있다. 컴퓨터 기기의 바이러스 백신을 무료로 내려받아 설치하거나, 고급 정보를 다루는 드론이라면 좀 더 보안성이 높은 소프트웨어를 사용할 것을 권장한다. 일부는 보안을 강화하기 위해서 VPN(Virtual Private Network)을 설치하기도 한다. 이 네트워크를 사용함으로써 해커가 VPN에 접속하지 못하도록 인터넷을 암호화하는 것이다.

"암호화된 드론 통신 채널을 사용한다."

일반적으로 드론 해킹에 대한 경각심이 높지 않기 때문에 대부분 드론은 오랫동안 암호화되지 않은 와이파이와 무선 주파수를 활용하고 있다. 드론 해킹 사실이 알려지면서 당신의 드론도 해킹당할 수 있고 해커들이 드론을 다른 목적으로 이용하거나 활동을 쉽게 엿볼 수 있다. 이러한 문제의 심각성이 알려지면서 드론 제작사에서는 드론을 출시하기 전에 암호화하고 있다. 암호화되지 않은 드론은 타사 소프트웨어로 암호화할 수도 있다. 예를 들어 "Thales Group"의 "DroneConnect"와 같은 소프트웨어는 중요한 데이터에 대한 암호화와 원격 식별 기능을 제공한다. 일부 제작사에서 개발하고 있는 소프트웨어는 드론의 주요 기능에 접근할 수 없도록 잠금(lock) 기능을 추가하였다. 이 기능을 탑재한 드론은 해커가 해킹에 성공하더라도 이 기능에 막혀 중요 정보에 접속으로 차단한다.

"블록체인 기술은 해킹을 방지하는 데 도움이 된다."

드론 보안성을 높이기 위해서 일부 고급 드론은 블록체인(blockchain) 기술을 탑재하고 있다. 실제 블록체인은 드론을 해킹으로부터 보호하는 데 큰 도움이 되는 것으로 알려졌다. 이 기술은 분산 원장(decentralized ledger)에 저장된 정보를 블로킹함으로써 고유 키가 없으면 정보에 액세스할 수 없다. 블록체인은 검증 과정이 매우 까다롭고 해킹 가능성을 최소화한다. IBM은 드론에 부착된 비행 패턴, 위치 정보, 기상 상태, 액세서리 등의 정보를 숨기기 위해 블록체인을 사용하는 기술을 보유하고 있다.

"비행 패턴 방식을 예측하지 못하도록 다양화하라."

일반 드론 사용자도 해킹 가능성에 대한 인식이 높아졌지만, 일반 사용자가 취할 수 있는 최소한의 드론 해킹 방지는 드론의 비행 패턴을 불규칙하게 하는 것이다. 드론은 대략 1마일(1.6km) 거리까지 탐지할 수 있다. 드론을 이용한 사진 촬영과 같이 한 곳에서 오랫동안 일정 패턴으로 비행한다면 해커의 쉬운 표적이 될 수 있다. 드론 비행 주변에 건물이나 나무와 같은 장애물이 있는 장소 역시 해커의 활동을 제한할 수 있다. 드론 조종자는 항상 드론이 시야에서 벗어나지 않도록 하고, 비행경로에 이상이 있거나 자신이 의도하지 않는 기동 패턴을 보일 때 즉시 적절한 조치를 할 수 있다.

"적절한 보안 등급의 드론을 선택하라."

드론의 증가와 함께 드론 해킹 방어책도 함께 성장하고 있다. 컴퓨터 바이러스가 처음 등장했을 때 초기 충격과 파장은 컸지만 대부분 악성코드를 물리칠 수 있는 백신이 개발되어 효율적으로 방어하고 있다. 드론 해킹에 대한 경각심이 높아진 만큼 드론을 구매할 때 사용자의 의도에 적합한 보안성을 갖춘 드론을 선택할 수 있을 정도로 보안성이 높은 드론이 출시되고 있다. 또한, 드론에 설치된 보안 등급과 타사 보안 소프트웨어와의 호환성도 함께 확인할 것을 권장한다. 드론 역시 컴퓨터와 스마트폰과 같이 악성코드에 감염될 수 있는 위험이 커 이를 방지하기 위한 바이러스 백신, VPN 및 기타 암호화 소프트웨어를 설치하는 것이 해킹으로부터 드론을 보호하는 가장 좋은 방법이다.

결론적으로 드론은 일반 컴퓨터 또는 스마트폰 기기와 마찬가지로 해킹에 취약하다는 것을 알았다. 이것은 드론이 기본적으로 무선을 기반으로 하고 있고, 가상통신(virtual communication) 방식은 해커들이 드론을 탈취해 충돌시키거나 정보를 빼내는 등 운용자도 모르게 해커의 의도대로 다른 목적에 사용될 수 있다. 이들 해커는 일반 사용자 드론을 해킹해서 사생활을 엿보는 행위까지 이루어지고 있다. 역설적으로 드론 해킹 기술이 인터넷이나 책으로 발행되어 일반에 공개되고 있다. 해킹은 불법이지만, 해킹에 대비하기 위한 기술을 개발하기 위해서는 해킹의 알고리즘을 철저히 분석할 수 있어야 가능하다는 점에서 화이트 해커(white hacker)가 필요한 이유이다.

Q55. 도심항공교통(UAM)의 필요성 그리고 실현 가능한 기술은 무엇인가?

어느 나라를 막론하고 도심교통혼잡으로 인해서 막대한 시간적 경제적 손실을 경험하고 있다. 이를 해결하기 위한 많은 투자와 노력이 진행되고 있지만, 유일한 해결책이라면 지상 교통망을 확대하는 것이다. 그러나 이 또한 한계에 다다를 수밖에 없다. 도심이나 고속도로 정체로 인해 꽉 막힌 도로에 갇혀 본 경험이 있는 운전자라면 이 혼잡 구역을 휙 날아서 이동할 수 있는 실현 불가능한 상상을 해본 적이 있을 것이다. 이 욕구를 실증적으로 보여준 창작물이 플라잉 카(flying car)이다.

"플라잉 카에 대한 끊임 없는 도전!"

플라잉 카 개념은 아주 단순하다. 자동차에 날개를 장착한 비행체로써 이미 오래전부터 상상해 왔던 개념이다. 이를 실현하기 위한 주요 과제 중 하나는 날개를 어떻게 접어 넣고 필요에 따라 펼칠 수 있는 기계장치를 자동차에 장착하는 것이다. 플라잉 카의 개념은 단순하지만, 이를 현실에 적용하기에는 단순한 문제가 아니다. 플라잉 카는 자동차와 비행기의 장점을 결합한 형태이기 때문에 구조적으로 자동차로서의 성능을 충분히 만족할 수 없고, 그렇다고 비행기로서의 성능 역시 충분히 만족할 수 없다.

또 다른 문제점은 이착륙 공간을 어떻게 설정해야 하는가이다. 이착륙을 위해서는 활주로가 필요하다. 이륙하기 위해서 주변 비행장으로 이동해야 한다면 그 자체로 시간과 공간적 제한이 따를 수밖에 없다. 플라잉 카의 개발 목적에 부합하는 가장 좋은 방법은 고속도로 주변에 플라잉 카 전용 이착륙 도로를 건설하는 것이

▲ 미래 자동차와 비행기의 설계가 조화를 이루어 미래에 펼쳐질 도심항공교통 수단의 혁신을 예측해 볼 수 있다.

다. 이처럼 플라잉 카 개념의 현실적 한계는 해결하기가 쉽지 않고, 동시에 드론이 발달하면서 플라잉 카(flying car)에 관한 관심이 멀어지기 시작했지만, 플라잉 카에 대한 개념은 드론과 결합하면서 새로운 가능성과 실현 가능성을 보여주었다. 하늘을 자유롭게 나는 새를 보면서 인간도 하늘을 날아 보고픈 욕구를 실현하기 위해서 끊임없는 시행착오의 결과로 오늘날의 항공기를 개발했지만, 아직도 무엇인가 부족함을 느끼는 것은 무엇일까?

"새의 날개를 모방한 인간이 새처럼 날 수 없을까?"

이 원초적 질문이 아직 채워지지 못했기 때문이 아닌가 한다. 역사적으로 새 날개 모양의 날틀을 만들어 날아보고자 했던 기록들이 남아 있다. 이것이 수 세기 전의 역사이지만 오늘날에도 역사의 한 장면을 재연해보기 위한 재미있는 행사들이 진행되고 있다. 역사 속의 날틀은 비행(flying)이라기보다 활공(gliding)이라고 보아야 할 것이다.

초기 날틀의 모양을 관찰해보면 새의 날개(wing) 모양을 본떠 가벼운 천으로 제작되었음을 알 수 있다. 항공역사에서 "글라이더의 아버지"라고 하는 오토 릴리엔탈(Otto Lilienthal)은 2,000회 이상의 활공에 성공하였고 오늘의 항공과학을 이룩하는 데 크게 이바지하였다. 그는 독일에서 태어나 어린 시절부터 날아보기

▲ 항공기의 역사는 새의 날개를 모방해서 만든 날틀을 어깨에 메고 높은 곳에 올라 도움닫기 하여 활공하는 방식으로부터 시작되었다. (Otto Lilienthal on August 16, 1894)

위한 꿈을 실현하기 위한 연구에 몰두하여 다양한 종류의 날틀을 개발하여 활공을 시도하였다. 그의 저서 "비행술 기초로서 조류의 비행(1889)"에서 알 수 있듯이 비행하기 위한 기본 모델은 새의 날개였다. 인간이 새의 날개를 완벽하게 모방할 수는 없지만, 많은 아이디어를 얻을 수 있었던 것은 과거나 지금이나 변함이 없다.

"수직이착륙 항공기에 대한 동경과 열정은 계속되고 있다!"

일명 "하늘을 나는 자동차(flying car)"는 새로운 항공교통에 대한 가능성을 보여주었지만, 인간이 바라는 것은 새처럼 수직으로 날고 내려앉을 수 있는 항공기다. 역사적으로 수직이착륙 항공기에 대한 꾸준한 수요 제기와 원리에 대한 개념은 이미 오래전부터 제기되어 왔다. 1480년대 Leonardo da Vinci는 "에어스크루(aerial screw)"라고 하는 수직 비행에 대한 나르는 기계를 스케치한 기록이 있다.

이상적인 수직이착륙 비행체는 공상과학영화에 등장하는 비행접시(flying sauce) 모델이겠지만 현재의 기술력으로는 불가능하다. 헬리콥터를 비롯한 회전날개 항공기가 전형적인 수직이착륙 항공기 모델이다. 고정날개 항공기도 수직이착륙을 위한 지속적인 기술 개발이 이어져 왔지만 큰 성과를 이루지 못했다. 수직이착륙(VTOL; vertical takeoff and landing) 항공기에 관한 수요는 군용 전투기에서 꾸준히 제기되었다. VTOL 항공기는 소형 항공모함에 탑재할 수 있고, 활주로가 없는 산악 지역 등에 은밀한 장소에서 이착륙할 수 있기 때문이다.

Hawker Siddley Harrier AV-8S는 영국 공군과 미 해병대용으로 개발된 초기 VTOL 항공기였다. 당시에 유일하게 성공적인 수직/단거리 이착륙 항공기로 1967년 12월 28일에 첫 비행을 성공적으로 마쳤다. 10년 후 개량형으로 개발된 수직이착륙 항공기가 AV-8B Harrier II로 1978년 11월 9일 처음 수직 이륙에 성공했다. 이 전투기는 수직이착륙 항공기로 매우 성공적이었다는 평가를 받으면서 2006년 퇴역했다. 이후 최근에 F-35 Lightning II가 수직이착륙 항공기로 개발되었다. 이 전투기는 2006년부터 생산되기 시작해 2015년 7월 미 해병대에 인도되어 작전에 투입되었다.

▲ F-35와 AV-8B Harrier II 전투기는 가변 배기노즐을 사용해서 추력 방향을 조절한다.

AV-8B Harrier II와 F-35 Lightning II 전투기의 수직이착륙 기술은 제트엔진 배기구의 방향을 전환하는 방식이다. 예를 들어 제자리에서 이륙하기 위해서 추력 방향을 수직 하방으로 전환한 후 이륙하여 정상(전진) 추력 방향으로 전환하는 기술이다. 이들 고성능 수직이착륙 항공기들은 공기역학적 설계와 최신 복합재료 그리고 항공전자와 컴퓨터 및 디지털 기술의 접목으로 최대한 단순화되어야 한다. 이들 수직이착륙 항공기는 전투용이라는 특수 목적으로만 개발되었다는 공통점이 있다. 사실상 민간 운송용으로 실효성이 없지만, 기술 접목은 미래 수직이착륙 항공기 개발의 기초가 되었다.

또 다른 잘 알려진 VTOL 항공기는 Bell Boeing V-22 Osprey이다. 이 항공기는 터보프롭 엔진과 프로펠러를 조합한 동력장치는 수직에서 수평으로 전환하는 방식을 택했다. 이 항공기 형식이 세계 최초의 틸트로터(tiltrotor) 항공기였기 때문에 많은 연구와 테스트가 진행되었다. 1989년에 첫 비행에 성공했고, 이후 미 해병대에 인도되어 작전에 투입되었다.

▲ V-22 Osprey는 동력장치(터보프롭 엔진과 프로펠러)를 기울이는 방식으로 추력 방향을 조절한다.

▲ 초창기 쿼드콥터

헬리콥터를 비롯한 회전날개 항공기(rotary wing aircraft)는 전형적인 수직이착륙 항공기 모델이다. 쿼드콥터(quadcopter)는 4개의 수직 프로펠러를 장착한 전형적인 VTOL 항공기이다. 멀티로터(multirotor)는 로터(프로펠러)의 수에 따라 바이콥터, 트리콥터, 쿼드콥터, 헥사콥터, 그리고 옥토콥터 및 기타 모든 형태의 회전날개 항공기를 포괄하는 일반 용어이다. 초창기 공학자들은 2개 이상의 로터를 사용함으로써 회전체 고유의 특성인 토크를 쉽게 상쇄할 수 있었기 때문으로 보인다.

1907년경 프랑스 형제인 "Jacques and Louis Breguet"은 쿼드콥터 형식의 "Gyroplane No 1"을 제작해 수직 이륙에는 성공했지만, 전체적으로 비행이 불안정했다. 1924년 프랑스의 한 엔지니어(Étienne Oehmichen)는 쿼드콥터를 이용해서 360m(1,181ft)의 거리를 비행하며 세계 기록을 세웠고, 같은 해 7m에서 40초 동안 1km(0.62마일) 원을 그리며 날았다.

초기 설계자들은 단일 메인로터에서 생성된 토크를 상쇄하기 위해 단일 메인로터와 테일 로터를 사용하는 다른 방법으로는 복잡하고 비효율적으로 보였기 때문에 쿼드콥터를 이용해서 실험했다. 단일 로터 헬리콥터 설계의 테일 로터는 엔진 출력의 10~15%를 소비하지만, 양력 또는 전진 추력을 발생시키지 않는다. 메인로터가 동체 위에서 회전하면서 발생하는 하강풍 일부를 동체 쪽으로 밀어내 메인로터의 양력을 감소시키기도 한다. 그 당시의 기술로 대형 로터 블레이드를 제작하는 것은 큰 문제였고, 대형 로터는 소형 로터보다 훨씬 무겁고 양력을 발생하기 위한 회전력을 생산하는 동력장치 역시 커야 한다.

초기 쿼드콥터는 엔진이 기체 동체 중앙에 위치하여 벨트나 샤프트를 통해 4개의 로터를 구동하는 방식이기 때문에 이를 구동하는 장치 무게뿐만 아니라 고장이나 파손될 우려가 컸다. 또한, 쿼드콥터의 4개의 로터가 서로 조금씩 다를 수 있어 안정성이 떨어져 비행이 불안정했다. 사실 이들 로터를 정밀하게 조정해 줄 수 있는 컴퓨터가 없는 시대의 쿼드콥터는 조종사에게 엄청난 작업량과 사고 가능성 때문에 더 이상 발전하지 못했다.

컴퓨터 기술의 발달과 정밀한 전기모터가 개발되면서 회전날개 구동에 관한 획기적 연구성과들이 보고되었다. 전기모터라는 새로운 동력원을 찾았고, 마이크로전자 및 마이크로기계 장치의 등장으로 안정적이고 효율적인 멀티로터를 제작할 수 있게 되었다.

현대의 멀티콥터에는 각 로터 바로 아래 또는 위에 장착된 전기모터로 작동한다. 비행 컴퓨터는 로터의 피치가 아니라 개별 모터/로터의 RPM을 변경하여 지속해서 멀티콥터의 방향을 모니터링하고 불안정성을 보정한다. 이러한 고정 피치 설계는 단일로터 헬리콥터에 필요한 복잡한 조종계통을 포함한 스와시 플레이트 메커니즘보다 훨씬 단순하다. 이 설계가 매우 성공적인 것으로 입증되었으며 현대 드론은 멀티콥터를 채택하게 되었다. 이 드론은 승객을 탑승할 수 있을 정도로 진화하면서 도심항공교통의 새로운 시대를 열어가게 될 것이다.

"드론의 가치를 재발견하다!"

수직이착륙에 대한 끊임없는 도전의 결실을 보게 된 것은 드론 가치의 재발견으로 드론 활성화와 함께 새로운 도심항공교통(UAM; urban air mobility) 수단의 가능성이 어느 때보다 커졌다. 이것은 우리만의 문제가 아닌 전 세계적으로 드론과 도심항공교통에 관한 정책들을 쏟아내고 있다. 그만큼 새로운 교통수단에 대한 욕구가 크다는 것과 지난 100년의 항공역사를 새롭게 써나갈 역사적 사명에 직면해 있다. 이를 입증하듯 항공 선진국은 물론이지만, 항공 후발국이지만, 반도체, 스마트폰, 정보통신, 디스플레이와 복합소재 산업에서 우위를 점하고 국내 항공산업은 새로운 100년을 선도할 기회를 맞았다.

현재 기술을 바탕으로 예측할 수 있는 수직이착륙의 핵심 기술은 회전날개에서 찾기 시작했고, 쿼드콥터가 결정적 역할을 했다. 2016년 10월 21일 독일 항공기 제작사에서는 16개의 모터에 프로펠러를 장착한 "e-volo" 멀티콥터를 이용해서 10월 21일 세계 최초로 유인 비행에 성공했다. 이 멀티콥터는 약 1분 30초 동안 휴대용 무선조종 장치를 사용하여 중앙 좌석에서 멀티콥터를 조종했다.

◀ e-volo
전기모터 멀티콥터

2017년 "Kitty Hawk"의 플라잉 카(Flying Car)가 물 위에서 비행하는 모습이 공개되었다. 이 비행체는 1인승으로 8개의 로터에 의해 추진되며 헬리콥터처럼 수직으로 이착륙한다. 이 항공기는 무게 100kg으로 초경량 항공기로 분류하고 최대 시속 40km의 속도로 비행할 수 있다고 밝혔다. 이 멀티콥터는 프로펠러를 아래로 향하게 하여 공기를 아래로 밀어내면서 양력을 얻는 방식이다. 동력원은 모터를 사용한 전기 항공기다. 이 항공기를 조종하기 위해서는 자격증명 없이도 오토바이를 운전하듯이 조종할 수 있도록 설계되었다. "Kitty Hawk"의 "Flying Car"를 계기로 고정날개 방식의 플라잉 카에서 전기 동력과 프로펠러를 조합한 멀티콥터 형식의 항공기가 급부상하였다.

자! 이쯤에서 이 항공기는 드론(무인항공기)으로 볼 수 있는가 하는 문제이다. 드론(drone)은 무인항공기, 원격조종 항공기, 또는 무인 비행체 모두를 아우르는 대명사가 되었다. 이 개념의 중간 역할을 한 것이 드론 택시(drone taxi)이다. 드

▲ Kitty Hawk의 "플라잉 카(Flying Car)"

▲ 국내에서 KAI, 대기업 그리고 정부와 지자체에서 도심항공교통 개발에 참여하고 있다. 이 비행체는 프로펠러를 상하로 배열하여 효율을 높였다.

론 택시는 조종사나 승객이 탑승할 수 있도록 성능을 개량하기는 했지만, 기반은 멀티콥터이다. 이들 미래 항공교통 수단은 전기를 동력원으로 하고 있지만, 터보팬 엔진의 소형화와 성능개량은 프로펠러와 터보팬이나 터보프롭 엔진이 결합한 형태로 개발될 수 있다. 이제 드론(drone)은 무인항공기가 아닌 유인 항공기 형태로 진화했다.

"공중 고속도로 시스템을 구축하라!"

드론은 원격조종(remote controlled) 기반이다. 현대 드론이 GNSS를 이용한 위치 결정(positioning)과 정밀 항법이 가능하고 이외에도 다양한 센서들로 지정된 고도를 유지할 수 있고, 비행경로 선상의 장애물을 피해서 비행할 수 있을 정도로 성능이 향상되었다면 이 기술을 바탕으로 지상 고속도로와 유사한 공중 고속도로를 구축할 수 있다. 이것이 미래 도심항공교통의 핵심이다.

아마존은 지상 교통이 접근하기 어려운 지역에 드론 배송 시스템에 성공함으로써 공중 고속도로(air highway)의 가능성을 입증했다. 공중 고속도로의 개념은 비행체가 이동 경로에 따라 고도를 부여함으로써 여러 대의 비행체가 동시에 이동할 수 있다. 지상 고속도로를 건설하는 데는 어마어마한 인력과 비용이 들지만,

이 공중 고속도로는 비용이 거의 들지 않고 건설할 수 있다. 공중 고속도로가 완성된 미래 모습을 얼마든지 컴퓨터 시뮬레이션을 이용해 검증할 수 있다. 드론택시, 드론 배송, 드론 자가용은 물론 드론 구급차부터 드론 경찰의 활동까지 우리의 미래는 이들로 인해 크게 달라질 것이다. 그렇다면 우리는 이러한 항공우주 변화에 어떻게 대비해야 하는가? 현재 기술적 한계를 극복하기 위해서 해결해야 할 주요 과제로 전문가들은 6개의 분야에 집중해야 한다고 강조하고 있다.

첫째, 드론과 드론 또는 드론과 다른 장애물이나 비행체 사이의 충돌 회피 기술이다. 드론의 충돌과 회피 기술에 대해서는 앞에서 충분히 다루었다. 특히 공중 고속도로에서 드론 간의 적절한 고도 및 거리를 유지할 수 있는 기술은 군집 드론의 운용에서 충분히 입증되었다. 하늘에 떠 있는 수백 대의 드론이 충돌하지 않고 일정 간격을 유지하고 동시에 움직일 수 있는 기능을 공중 고속도로 비행에도 충분히 활용할 수 있다.

둘째, 드론 자율비행 시스템을 구축하는 것이다. 드론의 기술은 스마트폰과 항공기 자동화 기술이 접목되었다. 드론의 완전 자율비행 단계까지는 아직 미치지 못했지만, 현재의 기술 개발 추세로 본다면 머지않아 완전 자율비행 드론이 등장할 것으로 본다. 완전 자율비행 드론은 기본적으로 인간의 개입 없이 설정된 프로그램에 따라 비행할 수 있는 지능형 드론이다. 최근 드론 개발자들은 드론 소프트웨어에 AI 기술을 접목한다면 완전 자율비행의 탄생을 앞당길 것으로 본다.

셋째, 한 명의 운용자가 동시에 여러 대의 드론을 조종할 수 있는 시스템을 구축하는 것이다. 이에 드론의 장애물 회피 기술이 더해진다면 전방이나 위아래에 있는 다른 드론과 적절한 간격을 유지할 수 있고, 이를 관제소에서는 모니터하고 있어야 한다. 만약 운용자의 개입이 필요한 시기에 개입해서 문제를 해결할 수 있다. 드론은 경찰 감시 및 대중 관리에서 재난 모니터링 및 구조 작업에 이르기까지 다양한 작업을 수행할 수 있는 다중 비행체를 운용할 수 있다. 이것은 지하철 관제소에서 전 노선을 운행하는 지하철의 움직임을 실시간으로 통제하는 것과 같은 운용 개념이다.

넷째, 드론의 보안성을 강화하기 위한 기술개발이 함께 따라 주어야 한다. 드론은 근본적으로 해킹이나 전파방해에 취약하다는 것을 앞에서 충분히 다루었다. 도심항공교통을 전담하는 드론은 드론과 지상관제소와의 통신뿐만 아니라 드론과 드론 사이의 통신도 무선으로 이루어진다는 점을 고려한다면 해킹이나 전파방해를 위한 방어책이 철저하게 준비되지 않으면 재앙에 가까운 사고에 직면할 수 있다.

다섯째, 승객 설득 역시 중요한 과제이다. 지상 교통망과 달리 아직 조종사가 없는 항공기에 두려움 없이 탑승할 수 있는 승객은 많지 않을 것이다. 초기에는 조종사나 운용자가 함께 탑승하겠지만, 최종 기술적 목표는 드론 택시를 이용하는 것이 마치 케이블카에 탑승하는 것처럼 안전하다는 것을 충분히 홍보하고 시연을 보여 안전하다는 인식을 심어주는 데도 결코 소홀히 해서는 안 된다.

여섯째, 드론 택시의 접근성을 높이기 위한 버티포트(vertiport)의 건설도 핵심이다. 비행기는 이착륙을 위한 활주로가 있어야 가능하다는 점에서 미래 도심항공교통에서 순위가 밀리는 가장 큰 원인 중 하나이다. 드론 택시는 도심의 일정 공간이나 빌딩 옥상을 이착륙 장소로 활용할 수 있다.

이러한 기술적 과제를 해결하는 것이 드론 규제 기관들의 핵심 우선순위이며, 이는 다른 모든 종류의 드론에 개방하기 때문이기도 하다. 전 세계에서 드론의 확산은 드론 교통망을 어떻게 조직해야 하는 문제에 직면하게 될 것이다. 드론이 충돌 회피 기술을 탑재했다고 해서 이들의 운항을 그대로 내버려 둔다면 그로 인한 혼란 역시 불을 보듯 뻔하다.

공중 고속도로는 실제 지상 고속도로망을 모델로 기술이 발전할 것으로 본다. 공중 고속도로에서 드론은 정해진 비행경로 구성에 의존할 수 있다. 비록 직행 비행경로는 아닐 수 있지만, 현재 도로망과 같은 드론 고속도로가 빠르게 정체될 것이라는 점도 고려해야 한다. 이러한 문제로 인한 재앙적 실패 가능성을 예방하기 위해서는 적절한 법적 규제 또한 필요하다는 것을 강조한다.

Q56. 도심항공교통을 위한 유력 모델은?

도심항공교통 항공기 개발에는 역사적으로 유명한 항공기 제작업체만이 아니라 현대, 우버, 허니웰과 같은 항공기 제작과 관련이 없는 기업들이 참여하고 있다. 미래 항공기의 동력장치는 전기모터와 프로펠러 그리고 배터리와 같은 새로운 동력원으로 구성될 것이기에 가능하다. 기존의 왕복엔진이나 가스터빈엔진의 복잡성은 정밀하고 복잡성 때문에 개발이 쉽지 않지만, 모터/프로펠러 조합과 배터리 동력원은 그동안 항공기 제작 경험이 없지만, 기발한 아이디어로 경쟁할 수 있다는 점에서 소자본 기술 중심 신생기업들이 많이 참여하고 있다. 앞으로 이들 기업이 생산하게 될 미래 항공교통 수단은 치열한 기술 경쟁을 통해 소비자의 선택을 받게 될 것이다.

드론과 플라잉 카의 지속적인 발전은 머지않아 초기 단계의 도심항공교통 항공기를 보게 될 것이다. 그러나 아직 상용화 수준까지는 해결해야 할 과제가 많이 남아 있다. 여기에 소개되는 기종과 회사(2021년 기준)들은 치열한 기술 경쟁에 뒤처지는 기종과 회사는 도태될 것이다. 이러한 점을 염두에 두고 앞서 소개한 드론 기술이나 플라잉 카를 기준으로 이들 유력 업체와 주력 기종을 소개한다. 다음은 2021년 기준 유력 업체이다. 물론 국내에서는 현대, 한화 그리고 KAI에서 개발에 나섰다.

▶ Lilium(독일): 미래 도심항공교통 플랫폼 구축을 목표로 2015년 설립된 독일 본사와 제조시설을 두고 있으며 유럽과 미국 전역에 팀을 두고 있다. Lilium은 지난 몇 년 동안 수직이착륙 기능이 있는 5인승 및 7인승 전기 제트기의 프로토타입을 개발했다.

▶ EHang(중국): 2014년 설립되었고, 본사는 광저우에 있다. 도심항공교통과 단거리 eVTOL 항공기를 개발 및 제작하고 있다.

▶ Uber(미국): 2009년 설립된 미국의 기술 회사이다. 우버는 식품, 패키지 배송, 택배, 화물 운송, 라임(Lime)과 제휴하여 전기 자전거와 모터 스쿠터 대여 사업으로 확장하였고, 최근에는 도심항공교통 항공기 개발에 참여하였다.

▶ Airbus(유럽): 유럽 다국적 항공우주 기업으로 세계 최대 여객기 제작사로 축적된 기술과 자본을 기반으로 도심항공교통 항공기 개발에 참여하고 있다.

▶ Volocopter(독일): 2011년 독일에서 설립된 회사로 주로 전기모터 항공기 개발에 주력하고 있다.
▶ Honeywell(미국): 1906년 설립된 미국의 다국적 대기업이다. 이 회사 역시 항공우주 개발에 나서고 있으며 최근 도심항공교통 항공기 개발에도 참여하고 있다.
▶ Kitty Hawk(미국): 1974년 행글라이딩의 선구자인 존 해리스가 설립하여 행글라이딩 교육과 항공 관련 사업체이다. 2017년 Kitty Hawk에서 멀티콥터 형식의 "Flying Car"를 개발하였다.

도심항공교통이 승객을 운송하는 지상 택시를 목표로 개발되고 있지만, 상용화에 성공한다면 지상 소형물류의 상당 부분을 차지할 것으로 본다. UAM 항공기의 주요 시장 영역은 다음과 같다.

- Air Taxis
- Air Shuttles and Air Metro
- Personal Air Vehicles(PAV)
- Cargo Air Vehicles
- Air Ambulance and Medical Emergency Vehicles
- Last-mile Delivery Vehicles

1. Volocopter GmbH(E-Volo)

독일에 본사를 둔 Volocopter GmbH(E-Volo)에서 개발한 Volocopter 2X는 18개의 로터로 구성된 전기모터 에어택시 멀티콥터 개발에 주력하고 있다. 이 드론 택시는 2인승으로 시속 약 68마일로 최대 17마일을 30분 동안 비행했다. 이 항공기는 조종사가 조종하거나 자율 비행할 수 있도록 설계되었고, 매 비행 전 배터리 교체와 승객이 탑승하기 위한 "Volo-Hubs"와 "Volo-Ports"를 함께 개발할 계획이다. 이 업계 관계자에 따르면 향후 10년 이내에 시간당 10만 명의 승객을 운송할 드론 택시 기단(drone taxi fleet)을 목표로 하고 있으며, 드론 택시당 비용은 택시 승차 비용에 상당할 것으로 예상한다.

이 회사에서 선보인 Volocopter 2X는 초기 버전(VC200)을 개량한 완전 전기 수직이착륙(eVTOL) 멀티콥터로 소형 헬리콥터보다 대략 7배 정도 더 소음이 낮다.

▲ 소형 헬리콥터를 연상할 수 있지만, 대신 Y-형 프레임 중간과 끝에 총 18개의 모터/프로펠러로 구성되었다. 수동 조종이나 자율비행이 가능하도록 설계되었다.

기본 구조는 동체 위에 6개의 Y-형 프레임이 있고 주변 링으로 보강된 스트럿의 끝에 12개의 모터/프로펠러가 장착되고 Y-프레임 교차점에 각 6개의 모터/프로펠러를 장착하여 총 18개의 모터/프로펠러로 구성된다. 이들 동력장치는 9개의 배터리에서 3상 PM 동기식 브러시리스 DC 전기모터로 구동된다. 동체 자중은 640lb(290kg), 350lb(160kg)의 2인승으로 설계되었다. 길이는 3.2m이고 높이는 7피트(2.15m) 그리고 끝과 끝 사이의 거리는 9.15m이다. 비행거리는 27km(17마일)를 27분 동안 비행할 수 있고 순항속도는 55kt(100km/h)이다.

Volocopter 2X는 자율비행이 가능하게 설계되어 있고, 직관적 조종이 가능하도록 한 개의 조이스틱으로 설계되었다. 조이스틱이 해제되었을 때 오토파일럿 시스템이 조이스틱을 안정적 자세를 유지한다. 이를 위한 시스템에는 광섬유 FBW가 포함된다. 이외에도 비상상황을 대비한 동체 상부에 탄도 낙하산(ballistic parachute)이 탑재되었다. 2X는 도시 이동성과 Volocopter를 위해 설계되었으며, 앱 사용을 통해 예약되는 시스템을 구상하고 있다. Volocopter는 2019년 11월 VC1, VC2, VC200 및 2X 프로토타입이 두바이와 싱가포르를 포함하여 총 1,000회 이상의 시험비행을 수행했다고 발표했다.

▲ Airbus에서 개발하고 있는 CityAirbus 드론 택시

2. Airbus

에어버스 역시 혼잡한 대도시를 횡단하고 교외에서 도심까지 단거리 비행을 제공하는 것을 목표로 2대의 eVTOL를 개발하여 지상 택시 서비스 수준을 목표로 상용화에 박차를 가하고 있다. 에어버스는 시제기로 eVTOL Vahana를 개발하였다. 이 드론 택시는 1인승으로 자율비행 기능을 갖추었고 31마일 또는 20분 동안을 비행할 수 있다. 이후 114회 시험비행(2018년 1월 이후)을 성공적으로 마친 것으로 알려졌다.

CityAirbus는 에어버스에서 개발하고 있는 두 번째로 모델로 에어버스 헬리콥터 사업부 산하에 독일에서 개발 중이다. 이 항공기는 4인승으로 자율비행 전기 멀티콥터 eVTOL이다. CityAirbus는 초기 최대 15분간의 비행시간과 시속 120km의 순항속도를 기록했다. 에어버스는 이들 모델의 평가와 시험비행을 바탕으로 새로운 에어택시 모델을 선보일 것으로 보인다.

CityAirbus는 덕트로 둘러싼 4개의 고양력 추진장치는 상하로 배열된 100kW 전기모터를 사용해서 동력을 생산한다. 자율비행이 가능하도록 설계되었고, 비행시간은 15분, 순항속도는 시속 120km이다. 모터를 구동시키는 전원은 4개의 140kW 배터리를 적재하였고, 전체 배터리에서 110kW 전기 에너지를 낼 수 있다. 배터리 중량은 자중의 약 40%를 차지한다.

▲ EHang 184 드론 택시

3. EHang

EHang 184는 시속 100km(62mph) 이상으로 비행할 수 있는 드론 택시이다. Ehang은 2015년부터 승객 운송을 시작하여 2018년 2월에 영상을 공개하기까지 40회의 비행을 했다고 밝혔다. 3년 동안 1,000회 이상의 시험비행이 수행되었는데 여기에는 폭풍을 동반한 바람, 저시정, 야간 및 지상 300m(1,000피트) 상공의 비행 등이 포함된다. EHang 184는 4개의 암에 8개의 프로펠러로 구성되었다. 최근 신형 드론 택시 VT-30을 공개했다. 최대 100분의 비행시간으로 2인승으로 개발되었다. 또한, 1회 충전으로 300km(186마일) 이상을 비행할 수 있는 것으로 알려졌다. EHang VT-30 개발자에 따르면 친환경, 저소음 도심항공교통을 위한 주력 기종으로 발전시킬 계획이라고 말했다.

4. Lilium

독일의 Lilium은 2025년 상용화를 목표로 7인승 전기 수직이착륙 항공기(eVTOL)를 계획하고 있다. 이 항공기는 도심 단거리 비행을 목표로 2019년 10월 100km/h의 속도로 5인승 36-로터 eVTOL 시제기 시험비행을 마쳤다. 새로 개발될 7인승 eVTOL 제트기는 고도 10,000피트에서 순항속도 시속 280km의 속도로 설계되었다. 이 항공기의 특징은 제트엔진과 같이 덕트 전기모터로 팬을 구동시켜 추력을 얻는 DEVT(Ducted Electric Vectored Thrust) 기술을 채택하고 있다. 이 기술은 날개 플랩에 통합된 전기 제트엔진은 페이로드, 공기역학적

▲ Lilium Jet DEVT 전기구동 팬을 플랩과 통합하여 위아래로 내려 비행 모드를 조절한다.

효율성 및 저소음 프로파일을 제공하는 동시에 모든 비행 단계에서 Lilium Jet를 기동할 수 있는 추력 벡터 제어 기능을 제공한다.

5. Uber-Hyundai S-A1

현대자동차가 도심항공교통 공유를 위한 우버(Uber) 에어택시 개발을 목표로 승차공유 플랫폼 우버(Uber)와 처음으로 제휴했다. 현대차의 신형 S-A1 개인 항공기(PAV) 개념의 전기 수직이착륙(eVTOL) 방식이다. S-A1은 최대 100km까

▲ S-A1의 기본 골격은 일반 고정날개 비행기의 형태에 8개의 모터/프로펠러로 구성되었다.

지 비행할 수 있으며, 100% 전기 엔진으로 구동되며, 충전에는 5~7분 정도 소요된다. S-A1은 출시 시점에 처음 시범 운용될 예정이며, 최종적으로 4인승 전용 객실을 갖추고 있다. 현대차의 제조 기술력과 우버의 기술 플랫폼이 결합하면 도심항공교통 에어택시 네트워크를 구축하는 큰 기반이 될 것이다. 이륙이나 제자리비행 중 틸팅 로터(tilting rotors)는 위쪽으로 회전한 후 다른 고정날개 항공기와 동일하게 수평 비행을 유지하기 위해 앞으로 회전한다. 순항속도는 시속 290km(시속 180마일)로 한 번에 5명까지 탑승할 수 있는 것으로 추정된다.

6. Vertical Aerospace

영국에 본사를 둔 Vertical Aerospace는 2016년에 Vertical eVTOL 항공기 개발을 시작했다. 2019년 8월 허니웰항공우주(Honeywell Aerospace)가 제공하는 비행 제어 시스템의 시험용(testbed)으로 사용 중인 2차 시제품 항공기를 통해 첫 비행을 달성했다. 2020년 8월 26일, Vertical Aerospace는 이전의 시제기보다 훨씬 더 다양한 기능을 제공할 새로운 VA-1X 시제기의 세부 정보를 공개했다. 새로운 디자인은 고정날개와 틸트로터를 갖추고 있으며 시속 150마일의 속도로 최대 100마일까지 비행할 수 있도록 설계되었다. 2021년 1월 말에

▲ VA-4X 모델

VA-1X eVTOL을 연말까지 비행할 계획을 발표했다. 이후 이 항공기는 승객 4명과 조종사 1명이 탑승할 수 있다는 의미의 VA-4X로 명명하고 리튬이온배터리를 기반으로 추진된다. 2021년에 첫 비행을 하고 2024년에 서비스의 개시를 목표로 하고 있다.

"도심항공교통을 위한 도심 공항의 건설!"

미래 도심항공교통 항공기 개발에 주력하면서도 일부에서는 이들 항공기가 이착륙할 수 있는 시설과 탑승객이 원활하게 접근할 수 있는 인프라 건설 프로젝트가 진행되고 있다. 2021년 1월 현대자동차는 영국 정부에서 추진하고 있는 도심항공교통 이착륙 시설인 도심공항(Urban Air Port) 개발자로 선정되었다. 이 프로젝트의 명칭은 "Air-One"으로 차세대 전기 및 자율비행 항공기를 지원하는 항공 인프라와 시스템을 개발하는 것이다. "Air-One"은 세계 최초로 승객과 화물을 도시로 운송할 수 있는 자율 배송 드론과 에어택시와 같은 미래의 전기 수직이착륙(eVTOL) 항공기를 위한 허브 공항으로 운영될 것이다. 도심공항은 교통혼잡을 줄이고 대기오염을 줄이며 탄소 제로 미래를 달성하는 데 도움을 줄 수 있다.

▲ 도심공항(버티포트)은 공항 시설과 달리 많은 자본이 들지 않고 규모 역시 작아 인적 물적 교류가 많은 도심 한복판이나 대형 빌딩 옥상 등이 적합하다.

전기 자동차 및 지속 가능한 대중교통과 통합될 수도 있다.

"Air-One" 프로젝트는 정부, 업계 그리고 일반 대중이 모두 참여하여 교통 체증을 줄이고 탄소 배출을 감축하여 대기오염을 줄이면서 승객 이동 및 원활한 화물 배송으로 지속 가능한 도심항공교통의 잠재력을 실현할 수 있을 것이다. 도심공항(버티포트)은 도시 전체의 시간적 공간적 흐름을 빠르게 하여 생산성을 높이고 새로운 청정 도시로 거듭날 것으로 기대하고 있다.

미국 NASA 연구팀은 미국 내에서만 도심항공교통이 가까운 시일 내에 최대 5천억 달러의 가치가 있을 것으로 예측했다. 미래 전기 수직이착륙 항공기는 이미 상당한 기술 수준에 이르렀지만, 이들이 운영할 수 있는 시스템과 인프라 구축이 시급한 과제로 떠오르면서 "Air-One" 프로젝트에 대한 기대감이 높다. 현대차그룹은 자체 eVTOL 항공기를 제작하고 더 넓은 도심항공교통 환경을 지원할 계획이고 향후 2028년까지 "Air-One"의 상용화를 목표로 개발을 지원하고 있다.

제 2 부

드론 전문용어

2.4GHz : 드론 조종기에 사용하는 무선 주파수 속도(radio frequency rate)를 나타낸다. 이 주파수 대역 조종기는 저렴한 드론에 사용된다. 확산 스펙트럼(spread spectrum, 대역폭)은 "주파수 민첩성(frequency agile)"이기 때문에, 드론 조종자가 경험할 수 있는 대기 또는 기타 문제에 대응하기 위해 다른 주파수로 "hop(전환)" 할 수 있으며, 이는 충돌이 적다는 것을 의미한다. cf, spread spectrum

2.4GHz: RC, Bluetooth와 일부 비디오전송 장비를 포함한 디지털(spread spectrum) 무선 통신에 사용되는 주파수이다. 전자레인지, 블루투스, 드론 등에 가장 많이 사용된다. 따라서 이 대역에서 드론을 사용하는 것은 다른 무선 장치나 드론의 방해로 이어질 수 있다. 이것은 아날로그 RC 통신에 사용되는 구형 72 MHz와는 다른 대역이다. 무선 주파수 간섭을 방지하려면 2.4GHz 내장 영상 전송기(onboard video transmitters)를 사용할 때는 72 MHz 무선 장비를 사용하거나 2.4GHz RC 장비를 사용할 때는 900MHz 비디오를 사용할 것을 권장한다. cf, 5.8 GHz, spread spectrum

2D(two dimension, 2차원): 넓이와 높이만 있는 차원으로 평면에 해당하는 것. cf, 3D

3-Axis Gimbal(3축 짐벌): 3축 짐벌은 드론 영상(drone footage)이 흔들림 없이 정지상태를 유지하도록 하는 장치이다. 모터는 카메라 주위의 3개의 축에 위치한다. 센서가 이들 축에서 움직임을 감지하면 모터는 이를 상쇄하기 위해 움직임에 대응한다. 이로써 흔들림이 없는 영상을 제공하기 위해 수천 회의 계산은 거의 즉각적으로 실행된다.
cf, Gimbal

3D(three dimension, 3차원): 일반적으로 물리적 공간을 나타낸다. 물리적 공간은 좌우(가로), 전후(세로), 상하(높이)의 세 방향으로 표현된다. cf, 2D

4G(4th Generation Mobile Communication, 4세대 이동통신): 이동 중 100Mbps, 정지

중 1Gbps 전송 속도를 제공하는 무선 통신 기술이다. 휴대용 단말기를 이용해 전화를 비롯한 위성망 연결, 무선랜 접속, 인터넷 간의 끊어짐 없는 이동 서비스가 가능하다. IMT2000보다 전송 속도가 수십 배 이상 개선된 빠른 통신 속도를 바탕으로 동영상 전송, 인터넷 방송 등의 다양한 멀티미디어 서비스를 지원한다.

4K(Kilo, 1000): 화면 가로세로 3,840×2,160픽셀로 총 830만 개의 픽셀이 있는 해상도이다. 예를 들어 4K TV란 약 4,000픽셀의 가로 해상도를 갖춘 TV를 의미하고, 제품에는 보통 "3840×2160"이라고 표기된다. 4K 해상도를 UHD(Ultra High Definition, 초고화질)"라고도 한다. cf, UHD

5.8GHz: 일반적으로 높은 통달 범위와 대역폭(high range and bandwidth)에서 작동하기 때문에 전문가들이 선호하는 주파수로 2.4GHz에 비해 주파수 간섭 가능성이 낮다. cf, 2.4GHz

5.8GHz: 취미용 또는 전문가용 RC 드론에 사용된다. 실시간 피드(live feed)는 더 넓은 범위와 지연을 낮추어 제공하는 드론 카메라로부터 전송된다. 이 주파수 대역은 FPV 레이싱(racing; 경주)에 주로 사용되고 일반적으로 FPV 고급 세트와 함께 사용된다.

5G(5th Generation Mobile Telecommunication, 5세대 이동통신): 4G LTE 대비 데이터 용량은 약 1,000배, 속도는 200배 빠른 차세대 이동통신이다. 증강현실, 가상현실, 실시간 온라인게임 등과 같은 다양한 실시간 쌍방향 멀티미디어 서비스가 증가할 것이다. 이러한 서비스를 사용하는 사용자들이 자연스러운 상호작용을 경험하기 위한 초저지연성과 초연결성 5G 무선 통신 서비스가 필수이다. cf, Gbps

6-axis gyroscope(6축 자이로스코프): 자이로스코프는 3축(롤링, 피치, 요)에 대한 회전 비율을 측정한다. 자이로 6축 안정성은 3D 자이로스코프(3축)와 3D 가속도계(3축)로 구성된 통합 시스템이다. 3D 자이로와 3D 가속도계의 조합으로 6축 자이로가 중력에 의한 정적 가속도와 동적 가속도를 측정한다.

808 Camera: 이것은 종종 열쇠고리 카메라(keychain cameras)로 판매되는 매우 작은 카메라들을 가리키는 일반적인 용어이다. 이 카메라는 매우 가볍고 취미 생활자들에 의해 멀티로터 항공기에서 사진을 찍기 위해 주로 사용된다.

A(ampere, 암페어): 전류(current)의 국제 공인 단위이다. 1A(암페어)는 도선의 임의의 단면적을 1초 동안 1C(쿨롱)의 정전하가 통과할 때의 값이다.

Absorption(흡수): 기체가 액체나 고체 내부에 빨려 들어가는 현상. 물질이나 구조체 속에서 음파 등의 탄성파 또는 전자기파 등의 복사선 에너지의 감쇠 현상. cf, scattering

A-GPS: 휴대전화 네트워크 데이터를 이용하여 사용자의 위치를 삼각측량 방식으로 결정하는 데 도움이 된다. 이것은 당신의 위치를 삼각 측량하기 위한 초기 시간을 향상한다. A-GPS는 휴대전화 네트워크를 통해 위성의 위치를 획득한다. GPS 신호가 약할 때 휴대폰 신호는 스마트폰을 찾는 데 매우 편리하다. cf, GPS

Accelerometer(가속도계): 특정 방향으로 가속을 측정하고 드론 방향을 유지하는 데 도움이 되는 장치로 쿼드콥터를 안정시키기 위해 사용된다. 가속도계는 1~3개의 축에서 선형 가속(linear acceleration)을 측정한다. 단위는 보통 "g" 또는 중력(gravity)에 있다. 가속도계는 지면에 대한 드론 방향을 제공할 수 있다. cf, gravity

Acro mode(아크로 모드): RC 조종기를 활용해 드론의 각속도(angular velocity)를 조절하는 비율 모드(rate mode)이다. 이 중 대부분은 플립과 롤링(flips and rolls)을 수행하는데 사용된다. cf, angular velocity

Active countermeasure(능동적 대응책): 드론을 강제로 격추 또는 기능을 마비시키는 방법이다.

Active track(액티브 트랙): Trace mode(추적 모드), Profile mode(프로파일 모드), Spotlight mode(피사체 앵글 모드) 중 한 모드 선택 가능

Actuator(작동기): 장치의 밸브를 열어 메커니즘 또는 시스템을 이동 및 제어하는 기계의 구성요소로 제어 신호와 에너지원이 필요하다. 제어 신호는 상대적으로 낮은 에너지이며, 소스는 전기 전압 또는 전류, 공압 또는 유압 오일 압력일 수 있다. 제어 신호를 수신하면 작동기는 소스의 에너지를 기계적 운동으로 변환하여 반응한다. 작동기는 전기, 유압, 공압 분야에서 자동화 또는 자동 제어의 한 형태이다.

Aerial Photography(항공사진): 드론에 장착된 카메라를 이용해서 공중에서 이미지와 비디오를 촬영하는 것

AGL(Above Ground Level, 절대고도): 지표면으로부터 항공기까지의 높이이다. 예를 들어 표고 45피트 언덕 위로 100피트(MSL) 고도로 비행하는 UAV의 지표면으로부터 높이는 55피트(AGL)이다. cf, mean sea level

AH(Altitude hold, 고도 유지 모드): 기압계 센서를 이용해서 무인항공기의 높이/고도를 유지하는 기능

Ah(Ampere hour, 암페어시): 암페어 단위의 전류와 시간 단위의 시간을 곱한 단위 전력량을 나타낸다. cf, mAh, A(ampere)

AHRS(attitude and heading reference system, 자세 및 방향 참조 시스템): 3차원 공간에서 항공기의 피치, 헤딩(요), 롤 각도를 측정하기 위해 가상 3축 센서와 연결된 3축 관성측정장치로 구성된다. 이들 센서를 반도체 또는 마이크로 전자기계(MEMS) 자이로스코프, 가속도계, 그리고 자기계로 구성된 MARG(magnetic, angular rate, and gravity)라고도 한다. 이들 계기는 전통적인 기계 자이로스코프 비행계기를 대체한다. 최근 드론에 GPS 지원 AHRS 센서는 주로 UAV 내비게이션, UAV 기반 측량 등 항공우주 분야에 사용된다. cf, angular velocity, magnetometer

Air Taxi(에어 택시): 단거리 노선에서 승객의 요구에 따라 항공 서비스를 제공하는 소형 상업용 항공기이다. 드론 산업이 발달하면서 에어 택시는 PAV 분야에서 급성장하고 있다. cf, PAV

Airman(항공인): 성별과 관계없이 특정 역할을 하기 위한 자격증명 요건을 충족한 모든 사람

이다. 규정에 따라 운용되는 sUAS(드론)에 관해서 항공인은 상업적 목적으로 운용되는 sUAS 항공기의 운용을 감독하거나 운용하기 위해 원격 조종사 자격증명 요건을 충족해야 한다.

AirSelfie: 세계에서 가장 작고 가벼운 공중탑재 카메라 드론이다. 이 카메라 드론은 스마트폰보다 작아 언제 어디서나 쉽고 빠르게 셀카 촬영을 할 수 있다.

Algorithm(알고리즘): 어떤 문제를 논리적으로 해결하거나 계산을 수행하기 위해 잘 정의된 컴퓨터 구현 가능한 명령의 유한 순서이다. 연산방식 또는 컴퓨터의 풀이 해법이다. 알고리즘은 항상 명확하며 계산, 데이터 처리, 자동 추론 및 기타 작업을 수행하기 위한 사양으로 사용된다.

Altitude Hold function(고도유지기능): 드론이 설정된 높이에서 자체적으로 제자리비행(hovering) 하는 동안 조종자에게 카메라 초점을 맞추도록 하는 기능이다. 드론에 탑재된 기압계/고도계(barometer)는 "Altitude Hold" 모드에 필요하다. cf, hover

Analog(아날로그): 자연 그대로의 진동, 파동 또는 기계적 동력과 같이 연속되는 값으로 표현되는 정보이다. 아날로그 방식은 아주 미세한 차이도 나타낼 수 있지만, 정확성이 다소 떨어진다. 손목시계의 시침과 분침 초침 또는 지시침(pointer)으로 지시하는 각종 계기 등은 아날로그 방식이다. cf, Digital

Anemometer(풍속계): 풍속을 측정하는 데 사용되는 장치

Angle Mode(앵글 모드): 자이로 센서가 자동으로 수평을 잡아주는 모드 또는 초보자에게 권장되는 모드이다. 드론은 가속도계와 자이로스코프를 사용하여 자체 수평을 이루며 쿼드콥터가 특정 각도(기본값 50도)를 넘는 방향으로 회전하지 않도록 제어한다. 이 모드에 쿼드콥터의 비행을 배우고 안전을 걱정하지 않고 편안하게 비행을 즐길 수 있다. cf, horizon mode

Angular acceleration(각가속도): 물체의 시간에 대한 각속도(angular velocity)의 변화율이다. 가속은 시간에 대한 움직이는 물체의 속도 변화이다. 물체가 원형 방향으로 움직이는 경우 그 속도를 각속도라 한다. cf, gyroscope

Angular velocity(각속도): 물체가 축을 중심으로 회전하거나 두 물체 사이의 각 변위의 시간 비율(time rate)의 변화이다. 각도 또는 각변위(angular displacement)는 도 또는 1회전(360°)으로 표현되며, 각속도는 분당 회전수(revolutions per minute; rpm)로 표현된다. cf, angular acceleration

Angular velocity(각속도): 물체의 회전 운동에서 단위 시간당 방향의 변화량이다. 회전의 중심과 물체의 한 점을 연결한 선분이 기선과 이루는 각의 시간적 변화의 비율이다.

Antenna(안테나): 드론(송신기 장치에 의해 신호 자체가 생성됨)에서 신호를 송신하거나 수신하는 기능을 한다. 안테나는 다양한 종류가 있고 지향성(directional; 한 방향에서 가장 강함)과 무지향성(omnidirectional)이 있다.

cf, omnidirectional antenna, directional antenna

Anti-Flicker(안티-플리커): 이 기능은 밝은 형광등이 있는 도시 풍경처럼 불안정한 조명에서의 촬영의 영향을 줄이는 데 도움이 된다.

AP(Aerial Photography, 항공사진): 항공기 또는 무인항공기에 장착된 카메라에서 사진을 촬영하거나 촬영한 사진

AR(Augmented Reality, 증강현실): 디지털 세계(25%, 가상)와 물리적 요소(75%, 실제)가 완벽하게 어우러져 인공적인 환경을 조성한다. 모바일 또는 데스크톱용 AR 기술을 사용하여 디지털 구성요소를 실제와 혼합하여 개발한 앱이다. cf, VR

ARF(Almost ready to fly, 반완제품 드론): 반완제품 드론으로 송신기가 없을 수 있으므로 조립해야 할 필요가 있을 수 있다. cf, ready to fly

ARF(Almost-Ready-to-Fly): 드론을 비행하기 전에 몇 개의 품목이 더 필요한 제품을 의미한다. 일반적인 추가 품목에는 서보모터, 전자제품, 배터리와 접착제까지 포함되는 일종의 DIY 키트이다. cf, RTF, BNF

Arming(아밍): 이륙 전 드론 프로펠러를 작동시키는 것으로 엔진 시동을 거는 것과 같은 개념이다. 아밍 명령이 인식되지 못하는 때는 다음과 같다.

① 드론이 수평 표면에 놓여 있지 않다.
② 가속도계가 한 번도 보정되지 않았다.
③ 스로틀이 완전히 내려가 있지 않다.
④ CPU 부하가 너무 크다.

ARTF(Almost Ready To Fly, 반제품): 드론 패키지는 모든 것을 포함하지만 약간의 조립이 필요할 수 있지만, 수신기가 포함되지 않는다. cf, ARA

Asteroid mode(소행성 모드): 드론이 일정 높이로 상승하면서 360도 파노라마 사진을 촬영하여 합성한 후 소행성 모양의 영상을 제작하는 기법

ATC(Air Traffic Control, 항공교통관제): 항공 교통 관제사가 지상이나 관제공역에 있는 항공기에 제공하는 업무이다. ATC의 주요 목적은 충돌을 방지하고 항공 교통의 흐름을 체계화하고 촉진하며 조종사에게 정보와 기타 지원을 제공하는 것이다.

ATM(Air Traffic Management, 항공교통관리): 모든 운항 단계에서 항공기의 안전하고 효율적인 운항을 보장하기 위해 요구되는 공중 기능과 지상 기반 기능(항공교통업무, 공역관리 및 항공교통흐름관리)의 집합이다.

Authorization(승인): 항공기 운용자가 특정 규정에서 벗어나 운용할 수 있도록 하는 허가(permission)이다. 일반적으로 이 허가는 특정 과업 또는 제한된 작업 수 및 특정 기간에만 허용된다.

Auto leveling(자동수평유지): 드론이나 쿼드콥터가 자동으로 수평 비행을 수행할 수 있게 한다. 이 기능은 조종자가 버튼을 누르면 연결되는 자동 기능(automatic feature)이다.

Autonomous aircraft(자율비행 항공기): 무인항공기(UA)의 한 범주로 조종사가 비행 관리에 개입함이 없이 자율적으로 비행할 수 있는 무인항공기. cf, Q&A

Autonomous aerial vehicle(자율비행 항공기, AAV)

Autonomous drone(자율비행 드론): 인간의 개입 없이 운용할 수 있는 UAV이다. 자율비행 드론은 완전히 자율적(autonomously)으로 이륙해서 임무를 수행한 후 착륙까지 자율적으로 수행한다. 따라서 자율비행 드론은 UAV의 한 종류이지만 UAV가 반드시 자율비행 드론은 아니다. cf, Q&A

Autonomous flight(자율비행): 무인항공기(UA)가 자체 프로그램에 따라 GPS 웨이포인트의 유도를 받으며 스스로 비행하는 것. cf, Q&A

Autonomous flight(자율비행): 일부 소형 무인기는 내부 프로그래밍으로 관리되며, 내장 GPS 시스템의 유도에 따라 어디로 비행해야 하는지에 대해서 프로그램화되어 있을 수 있다. 자율비행은 조종자에 의한 무선 제어로 작동하는 조타 기계장치에 반대되는 개념이다. cf, autopilot

Autonomous operation(자율 운용): 원격 조종 항공기가 비행 관리에 대한 조종사의 개입 없이 비행하는 것. cf, Q&A

Autopilot(자동조종): 실시간 조종자가 조종함이 없이 비행할 수 있는 드론 기능이다. 예를 들어 자동조종(오토파일럿)은 사전 설정된 GPS 좌표를 따라 비행한다. cf, autonomous

AUW(All Up Weight, 전비중량): 항공기가 완전히 적재되었을 때의 항공기의 총중량이다. 드론 또는 쿼드콥터는 배터리 및 기타 부품을 포함한 총중량이다.

Backscattering(후방 산란): 입사광의 방향에 대하여 연직 또는 평면에 의해서 반사되는 방사에너지 공간에서의 산란이다. 대기의 후방 산란은 태양 빛이 지표에 도달하기까지 약 6~9%를 감쇄시킨다. 레이더의 후방 산란은 지표 등에 의해 레이더 방사원 방향으로 반사되는 레이더파를 의미한다.

Balance lead(connector): LiPo 배터리를 구성하고 있는 개별 셀에 액세스하기 위한 브레이크아웃 커넥터(breakout connector)이다. 이 리드를 통해 각각의 셀을 모니터링하고 필요에 따라 조치할 수 있다. 배터리 팩에 내의 셀 사이의 불균형을 초래할 수 있다. 리튬 셀을 사용할 때 이러한 불균형은 셀을 손상시킬 수 있고, 화재의 원인이 되기도 한다. 예를 들어 배터리 팩이 3개의 직렬 셀로 구성되었다면 메인 리드(main lead)가 가장 바깥쪽(-) 및 (+) 탭에 연결된다. 밸런스 리드는 각 셀의 (-) 및 (+)에 연결된다. 따라서 항상 셀 수보다 한 개의 밸런스 리드가 더 있으며, 이 경우 3개의 셀에 대해 4개의 리드가 있다. cf, LiPo battery

Balanced Battery Charger(균형 배터리 충전기): 스마트 기술(smart technology)을 사용하여 배터리 내부에 있는 여러 셀(multiple cells)을 적절히 충전하고 균형을 맞추는 LiPo(Lithium Polymer) 배터리용 충전기 또는 내부 시스템(internal system)이다.

Ballistic parachute(탄도 낙하산): = Emergency ballistic parachute

Bar(unit): 압력의 미터법(metric) 단위이지만 국제단위계(SI)의 일부가 아니다. 1bar는 100,000Pa(100kPa)와 같거나 해수면에서 지구 평균 대기압(약 1.013bar)보다 약간 낮

다. cf, Pa(pascal)

Barometric Pressure Sensor(**대기압 센서**): 대기압을 감지하는 센서이다. 항공기의 고도를 결정하기 위해서 측정된 대기압을 사용한다. 이들 센서는 드론이 다른 센서와 결합해서 지상으로부터 높이를 계산할 수 있게 한다. 기압계(barometer)는 드론의 고도에 대한 피드백을 제공한다. 기압은 고도에 따라 변화하기 때문에 항공기는 그 높이를 측정한다.

Baseline(**기준선/기선**): 상호비교, 추정, 측정 등을 위해 사용되는 기준이 되는 선이다. 좌표를 알고 있는 두 점을 이은 선분으로써 삼각측량, 다각측량, 항공 삼각측량 등의 기준이 되는 선을 의미한다. = Benchmark

Battery cell, module, pack(**배터리 셀, 모듈, 팩**): 배터리를 구성하는 최소 단위를 셀(cell)이라 하고, 여러 개의 셀을 직렬 또는 병렬로 연결한 것을 모듈(module)이라 한다. 여러 개의 모듈을 직렬 또는 병렬로 함께 연결한 전체 묶음을 배터리 팩(pack)이라 한다.
cf, LiPo battery

Battery(**배터리**): 손전등, 휴대폰, 드론, 전기 자동차와 같은 전기 장치에 전력을 공급하기 위해서 외부 연결부가 있는 1개 이상의 전기 화학 전지(electrochemical cell)로 구성된 전기의 근원이다. 배터리는 충전 여부에 따라 1차 배터리(primary battery)와 2차 배터리(secondary battery)가 있다. 일반적으로 알려진 건전지는 1차 배터리이고, 휴대폰 배터리는 충전해서 사용할 수 있는 2차 배터리이다.

BEC(Battery Eliminator Circuit, **배터리소거회로**): BEC는 여러 개의 배터리를 사용하지 않고 다른 회로에 전력을 공급하는 전압 조정기 전자 회로이다. 예를 들어 멀티로터 배터리(11.1V)의 고전압 전기를 저전압(5V)으로 변환하는 것으로 FC나 서보와 같은 저전압 장치를 구동하는 데 사용된다. FC를 배터리와 직접 연결했을 때 FC가 타버리기 때문에 배터리와 FC 사이에 BEC 또는 UBEC를 장착하여 적절한 수준으로 전압을 떨어뜨린다.

- BEC; Linear Battery Eliminator Circuit
- SBEC; Switching Battery Eliminator Circuit
- UBEC; Universal Battery Eliminator Circuit(=SBEC)
- OPTO; Optoisolator

Benchmark(**수준원점**): 기준 해수면의 높이를 정확히 구해 놓은 지점이다. 우리나라는 1916년 인천 앞바다의 평균 해수면을 기준으로 수준원점을 정하였고 인하공업전문대학 해발고도는 26.6871m이다.

Betaflight(**베타 플라이트**): 멀티로터 항공기와 고정날개 항공기를 비행하는 데 사용되는 비행 제어 소프트웨어(firmware)이다. 이것은 비행 성능, 첨단 기능 추가 및 광범위한 목표 지원에 초점을 맞춘다는 점에서 베이스 플라이트와 클린 플라이트와 다르다.
cf, Baseflight

BIM(Building Information Modeling, **빌딩 정보 모델링**): 건축물에서 생성된 정보를 통합 관리하는 기술이다. 건축 설계를 기존 평면(2D)에서 입체(3D)로 한 차원 높임으로써 건물

설비 교환 주기를 파악할 수 있고, 에너지 소비량이나 단열 성능 등을 효과적으로 관리할 수 있게 해준다. 각 과정을 시뮬레이션으로 보여주기 때문에 시설 공사에 이를 도입하면 설계 과정부터 잘못된 부분을 수정할 수 있다. 결과적으로 설계 변경 요인이 줄어 공기가 단축되고 비용 절감 효과도 크다.

Bind(binding, 바인딩): 무인항공기 수신기(드론 비행 제어기)와 조종기와 서로 매칭하여 송수신을 시작하도록 신호를 맞추는 과정(process)이다. 무선 송신기는 두 수신기가 바인딩된 경우에만 무선 수신기와 통신이 이루어진다. 단일 무선 송신기는 여러 수신기에 바인딩될 수 있고, 동시에 단일 수신기는 여러 송신기가 아닌 단일 송신기에만 바인딩될 수 있다. cf, pairing

Black hacker(해커): 사이버 공간에 침투해 중요한 정보를 훔치거나 국가 주요 시설을 마비시키는 행위를 하는 사람이나 집단으로 크래커(cracker)라고도 한다. cf, hacker

Blades(블레이드): 주로 회전날개 항공기의 양력을 생성하는 에어포일이다. 멀티콥터와 같은 비행체의 수평 프로펠러는 고정 또는 접을 수 있는 여러 개의 프로펠러 블레이드로 구성된다. cf, propeller

Blockchain security technology(블록체인): 네트워크에 참여하는 모든 사용자가 관리 대상이 되는 모든 데이터를 분산하여 저장하는 데이터 분산처리기술이다. 네트워크 참여자 모두가 나누어 가지는 기술이라는 점에서 자전거 체인처럼 블록(block)을 사슬(chain)처럼 연결한 것이다. 컴퓨터 시스템은 여러 곳에 데이터를 복제해 저장함으로써 컴퓨터 여러 대로 기록을 검증해 해킹을 막는 기술이다. 블록체인은 사용자들이 필요할 때마다 정보를 기록하거나 공유할 수 있어 신뢰도를 높일 수 있는 플랫폼이다.

Bluetooth(블루투스): 고정 및 모바일 기기에서 단거리(ISM 대역에서 2.4~2.485GHz의 UHF 전파 사용) 데이터를 교환하고 PAN(개인 영역 네트워크)을 구축하는 무선 기술 표준이다. 원래 RS-232 데이터 케이블의 무선 대안으로 고안되었다. 여러 개의 장치를 동시에 연결할 수 있다. cf, personal area network

BNF(Bind-N-Fly): 반제품(송신기 별도), 한 개 또는 그 이상의 취미용 드론을 보유하고 있는 RC 전문가 모델의 제품. cf, RTF

BNF(Bind-N-Fly, 상표명): 이 제품은 송신기와 바인딩만 하면 비행이 가능한 상태이지만, 송신기는 별도로 구매해야 한다. 따라서 반 완제품이다. 반면 Ready-to-Fly(RTF) 제품은 완전한 무선 시스템(수신기와 송신기)을 포함하여 비행을 시작하는 데 필요한 모든 것을 갖추어 판매되는 무인항공기(비행기와 헬리콥터)이다. cf, RTF

Board(기판): 전자부품을 조립하는 프린트 판이나 집적 회로를 배선하는 판

Boomerang mode(부메랑 모드): 피사체로부터 부메랑이 날아가는 듯하게 촬영하는 기법

Bootloader(부트로더): PC와 인터페이스하여 사용자의 프로그램을 다운로드할 수 있는 마이크로프로세서의 비휘발성 메모리에 저장된 고유 코드(unique code)이다.

Brushless Motor(브러시리스 모터): 이 모터는 고정된 전기자(fixed armature) 주위로 회

전하는 영구 자석이 있어 운동 부품(moving part)과 관련된 전류 연결 문제를 방지할 수 있다. 브러시리스 모터는 브러시 모터(brushed motors)보다 훨씬 효율적이고 견고하다. cf, Q&A

Build(조립품): 완제품이 아닌 자가제작 해야 하는 쿼드콥터 또는 무선조종 항공기

Bugs(프로그램오류): 사용자들을 당황하게 만드는 컴퓨터 프로그램의 오류. PC(개인용 컴퓨터)나 스마트폰, 비디오게임기와 같은 컴퓨터 기기를 통해 각종 소프트웨어를 이용하는 과정에서 이유 없이 오류 메시지가 출력되거나 기기가 오작동하는 경우를 종종 볼 수 있다. 이런 현상은 단순한 기기 고장 때문에 일어나기도 하지만 이보다는 사용하는 하드웨어나 소프트웨어 자체의 결함에 의한 경우도 많다. 해당 하드웨어와 소프트웨어를 구성하고 있는 프로그램의 내용 중에 잘못된 코드가 들어있다는 의미다. 이처럼 프로그램상의 결함에 의해 컴퓨터 오류나 오작동이 일어나는 현상을 버그(Bug)라고 한다.

Bull-nose propeller(불-노즈 프로펠러): 프로펠러의 표면적이 넓을수록 더 많은 공기를 밀어내어 더 많은 추력을 낼 수 있다. 최근 멀티콥터에 이 유형의 프로펠러로 많이 사용되고 있다. 그러나 프로펠러의 관성 모멘트가 증가하고 모터가 높은 토크를 생산해야 하므로 배터리에서 많은 전력을 소비하게 된다. 특히 작은 크기로 폭발적 추력을 얻기 위해 소형 레이싱 드론에 많이 사용된다.

BVLOS(beyond visual line of sight): 가시권을 벗어난 상태

BVLOS(Beyond Visual Line of Sight, 비가시권): 조종자의 시야를 벗어난 무인항공기를 운용하는 것으로 이를 위해서는 항공당국의 특별 승인을 받아야 한다. cf, VLOS

Byte(bit, 바이트): 컴퓨터가 처리하는 정보의 기본단위이다. 그러나 비트 하나로는 0 또는 1(이진법)의 2가지 표현밖에 할 수 없으므로, 일정한 단위로 묶어서 이를 바이트(byte)라 한다. 따라 1byte는 8개의 비트를 묶어서 표현한다. 대용량 기억장치의 용량 단위로는 킬로바이트(kilo byte:KB), 메가바이트(mega byte:MB), 기가바이트(giga byte:GB) 등을 사용한다.

Cache Limit(캐시 제한): 이것은 장치의 최대 저장 공간을 기반으로 한다. 캐시 제한에 도달한 후 촬영하면 과도한 영상이 삭제되므로 자동 설정을 사용할 때 주의해야 한다. cf, cache

Cache(캐시): 주기억 장치와 중앙처리장치(CPU) 사이에서 데이터를 임시로 저장해두는 장치이다. 메모리 용량(memory capacity)은 적지만 주기억 장치보다 고속으로 액세스할 수 있는 장점이 있다.

Camera gimbal(카메라 짐벌): 드론에 사용되는 카메라 장착대이다. 짐벌을 장착함으로써 흔들림 없는 영상을 촬영할 수 있고 서보를 작동시켜 원하는 장면을 촬영할 수 있다. 짐벌은 대형 DSLR 카메라까지도 지원할 수 있을 만큼 견고하다. cf, gimbal, DSLR, servo

Carbon fiber(탄소 섬유): 탄소 섬유는 지름 약 5~10㎛며 대부분 탄소 원자로 구성된다. 탄소 섬유는 높은 강성, 높은 인장강도, 낮은 중량 대 강도비, 높은 내화학성, 높은 내온성,

낮은 열팽창 등 여러 장점이 있다. 이런 특성으로 인해 스포츠용품(낚싯대, 골프채, 테니스 라켓), 항공우주산업(내열재, 항공기 동체), 자동차, 토목건축(경량재, 내장재), 전기 전자, 통신(안테나), 환경산업(공기정화기, 정수기) 등 각 분야의 고성능 산업용 소재로 널리 쓰인다. 탄소 섬유는 보통 다른 재료와 결합하여 탄소 섬유 강화 폴리머와 같은 복합 재료의 소재로 사용된다.

CCV(Closed circuit voltage, **폐회로 전압**): 회로에 부하(load)가 연결된 상태의 전압

Ceiling height(**실링 높이**): 드론이 허용 작업 영역 내에서 비행할 수 있는 조절 가능한 최대 수직 높이

Cell tower(**기지국**): 전기 통신 장비와 안테나가 장착되어 있어 주변 지역이 전화나 라디오와 같은 무선 통신 장치를 사용할 수 있다. 기지국은 통신망 통달범위나 용량을 확장할 때 대개 기지국이나 무선 통신사가 구축해 해당 지역에서 더 나은 수신 신호를 제공한다. = Cell site

Center of gravity(**무게중심**): 멀티콥터의 대부분 무게가 집중되는 위치이다. 무게중심은 거의 완벽하게 UAV의 중심에 위치해야 한다. 무게중심은 수평 비행과 공중에서 높은 안정성을 결정한다.

Certificate of Authorization(**인증서**, COA): 항공당국이 발급한 허가 또는 면제(waiver)로서 공공 사업자가 특정 UAS 운용을 수행할 수 있도록 허용하는 인증서이다.

Circle mode(**서클 모드**): 피사체 주위를 360도 회전하면서 촬영하는 기법

Circularly polarised antenna(**원형 편광 안테나**): 이 안테나는 클로버리프(cloverleaf)와 PCB 안테나가 있다. 이 안테나의 주요 문제는 안테나의 상단과 하단으로부터 신호를 수신하거나 전송할 수 없다. 이 문제를 해결하기 위해서 2개의 동일 안테나를 다른 안테나와 작은 각도로 설치한다. cf, linear antenna

Cleanflight(**클린 플라이트**): Cleanflight는 Baseflight(Naze32의 기본 펌웨어)에 대한 대체 구성 소프트웨어/펌웨어이다. 이 두 소프트웨어 모두 Naze32와 같은 FC를 프로그래밍하고 구성하는 데 사용된다. Cleanflight는 Baseflight의 클린 코드 버전(clean-code version)으로 알려져 있으며, 향후 개발을 위해 더 안정적이고 용이해야 한다. 기본적으로 두 소프트웨어 모두 동일 작업을 수행한다. 그러나 Cleanflight에는 Baseflight에는 없는 기능이 있다. cf, Betaflight

COA(Certificate of Authorization or Waiver): 항공당국이 현행 규정의 요건으로부터 면제를 요청한 것에 대한 인증서이다.

Coaxial twin-propeller: 동축 로터 헬리콥터의 비행 원리와 유사하다. 동축 바이콥터에서 프로펠러는 위아래로 배열되고 통상 위에 있는 프로펠러 피치는 가변형이고 아래 프로펠러 피치는 고정형으로 설계된다. 이로써 기계 구조를 최대한 단순화하여 제조 및 정비를 단순화할 수 있다. 그러나 더 나은 성능을 위해서 위아래 프로펠러 모두 가변 피치 프로펠러로 구성할 수 있다. cf, Tdrone

Combat drone(전투 드론): 군용으로 사용되는 드론이다. 군용 드론은 군사작전의 개념을 변화시키고 있다. 드론은 전투로 인한 사망자를 줄이겠다는 궁극적인 목표를 가지고 재래식 전투보다 많은 이점을 제공한다. = Military drone

Commercial Flight(상업 비행): 상업적으로 드론을 운용하는 사업 비행으로 항공안전법에 따라야 한다.

Compass(나침반): 동서남북 방위를 지시하는 드론의 한 구성요소이다.

Compressed hydrogen(압축 수소): 일정 압력으로 압축된 기체 상태의 수소이다. 운송용 수소저장 탱크는 통상 350bar(5,000psi), 700bar(10,000psi)의 압축 수소가 사용된다. cf, bar, hydrogen pressure, psi

Contour Map(등고선 지도): 등고선을 사용하여 표면 고도를 그리는 지형도

Contra-rotating propellers(엇회전 프로펠러): 한 축에 2개의 프로펠러를 배열하여 서로 반대 방향으로 회전하도록 설계하여 토크를 상쇄시킨다. 이 형식의 프로펠러는 효율이 높기는 하지만 소음이 매우 큰 단점이 있다.

Controllability(조종성): 조종성은 조종사의 조종 입력으로 항공기가 현재 상태에서 얼마나 빠르게 반응하는지를 나타낸다. 안정성이 높을수록 조종성은 떨어진다. 전투기는 불안정하지만, 조종성을 크게 높여야 한다. 이처럼 전투기 불안정성은 조종사가 제어할 수 없어 FBW 또는 컴퓨터에 의한 제어방식이 필수이다. cf, maneuverability, stability

Controlled Airspace(관제공역): 항공교통관제 업무가 제공되는 지정된 공역이다. 공역의 항공교통량에 따라 A, B, C, D, E등급 공역이 있고, 항공교통관제 업무가 제공되지 않는 비관제 공역(G등급 공역)으로 분류된다. ≠uncontrolled airspace

Controller(조종기): 드론 조종자가 드론과 쿼드콥터를 조종하기 위해 사용하는 휴대용 장치(handheld device)이다. cf, remote controller, transmitter

Counter-Drone(드론 대응책): 불법 또는 적국의 드론에 대응하기 위한 대응책으로 다양한 불법 드론 대응책이 제시되고 있지만, 가장 효율적 드론 대응책을 찾는다는 것이 쉬운 일은 아니다.

C-UAS(Counter Unmanned Aerial System): 무인항공기 대응책

Current Drawing(전류 소모): 전류의 소모, 또는 전원 사용한다는 것을 의미한다. 전자기기에서 전원(source)으로부터 전류를 소모하고 있다고 할 수 있다. 전자공학에서 기기가 얼마나 많은 전류를 요구하거나 현재 사용하고 있는지에 대해서 관심이 있다. 배터리를 사용 중이기 때문에 "전류를 너무 많이 소모"할 때 배터리가 방전될 수 있으므로 장치의 작동에 문제가 있을 수 있다. cf, voltage

Current(전류, A): 전하가 이동하는 현상으로 양전하 이동의 방향이 전류의 방향이다. 전류는 두 점 사이의 전위의 차이에 의하여 발생하며 그 전위차는 볼트(volts)로 측정한다. 전류의 양은 전위차와 전기 저항에 따라 암페어(amperes)로 측정되며 전기량은 쿨롱(coulombs)으로 측정한다. cf, electric charge

Cut-off voltage(차단 전압): 배터리의 최소 허용 전압을 의미하는 것으로 배터리의 방전된 상태를 나타내는 전압이다.

Cycle life(사용주기): 배터리가 최소한의 성능 기준에 충족할 때까지 방전 및 충전할 수 있는 주기이다. 특정 배터리의 사용주기는 다양한 조건에 따라 달라질 수 있다. 실제 배터리의 운용 수명은 온도, 습도 등의 영향을 받는다. DOD가 높을수록 사용주기는 짧아진다.

D&A or DAA(Detect and Avoid, 탐지와 회피): 무인항공기가 충돌할 수 있는 다른 비행체 또는 기타 위험을 보고, 감지한 후 해당 비행 규칙을 준수하기 위한 적절한 조치를 할 수 있는 성능이다.

Damper(댐퍼): 고주파 진동을 방지하기 위해서 기체 구동부와 카메라 짐벌 사이에 장착되는 고무 또는 실리콘 부품. cf, gimbal

Data link(데이터 링크): 디지털 정보를 송수신할 목적으로 한 위치를 다른 위치에 연결하는 수단이다. 무인항공기는 제어 신호를 보내고 원격측정을 받기 위해 양방향 데이터 링크가 사용된다.

Data logger(데이터 로거): 시간 경과에 따른 조건의 변화를 모니터링하고 기록하는 장치이다. 단일 독립 실행형 장치이거나 여러 채널로 구성될 수 있다. 대부분의 독립형 장치는 배터리로 작동하므로 비행 중에 장시간 녹화할 수 있다.

Data packet(데이터 패킷): 패킷은 디지털 네트워크를 통한 통신의 기본단위로 사용된다. 데이터를 전송할 때 패킷이라고 불리는 전송 전 유사한 데이터 구조로 분해되며, 패킷은 대상에 도달하면 원래 데이터 청크(data chunk)로 재조립된다.

Death roll(데스 롤): 기체가 갑자기 동력을 잃고 뒤집히며 추락하는 현상으로 대부분 모터나 전자변속기의 결함, 전기 배선의 단락, 또는 프로펠러 파손 등이 주원인이다.

Deep learning(딥 러닝): 컴퓨터가 여러 데이터를 이용해 마치 사람처럼 스스로 학습하는 인공 신경망(ANN: artificial neural network)을 기반으로 구축한 기계학습 기술이다. 딥 러닝은 인간의 두뇌가 수많은 데이터 속에서 패턴을 발견한 뒤 사물을 구분하는 정보처리 방식을 모방해 컴퓨터가 사물을 분별하도록 기계를 학습시킨다. 딥 러닝 기술을 적용하면 사람이 모든 판단 기준을 정해주지 않아도 컴퓨터가 스스로 인지하고, 추론, 판단할 수 있게 된다.

Default(기본값): 프로그램 입력 또는 매개변수를 위해 미리 정의해 둔 값으로 사용자가 별도의 명령을 내리지 않아도 기본으로 적용된다.

Definition(선명도): 화면의 산뜻하고 뚜렷한 정도

DEM(Digital Elevation Model, 수치표고모델): 지구 지형을 나타내는 표고 데이터를 3D 컴퓨터 그래픽으로 나타낸 것이다. DEM은 종종 지리 정보 시스템에 사용되며 디지털로 제작된 기복지도(relief map)의 기초이다. cf, DSM, DTM

Depth map(깊이 지도): 3D 컴퓨터 그래픽에서 깊이 지도는 관찰 지점(또는 카메라)으로부터 객체의 표면 거리에 따라 다르게 보이는 이미지이다. 예를 들어 조명을 비추고 있는

의자를 촬영할 때 빛의 각도에 따라 또는 카메라의 위치에 따라 가까운 표면은 더 밝고, 멀리 있는 쪽은 더 어둡게 나타난다.

DHM(Digital Height Model, **수치높이모델**): 건물, 고가도로와 교량의 흔적이 포함된다. 대부분 통신 네트워크 모델링, 홍수 모델링, 3D 도시 모델, 장애물 연구, 고고학 연구 등에 사용된다. cf, DEM, DSM, DTM

DIB(Drone-in-a-Box, DIB): 사전에 프로그래밍된 임무 목록을 수행하기 위해 전개된 자율 드론으로 드론의 충전 기반 기능(as the drone's charging base)을 겸비한 자체 탑재 랜딩 박스(self-contained landing box)로 돌아온다.

Diffraction(**회절**): 음파, 전파나 빛 따위의 파동이 장애물 뒤쪽으로까지 돌아 그늘진 부분까지 전달되는 현상으로 파동에서만 나타나는 성질이다. 입자의 진행경로에 틈이 있는 장애물이 있으면 입자는 그 틈을 지나 직선으로 진행한다. cf, reflection

Digital Twin(**디지털 트윈**): 물리적 객체나 프로세스의 실시간 디지털 대응 역할을 하는 가상 표현이다. 현실 세계에 존재하는 사물, 시스템, 환경 등을 가상공간에 동일하게 구현함으로써 가치를 제공한다.

Digital(**디지털**): 디지털은 모든 정보를 서로 다른 숫자로 표시한다. 디지털 정보는 0과 1이라는 2개의 숫자를 조합한 2진법을 사용하므로 정확성이 높다. 전자시계의 초 단위의 이하까지 지시해주는 방식 또는 액정이나 발광 다이오드의 점멸로 숫자(시간)를 나타내는 방식은 전형적인 디지털이다. cf, analog

Directional antenna(**지향성 안테나**): 강하게 방사한다든지 또한 한 방향으로만 신호를 송신 또는 수신하는 안테나. cf, antenna

Directional antenna(**지향성 안테나**): 특정 방향으로만 원뿔 모양의 패턴으로 송신 또는 수신한다. cf, Omni-directional antenna

Display Resolution(**디스플레이 해상도**): 디스플레이 해상도는 가로세로(너비×높이)의 고유 픽셀 단위 수를 나타낸다. 예를 들어 해상도 "1024×768"은 가로(너비)가 1024픽셀이고 세로(높이)는 768픽셀임을 의미한다. 단순하게 HD 화면에는 921,600픽셀이지만, Full HD 화면에서는 2,073,600픽셀(화소)로 선명성에 큰 차이가 있다.
cf, High Definition, Pixel

Diversity(**다이버시티**): 무선 통신에서 신호가 전달되는 다양한 무선 경로를 의미하는 것으로 페이딩(fading)의 영향을 경감시키기 위해, 전기장 세기 또는 S/N 비율이 다른 여러 개의 수신 신호를 합성하여 단일 신호 출력을 얻는 수신 방식이다. 예를 들어 EV300D와 같이 2개 이상의 안테나 신호 중 강한 신호를 선택하여 수신하는 장치로 FPV용으로 화면 신호가 끊기지 않도록 한다. cf, fading

DIY(Do It Yourself): 일반적으로 사용자가 부품을 구매하여 스스로 조립하여 완제품을 만드는 것

DJI: 중국의 드론 제조업체이다. DJI는 전 세계 일반 상업용 드론 시장의 70%를 생산하고

드론 관련 특허를 가장 많이 가지고 있는 업체이다. DJI의 제품들은 취미용 드론, 촬영용 드론, 농업용 드론 등 여러 용도로 제작하여 출시되고 있다.

DOD(Depth of discharge, **방전 심도**): 현재 배터리의 잔존 용량을 최대 용량에 대한 백분율로 나타낸 수치이다. SOC와 반대의 개념으로 DOD 수치가 높을수록 SOC는 감소한다. SOC가 100%이면 DOD는 0%이다. 예를 들어 용량이 10Ah인 배터리의 DOD를 암페어시로 나타낼 때 DOD가 0 Ah이면, 배터리가 방전되지 않는 상태이다. 그러나 DOD가 10Ah라면 배터리는 완전 방전 상태이다. DOD가 80% 이상인 배터리 상태를 심도 방전이라 한다. cf, SOC

DOF(degree of freedom; **자유도**): 기계 시스템의 위치 또는 상태를 정의하는 데 필요한 독립 변수의 최저 수이다. 이것은 상호 연결된 운동이 얼마나 많은 방향으로 자유롭게 운동할 수 있는지를 보여주는 운동학적 체인(kinematic chain)의 특성이다. 예를 들어 6도 자유도는 3차원 공간에서 물체 운동의 자유도이다. 이것은 물체의 전후, 좌우, 상하 운동으로 3도의 자유도 그리고 x-축, y-축, z-축에서 각각 피치(pitch), 롤(roll), 그리고 요(yaw) 운동을 모두 합한 자유도이다.

Dongle(**동글**): 컴퓨터에 사용된 소프트웨어가 정품 라이센스인지를 확인하기 위해 처음 개발되었다. 컴퓨팅 분야에서는 주로 상업용 소프트웨어의 복제 방지 목적으로 사용된다. 이외에도 디지털 미디어 플레이어나 광대역 모바일에 접속하기 위해 사용하는 USB 모뎀 단말도 동글이라 한다.

DOP(dilution of precision; **정밀도 저하율**): 위치 측정 정밀도에 대한 항법 위성 기하학 배열로 인한 오류 전파를 지정하기 위해 위성 항법 및 기하학에서 사용되는 용어이다. 위성 배열을 나타내며, GPS 측정 결과 정밀도 평가에서 매우 중요한 변수이다. DOP Value는 1~20등급으로 분류하고 1 미만은 이상적(ideal)이고, 20 이상은 불량(poor)으로 사용할 수 없다. 이외에도 2~5(Good), 5~10(Moderate)으로 수치가 낮을수록 정밀도는 높다. DOP는 다음과 같은 여러 개별 측정값으로 나타낸다.

- HDOP(horizontal dilution of precision)
- VDOP(vertical dilution of precision)
- PDOP(position (3D) dilution of precision)
- TDOP(time dilution of precision)
- RDOP(relative dilution of precision)

Downward Ultrasonic Obstacle Avoidance Sensor(**하향 초음파 장애물 회피 센서**): 한 센서는 고주파수 음성 펄스(high-frequency sound pulse)를 송출하고 다른 센서는 펄스를 수신한다. 드론은 펄스를 전송 시간과 수신 시간 사이의 이동시간을 바탕으로 지상에서 드론의 높이를 계산한다.

Drone Antennas(**드론 안테나**): 드론 다리(leg) 안에는 드론에서 FC(비행 제어기)로 그리고 FC에서 드론으로 정보를 전달하는 전송시스템(transmission system)이 있다. 또한, FC

에 드론의 방향을 전달하는 2개의 나침반 센서가 있다.

Drone Battery(드론 배터리): 배터리는 과충전 보호(overcharge protection), 온도 데이터, 충전 사이클 기록, 출력 정보를 드론으로 전달하는 "지능형"이다. 이는 배터리를 반복적으로 사용해도 안전하며 비행 중에 문제가 발생하지 않도록 하기 위한 것이다.

Drone Camera(드론 카메라): 카메라 전면에 렌즈(lens)가 열리고 빛이 들어온다. 이미지 센서는 들어오는 광선을 캡처한 다음 디지털 이미지(digital image)로 처리한다.

Drone Frequency(드론 주파수): 드론 원격 조종기는 드론과 카메라 시스템에 가장 강한 신호를 제공하기 위해 이들 주파수를 사용한다. 2.4GHz 대역은 전송 범위가 더 길지만, 속도는 느리다. 5GHz 대역은 전송 범위가 짧지만, 더 빠른 속도로 데이터를 전송한다. 이들 두 주파수의 결합으로 드론과 원격 조종기는 먼 거리에서도 빠르게 정보를 전송할 수 있다. 이들 두 주파수 사이의 주요 차이점은 거리와 속도(distance and speed)이다.

Drone Motor(드론 모터): 드론(쿼드콥터)은 회전하는 프로펠러에 의해 발생하는 회전력(토크)을 균등하게 하도록 시계방향 회전 모터 2개와 반시계방향 회전 모터 2개로 구성된다. 이것은 뉴턴의 제3의 운동법칙 "모든 작용에 대해 동등하고 반대의 반작용이 발생한다."에 따라 동일 수의 모터가 서로 반대로 회전하는 것은 회전력으로 인한 토크를 상쇄함으로써 안정성을 제공한다.

Drone Propeller(드론 프로펠러): 드론(쿼드콥터)은 각각의 모터에 반시계방향으로 회전하는 2개의 프로펠러와 시계방향으로 회전하는 2개의 프로펠러로 구성된다. 이들 프로펠러는 에어포일 표면에서 공기를 아래로 밀어내면서 회전하며, 프로펠러 상부의 저압 구역을 형성하고, 하부에서는 더 높은 압력 구역을 생성해 위아래의 압력 차를 발생시켜 드론을 위로 밀어 올린다.

Dronie mode(드로니 모드): 피사체를 중심으로 기체가 후방/상승하면서 점점 멀어지면서 촬영하는 기법

Dronie(드로니): 카메라 드론을 사용하여 캡처한 자화상 사진 또는 동영상이다. 디지털카메라 신제품 기획부터 소셜네트워크서비스(SNS)에 이르기까지 IT 산업 전반에 영향을 주는 신조어로 셀카라 한다. 자신의 사진을 찍어 소셜 네트워킹 서비스(SNS)에 올리는 셀피(셀카)와 같이 드론을 띄워 본인 사진을 찍는 것을 의미한다. cf, SNS

DSLR(Digital Single Lens Reflex): DSLR은 기존 필름 카메라에서 디지털 방식을 더한 카메라이다. cf, digital

DSM(Digital Spectrum Modulation, 디지털 스펙트럼 변조): "Spektrum(RC 장비 제작업체)"에서 개발한 독점적 기술이다. 송신기에는 수신기를 바인딩할 수 있는 GUID(Global Unique Identifier)가 있어 송신기가 근처에 있는 다른 Spektrum DSM 시스템과 간섭하지 않도록 한다. DSM은 다이렉트 시퀀스 스프레드 스펙트럼(DSSS) 기술을 사용한다. cf, GUID

DSM(Digital Surface Model, 수치표면모델): 지표면, 초목 및 인공 물체 등 지구 표면의

자연적, 인공적 특징을 3D 컴퓨터 그래픽으로 나타낸 것이다. cf, DEM, DTM

DSSS(Direct-Sequence Spread Spectrum): 변조 방식이다. 다른 확산 스펙트럼 기술과 마찬가지로 전송된 신호는 반송파 또는 방송 주파수를 변조하는 정보 신호보다 더 큰 대역폭을 갖는다. cf. DSM

DTM(Digital Terrain Model, 수치지형모델): 지형의 위치 및 높이의 수치를 적당한 밀도로 배치하여 컴퓨터에 기억시키고 이 수치에 의해 표현되는 지형이다. 이 모델의 수치를 사용하면 조감도, 경관도, 면적 계산, 노선의 비교 설계 등을 작도하거나 계산할 수 있다. cf, DEM, DSM

Dual core(듀얼코어): 동일 집적 회로(IC)에서 동시에 작동하는 2개의 프로세서를 가진 CPU이다. 이러한 유형의 프로세서는 단일 프로세서보다 작동 효율과 처리 속도가 최대 2배까지도 가능하다. 각 코어의 운영 체제는 대부분 작업을 병렬로 처리한다.

Ducted fan drone(덕트 팬 드론): 프로펠러 또는 로터 블레이드를 관 속에 장착하여 관을 통해서 공기를 분사하는 형식의 드론이다. 덕트 팬은 지름이 같은 기존 프로펠러보다 더 많은 추력을 낼 수 있는 장점이 있다. 덕트 팬은 기존 프로펠러 형식보다 소음이 적고 블레이드 팁 손실을 줄여 효율이 높은 장점이 있다. 따라서 덕트 팬 드론은 실내에서 쉽게 조작할 수 있고 사람들에게 가까이 날아갈 수 있다. = Electric ducted fan

Ducted electric vectored thrust(덕트 전기 벡터 추력, DEVT): 프로펠러를 덕트 속에 장착한 형태의 추진장치이다. 이 장치는 공기역학적 효율 향상과 소음 감소 효과가 있다. cf, vectored thrust

eBee X: 고정날개 드론으로 sensFly에서 제작했다. 이 드론은 3D 지도제작(mapping), 사진 측량, 적외선(infrared), 그리고 다분광 농업(multispectral agriculture)에 대한 다양한 페이로드 옵션을 운반할 수 있다.

e-Compass(e-컴퍼스, 전자 나침판): eCompass 또는 e-Compass는 가속도계와 자기계를 활용하는 틸트 보상 전자 나침반으로 디스플레이가 사용자 방향에 맞게 정렬되도록 유지하기 때문에 비행체 디스플레이(스마트폰)에 중요한 센서이다. e-나침반은 보통 지구 자기장을 기준으로 드론에 간단한 방향을 제공하는 자기계 센서를 기반으로 한다. 따라서 드론은 항상 어느 쪽이 북쪽인지 알 수 있으므로 사용자의 물리적 방향에 따라 디지털 지도를 자동으로 회전할 수 있다.

EDP(Distributed electric propulsion, 분산전기추진): 에너지원 또는 발전 장치에 전기적으로 연결된 전기 프로펠러를 사용하는 분산 추진의 일종이다. UAM의 소음 저감 및 안전사고 예방을 위해서 여러 개의 로터(일종의 프로펠러)를 독립적으로 구동하는 기술이다. 이 기술은 하나의 배터리에서 생성하는 전기에너지로 여러 개의 로터를 독립적으로 구동시킨다. cf, UAM

Electric charge(전하): 물체가 띠고 있는 정전기의 양으로 모든 전기현상의 근원이 되는 실체이다. 양전하(+)와 음전하(-)가 있고 전하가 이동하는 것이 전류이다. cf, current

Electric ducted fan(전기 덕트 팬): cf, Ducted fan drone

Electrical motor(전기 모터): 전기에너지를 기계 에너지로 바꾸는 데 사용되는 기계의 한 종류

Electromagnetic field(전자기장): 전자기장은 자기장 및 전기장 특성이 있고 전하를 통해 물체를 둘러싸고 있는 전기장과 자기장이 공존하는 벡터 공간이다. 지구는 지구 내부의 전자의 움직임에 의해 생성된 전자기장에 둘러싸여 있고, 전자기장을 이용해서 방향을 결정하는 것이 나침반이다.

Electronic device(전자기기): 저항기, 인덕터, 콘덴서, 다이오드, 스위치, 트랜지스터 또는 집적 회로를 사용하여 회로에서 전자 흐름을 제어함으로써 작동하는 장치이다. 텔레비전, PDA(personal digital assistant), DVD(digital versatile disc) 플레이어, 랩톱 컴퓨터, 데스크톱 컴퓨터, 휴대전화, 아이팟, 아이패드, 카메라, 게임기, 그리고 라디오 등 특정 목적을 수행하는 전자 장치이다. cf, PDA, DVD

ELEV(Elevator, 승강타): 드론 또는 항공기의 피치(pitch)를 조종하는 조종면 또는 스틱

Elios(엘리오스): 실내의 복잡한 공간에서 구조물과 충돌하지 않고 물체를 찾거나 탐색할 수 있도록 설계된 Full HD(collision-tolerant, full HD), 그리고 적외선 이미지(infrared imagery)를 장착한 UAV이다.

Emergency ballistic parachute(탄도 낙하산): 경비행기, 드론 등의 비상 상황에서 기폭장치를 이용해서 급팽창할 수 있도록 설계된 일종의 비상착륙 낙하산이다. 기폭장치를 이용하는 것은 일반 낙하산보다 급팽창할 수 있어야 하기 때문이다. = ballistic parachute, ballistic reserve parachute

EMI(Electromagnetic interference, 전자기 간섭): UAV의 제어에 영향을 미칠 수 있는 모든 교란은 EMI(전자파 장애)로 알려져 있다. 모든 종류의 EMI는 지상에서 드론을 조종하는 것을 불가능하게 할 수 있고 조종을 방해할 수 있다.

EMI(Electromagnetic interference, 전자기 간섭): 드론 주변에 있는 금속, 자석, 송전선, 또는 무선 셀 기지국(cell towers)과의 근접성으로 인해 전자 장치의 작동에 불필요한 전자기 신호 또는 전기 잡음이 다른 기기나 시스템의 동작에 장애를 일으키는 장애 현상이다.

EMP(Electromagnetic pulse, 전자기 펄스): 드론 군집을 격파하기 위해 사용되는 전자기파를 이용한 드론 대응책이다. 전자기 에너지의 순간적인 폭발이다. EMP 간섭은 전자 장비를 파괴하거나 파손시키며, 높은 에너지 수준에서 낙뢰 타격과 같은 강력한 EMP 출력은 건물과 항공기 구조와 같은 물리적 물체를 파괴하거나 파손시킬 수 있다.

Energy density(에너지 밀도): 에너지 밀도는 주어진 시스템 또는 단위 부피당 공간 영역에 저장된 에너지의 양이다. 배터리의 경우 단위 질량 당 공칭 배터리 에너지를 나타내기도 한다. cf, LiPo battery, specific energy

ESC(Electronic Speed Control, 전자변속기): 모터를 사용하는 무인항공기에서 모터 속도와 방향을 제어하는 장치이다. 각 모터는 배터리와 FC에 연결된 전자기기이다. RC 시스템

및 오토파일럿과 같은 기타 내장 전자기기에 전원을 공급하는 배터리소거회로(battery eliminator circuit; BEC)가 포함된다. cf, BEC

ESC(Electronic Speed Controller, **전자변속기**): 드론 모터를 제어하는 장치이다. ESC는 배전반(배터리)과 FC(flight controller)에 연결되어 있고, ESC가 비행 제어기로부터 신호를 수신하면 각 모터에 공급되는 동력의 양을 변화시킬 수 있다. cf, Flight controller

eVTOL(Electric Vertical Take and Landing, **전기 수직 이착륙**): 전기 동력을 이용하여 제자리비행, 수직 이착륙하는 항공기이다. 이 기술은 전기 추진(모터, 배터리, 전자 제어기)의 주요 첨단 추진과 도심항공교통을 위한 에어 택시(air taxi)와 같은 미래 항공수요에 따른 친환경 항공교통수단이다. cf, VTOL, UAM

Exemption(**면제**): 항공당국이 개인이나 조직에 발급한 특정 규칙이나 규정을 무시할 수 있도록 부여한 허가이다.

Fading(**페이딩**): 전파가 매질의 변화에 따라 그 강도가 급격하게 변동되는 현상. 페이딩의 원인은 전파가 전달되는 매질의 전기적 상수가 시간에 따라 변해서 전파의 손실이 발생하거나 경로상의 굴절, 간섭 등 다양한 원인이 있을 수 있다. cf, bending

Fail safe(**페일 세이프**): 드론 조종이 어떠한 이유로 드론과 조종기 신호가 끊어져 조종할 수 없을 때 드론 추락이나 충돌로 인한 피해를 방지하기 위해 드론 스스로 최초 이륙 지점으로 돌아오는 기능이다. cf, flyaway protection system

Fallback(**폴백, 대체 시스템**): 전체 시스템이 고장나는 것을 방지하기 위한 일종의 예비 또는 대체 시스템이다. 예를 들면 컴퓨터 장치의 일부 고장이 발생했을 때 그 부분을 전부 또는 일부분만 교환하거나 수동으로 기능을 떨어뜨려서라도 작동시킨다. cf, fail safe

Fat Shark: 드론용 FPV 고글을 생산하는 주요 업체 중 하나

FBW(**전자조종방식**, fly-by-wire): 항공기의 기계식 수동 비행 제어를 전자 인터페이스로 대체하는 시스템이다. 조종장치의 움직임은 전선으로 전송되는 전자 신호로 변환되며, 비행 제어 컴퓨터는 각 조종면(승강타, 도움날개, 방향타)에서 액추에이터를 어떻게 움직이는지를 결정한 명령에 반응을 제공한다. FBW는 전투기를 포함한 대부분 운송용 항공기에서 무게 감소, 신뢰성 향상, 높은 내구성, 그리고 높은 기동성이 필요한 항공기의 효과적 비행 제어 시스템으로 활용된다. cf, Fiber optic FBW

FHSS(Frequency Hopping Spread Spectrum): 주파수 홉핑 확산 스펙트럼은 송신기와 수신기에 사전 지정된 무작위 순서(pseudorandom sequence)에 따라 여러 주파수 사이를 빠르게 전환하여 무선 신호를 전송하는 방법으로 다음과 같은 장점이 있다.

① 확산 스펙트럼 신호는 협대역 간섭(narrowband interference)에 매우 강하다. 전파 신호를 회수하는 과정(recollecting a spread signal)은 간섭 신호를 확산시켜 배경 간섭을 줄인다.

② 확산 스펙트럼 신호는 신호 인터셉트가 어렵다. 확산 스펙트럼 신호는 단지 협대역 수신기에 대한 배경 잡음의 증가로 나타날 수 있다. 만약 의사 난수 시퀀스를 알 수 없다면

도청자는 실시간 전송을 인터셉트하기 어렵다.

③ 확산 스펙트럼 전송은 간섭을 최소화하면서 많은 유형의 기존 전송과 주파수 대역을 공유할 수 있다. 확산 스펙트럼 신호는 협대역 주파수 통신에 최소한의 잡음을 추가하며, 그 반대의 경우도 마찬가지이다. 따라서 대역폭(bandwidth)을 더 효율적으로 사용할 수 있다.

Fiber optic FBW(광학 FBW): 광섬유 기술은 기존 기술에 비해 많은 이점이 있어 점차 더 많은 분야에 활용되고 있다. 광섬유 FBW 기술은 차세대 기술로 평가받고 있다. 광섬유는 FBL(fly-by-light) 제어 시스템의 형태로 항공기 제어 시스템으로 채택되었다.

cf, FBW

Field of View(FOV, 시계, 시야): 드론 카메라에서 보는 각도(viewing angle)이다.

Firmware(펌웨어): 비행 제어기(FC), 배터리, 또는 원격 조종기에 내장된 소프트웨어이다. 제조업체는 버그(bugs; 프로그램오류) 수정, 새로운 기능의 도입과 기존 기능의 개선, 그리고 보안 취약점으로부터 보호하기 위해 펌웨어 업데이트를 제공한다. 펌웨어라고 하는 이유는 전원이 제거되더라도 비소멸성 메모리 상태를 유지하기 때문이다. 예를 들어 오토파일럿의 방법과 작업을 결정하는 애플리케이션(스마트폰 사용자용 앱, App for smartphone users) 또는 프로그램이다. cf, Bug

Fixed wing drone(고정날개 드론): 고정날개 드론은 날개(에어포일)에서 양력을 발생하고 프로펠러가 추력을 발생하는 유형의 UAV이다. 고정날개 드론은 날개가 있으므로 더 작은 동력으로 먼 거리를 비행할 수 있다. cf, rotary wing drone

Fixed-pitch propeller(고정 피치): 프로펠러의 피치가 고정된 형식의 프로펠러이다.

cf, variable-pitch propeller

Flight Control System(비행제어시스템): 이것은 상호 연결되어 조종자가 쿼드콥터나 다른 멀티로터 비행체를 조종할 수 있도록 해주는 제어 네트워크이다. 비행제어장치의 핵심은 종종 프로그램이 가능한 "마이크로컨트롤러(microcontroller)"이다. 이것은 가속도계, 자이로스코프, 기압계, 나침반, GPS 등을 포함한 여러 개의 센서를 탑재하고 있을 수 있다. 예를 들어 특정 GPS 좌표를 탐색하는 비행 제어 시스템은 스스로 항공기를 조종할 수 있는 능력이 있을 수 있고, 이것을 오토파일럿이라 할 수 있다.

cf, Autopilot

Flight Controller(비행 제어기): 비행 제어기는 통상 "FC"라 하고 드론의 두뇌이다. FC에는 GPS 모듈(module), 나침반, 장애물 회피 센서(obstacle avoidance sensors), 그리고 원격 조종기(remote controller)의 입력을 수신해서 모터 제어를 위해 ESC에 제공된 정보로 처리한다. 초기 이들 장치를 갖추지 않았거나 저렴한 드론은 드론의 위치와 이러한 변화를 수정하는 방법에 대한 정보를 전달하는 센서가 없어 바람이 심하게 불 때는 멀리 표류하기도 했다. 그러나 최신 드론에서 무인기는 GPS와 하향시각 센서(downward vision sensors)로 정확한 위치를 알기 때문에 바람이 불더라도 정확한 위치를 유지할 수 있다.

FC는 드론 조종자가 바람 요소를 보완하기 위해 ESC와 모터에 적절한 제어 신호를 보내기 때문이다.

Flight envelope(**비행영역 선도**): 항공기의 안정성을 보호하기 위해 롤, 피치 및 요 자세의 한계를 설정하는 기동 영역 선도

Flight LED(**플라이트 LED**): 드론이 어느 방향을 향하고 있는지 조종자에게 보여 주는 다양한 색상으로 깜박인다. 2개의 점멸 적색등(flashing red lights)은 드론의 앞면(카메라가 마주 보고 있는 방향) 그리고 2개의 녹색 점멸등(green flashing lights)이 드론의 뒷면이다.

Flight Status(**비행 상태**): 드론의 GPS 신호, 배터리 수준, 사진과 영상 옵션, 짐벌 설정, 그리고 읽기 쉬운 상태 표시기와 아이콘을 통해 항공기의 홈 지점까지의 거리 등 중요한 비행 상태 매개변수를 보여준다.

Flip of death(**뒤집힘**): Death roll

Flip turn(**플립 턴**): 360도 롤 선회

FLIR(forward-looking infrared, **전방감시적외선**): 물체에서 방사되는 적외선을 감지하는 열화상 카메라이다. 민간 및 군용 항공기와 드론 등에 사용하는 전방 적외선은 물체에서 방사되는 적외선 감지를 위한 열화상 카메라를 사용한다. FLIR은 조종사가 야간이나 안개 속에서 지형을 시각적으로 관찰하여 비행에 도움을 주거나 물체에서 방사되는 온도를 감지하는 데 사용할 수 있다. 열화상 카메라가 감지하는 적외선의 파장은 3~12μm로 가시광선과 근적외선(0.4~1.0μm) 범위에서 작동하는 야시경(night vision)과 큰 차이가 있다.

Float voltage(**부동 전압**): 배터리 자체 방전을 보상하여 용량을 유지하기 위한 전압이다. 배터리가 100% SOC 상태까지 충전된 후 유지되는 전압이다. cf, SOC

Fly away protection(**플라이 어웨이 보호**): 일부 UAV에는 플라이 어웨이 보호 시스템이 탑재되어 있다. 드론이 제어력을 상실했을 때 드론(무인기)의 GPS 위치 시스템으로 안전하게 출발 위치로 복귀할 수 있다.

Fly away(**플라이 어웨이**): 드론 조종자가 조종하지 못하는 상태에서 UAV가 날아가 버리는 것을 의미한다. 이것은 종종 EMI에 의해 발생한다. cf, EMI

FOG(fiber optic gyro, **광섬유 자이로**): 광섬유 자이로는 Sagnac 효과를 사용하여 방향의 변화를 감지하여 기계 자이로스코프의 기능을 수행한다. 기본 작동 원리는 광섬유 코일을 통과하는 빛의 간섭을 바탕으로 한 것으로 최대 5km(3mi)까지 가능하다. 레이저의 두 빔이 서로 반대 방향으로 동일 광섬유에 보낸다. 이들 빔은 Sagnac 효과로 인해 회전 반대 방향으로 이동하는 빔은 다른 빔보다 경로 지연이 약간 짧고, 그 결과로 생기는 미분 위상차는 간섭계를 통해 측정된다. 따라서 각 속도의 한 성분을 간섭 패턴의 시프트(shift)로 변환하여 광도 측정 방법으로 측정된다. FOG는 레이저 링 자이로(RLG)보다 더 복잡한 보정이 필요하므로 FOG의 개발과 제조는 RLG에 비해 기술적으로 더 어렵다. 그러나 FOG는 저속에서 레이저 잠김이 발생하지 않고 운동 부품이 동급 RLG에 비해 FOG의 최대 잠재 정밀도와 수명이 높다.

cf, inertia navigation system(INS), Sagnac effect

Foldable drone(휴대용 드론): 컴팩트 사이즈로 휴대가 편한 접히는 드론이다. 드론을 휴대하기 쉽게 암과 프로펠러를 기체에 접어 넣을 수 있는 손바닥 크기의 소형 쿼드콥터.
= Pocket Drone

Footage(장면, 영상, 화면): 특정 사건을 촬영한 장면이나 영상 또는 동영상이다.

Forward-looking infrared(FLIR, 전방감시적외선장치): 저시정이나 제로 시정에서 물체가 발산하는 적외선을 검출하여 그 온도 분포를 영상화하여 물체를 식별하는 적외선 장비이다.

FPS(Frame Per Second, 초당 프레임): 영화 필름과 같이 초당 몇 개의 그림을 연속으로 보여 줄 수 있는지를 나타내는 비율이다. 예를 들어 초당 10개의 그림을 연속으로 보여주는 것과 100개의 그림을 연속으로 보여줄 때 더욱 생동감 있어 보인다. cf, frame

FPV(First person view, 원격시각): 드론 조종자가 드론에 탑승한 것처럼 드론이 비행하는 것을 실시간으로 관찰할 수 있는 기술이다. FPV는 드론이나 쿼드콥터의 카메라 영상이 실시간으로 관찰되기 때문에 가능하다. FPV 영상은 대부분 태블릿이나 스마트폰(tablet or smartphone)에서 볼 수 있다. 일부 드론 모델들은 이 목적을 위해 특수 고글을 사용하기도 한다. cf, Third person view(TPV)

Frame(프레임): 드론 관련 부품을 단단히 고정하는 데 사용되는 골격(skeleton)이다. 이들 프레임은 무게는 가볍고 견고해야 하므로 주로 알루미늄 또는 기타 경량 압출(lightweight extrusions; arm)과 연결된 모터가 장착되고, 이 모터는 중앙 본체에 연결된다. 이를 붐(boom) 또는 암(arm)이라고도 한다. 또는 영화나 텔레비전의 한 화면이나, 주사선의 연속으로 보내지는 한 완성된 영상을 의미하기도 한다.

Full HD: 1920×1080의 해상도이다. cf, High Definition

Gbps(Gigabits per second): 1Gbps는 1초에 대략 10억 비트의 데이터 전송 속도를 나타내는 단위. cf, byte

GCP(Ground Control Point, 지상제어지점): 지오이드모델과 GPS 좌표를 사용하여 정밀 좌표를 가진 지리적 위치 또는 물체이다. 이것은 원격 탐사에서 영상 좌표계와 지도 좌표계 사이의 좌표변환 식을 구하기 위해 사용하는 지상 기준점이다. GCP는 상대 정밀도(1~2m)에서 절대 정밀도(2~5cm)까지 프로젝트를 정확하게 지역 참조 및 정렬하는 데 사용된다. cf, RTK, PPK

GCS(Ground Control Station, 지상제어시스템): 공중 UAV로부터 원격측정 정보를 수신하고 비디오 및 기타 센서 데이터를 포함하여 진행 상황과 상태를 표시하는 지상 컴퓨터에서 실행되는 소프트웨어이다. 또한, UAV에 비행 중 명령을 전송하는 데 사용된다.

GCS(Ground Control Station, 지상제어장치): 이 소프트웨어는 지상에 있는 컴퓨터로 실행된다. 이것은 공중 UAV를 통해 원격측정 정보(telemetry information)를 수신하여 상태 및 과정(status and progress)을 보여준다. 때로는 이 소프트웨어에 센서와 비디오 데이터가 포함되기도 한다. 또한, 공중에서 UAV까지 비행 중 명령을 전송하는 데 사용될

수 있다. cf, telemetry

GDOP(geometric dilution of precision, 기하학적 정밀도 저하율): cf, DOP

Geofencing(지오펜싱): GPS & GLONASS를 활용해 드론이 특정 지역으로 날아오지 못하도록 가상의 지리적 경계(virtual geographic boundary)를 구축하는 기술이다. 지역 내에서 드론이 진입하거나 비행할 때 반응을 트리거(trigger) 할 수 있도록 하는 소프트웨어이다.

Geomagnetic field(지자기장): 지표면 및 그 주위의 공간에 형성되는 자기장을 지자기 또는 지구 자기장이라 한다. 지구는 지축에 대해서 약 11.5° 기울어 있는 영구자석과 같이 자성을 띠고 있다. 북극은 지구 자기장의 남극을 나타내며, 반대로 남극은 지구 자기장의 북극을 나타낸다.

Geomagnetic storm(지자기폭풍): 지구 자기장의 갑작스럽고 큰 변화로서 주로 태양 흑점의 변화로 발생한다. 태양풍 충격파 또는 지구 자기장과 상호작용하는 자기장 구름에 의해 발생하는 지구 자기권의 일시적인 교란 현상이다.

Geotag or Geotaging(지오태그, 지오태깅): 사진이나 비디오, 웹사이트, SMS 메시지, QR 코드와 같은 다양한 미디어에 지리적 식별 메타데이터(metadata)를 추가하는 프로세스이며 지리 공간 메타데이터의 한 형태이다. cf, metadata

Gimbal(짐벌): 드론에 장착된 수평유지장치이다. 드론의 움직임에도 카메라나 기타 장비가 수평을 유지할 수 있는 미세 튜닝 모터(fine tunned motors)를 이용해서 2축 또는 3축에서 안정상태를 유지한다. 드론 카메라용 짐벌은 서보(servos)를 사용하여 회전 및 기울일 수 있는 카메라 전용 장착대로 드론의 움직임에 상관없이 카메라가 같은 위치에 머물 수 있어 그대로의 영상을 연출할 수 있다. cf, servo

Gimbal(짐벌): 드론에 탑재된 카메라를 안정시키기 위해 사용하는 장치로 비행하면서 비디오가 흔들림 없이 안정적으로 유지된다. 비디오를 찍을 때 매우 유용하고, 흔들림이 없는 영상을 촬영할 때 필수 장비이다.

GIS(Geographic Information System, 지리 정보 시스템): 공간 또는 지리적 자료를 수집, 저장, 변환, 분석, 관리 및 표시하는 데 사용되는 시스템이다. 무인기에서 센서 시스템에 의해 포착된 사진이나 기타 데이터는 이들 시스템에 공급되는 원천 정보일 수 있다.

GIS(Geographic Information System, 지리정보시스템): 공간 또는 지리적 데이터를 캡처, 저장, 조작, 분석, 관리 및 표시하도록 설계된 지리 정보 시스템이다.

GLONASS(글로나스): 러시아에서 운용하는 위성항법시스템으로 24개 위성이 3개 궤도에 8개씩 배치되어 있다. cf, Global Positioning system

GoPro drone: GoPro Hero 카메라를 장착할 수 있는 드론에 일반적으로 사용되는 용어이다. 또는 GoPro Hero 회사에서 제조한 드론을 의미하기도 한다.

GoPro mount: GoPro 카메라를 드론에 부착할 때 사용되는 장착대

GoPro(고프로): 고화질 캠코더 제품의 상위 제품명. 익스트림 액션 비디오 사진(extremeaction video photography)에 자주 사용된다. HD급 방수 비디오 레코딩 장치로 소형, 경량, 내구성이 뛰어나다. 장착대가 있어 착용하거나 차량에 장착할 수 있다. cf, HD

GoPro: GoPro 회사는 액션 스포츠(action sports), 사이클링, 헬멧, 서핑, 드론 등에 많이 사용되는 액션 카메라(action camera)인 GoPro Hero를 제조한다.

GPS Module(GPS 모듈): GPS 모듈은 2개의 서로 다른 GPS 시스템을 사용하여 드론의 위치를 정확하게 결정한다. 지구 궤도를 도는 31개의 위성으로 구성된 미국 네트워크와 24개의 위성(GLONASS)으로 구성된 러시아 네트워크를 사용한다. 이들 위성은 위치에 대한 정보를 지구 표면으로 전송한다. 이 신호들은 광속으로 전파되어 드론의 GPS 모듈에 의해 판독된다. 드론은 여러 위성에서 신호가 도착하는 데 걸리는 시간을 기준으로 지리적 위치를 계산한다. GPS 신호가 수신기에 전달되기까지 오차가 존재한다는 사실에 유의해야 한다. cf, GPS, GLONASS

GPS(Global Positioning System): 전 세계(글로벌) 공간 평면(spatial plane), 항적 이동(track movement)과 관련하여 물체의 위치를 추적하거나, 쿼드콥터와 같은 비행체에 탑재하여 위치를 유지하도록 하는 데 사용되는 위성항법시스템으로 지구 궤도를 도는 위성들이 전송한 신호를 GPS 안테나에서 포착하여 GPS 수신기에 의해 처리되어 지리좌표(geographic coordinates)를 제공한다. 미국 정부가 소유하고 미국 공군에서 운용하는 우주기반 항법 시스템이다. 민간 및 군용으로 정확한 위치와 시간 정보를 제공하는 위성, 수신기 등 기술로 구성된다. cf, GLONASS

Gravitational acceleration(중력 가속도): 지구 중력장에서 물체는 지구로부터 중력을 받는다. 따라서 물체가 받는 중력의 크기를 무게(weight)라 한다. 뉴턴의 가속도의 법칙에 따르면 힘(F=ma)은 물체의 질량(m)과 가속도(a)를 곱한 값으로 구할 수 있다. 중력에 의해 나타나는 가속도를 중력 가속도(9.8m/s^2)라고 한다. cf gravity

Gravity(중력): 지구의 만유인력과 자전에 의한 원심력이 조화되어 나타나는 힘이다. 지표 근처의 물체를 연직 아래 방향으로 당기는 힘이다. 지구 중력장(gravitational field)에서 물체는 지구로부터 중력을 받는다. 따라서 물체가 받는 중력의 크기를 무게(weight)라 한다. cf, gravitational acceleration

Gridline(격자선): 격자선은 피사체를 프레임(frame)에서 원하는 위치에 정확하게 정렬하기 위해서 사용된다. cf, frame

Ground wave(지상파): 지상파는 지구의 곡률에 따라 지표면과 평행하고 인접해서 확산하는 무선파이다. 지상파는 지표면과 전리층 사이의 국지 통신에 사용된다. 무선 스펙트럼의 저주파수와 중주파수 대역에서 상당한 통달 거리를 제공한다. 직접파, 반사파, 지표파, 회절파 등은 모두 지상파에 속한다. cf, sky wave

GSD(Ground Sampling Distance, 지상표본거리): 지면에서 측정된 두 연속 픽셀 중심 사이의 거리이다. 이미지 GSD 값이 클수록 이미지의 공간 해상도가 낮고 세부 정보가 잘 보이지 않는다. GCP에 의해 설정된 실제 축척이 지도로 어떻게 변환되는지 설명하는데 사용되는 계산이다.

GUID(Global Unique Identifier, 글로벌 고유 식별기): 각 연구 참가자에게 부여하는 컴퓨터로 생성된 고유 영숫자 코드이다. GUID는 개인 식별 가능 정보를 보호하고, 여러 프로젝트, 데이터베이스 및 바이오 뱅크를 통해 한 사람의 식별되지 않은 데이터를 통합 및 추적할 수 있도록 지원한다. cf, DSM

Gyroscope(자이로스코프): 이 센서는 수평 정위(level orientation)를 측정하고 유지하는데 사용되는 장치로 안정성(stability)을 유지하기 위해 FC(flight controller)에 연결되어 있다.

Gyroscope(자이로스코프): 자이로스코프 또는 자이로(gyro)는 UAV의 회전율(rate of rotation)을 측정하여 요, 피치 및 롤과 관련하여 정확한 정위를 유지하는 장치이다. 또한, 비행 중 쿼드콥터의 정위(orientation of the quadcopter)를 유지하는 데도 도움이 된다. 대부분 쿼드콥터는 3축 자이로스코프를 사용한다. 자이로스코프는 1개 또는 3개의 축에서 각가속도(angular acceleration)를 측정한다. cf, angular acceleration

Gyroscope(자이로스코프): 자이로스코프는 휠 또는 디스크로 구성되어 회전축을 중심으로 회전한다. 자이로스코프가 달린 카메라가 있는 UAV는 흔들림이 없이 안정된 영상(steady footage)을 촬영할 수 있다. cf gimbal

Hall effect(홀 효과): 도체가 자기장 속에 놓여 있을 때 그 자기장에 직각 방향으로 전류를 흘려주면 자기장과 전류 모두에 수직 방향으로 전위차가 발생하는 현상이다. 홀 효과는 자기장 센서에 활용된다. 이 센서는 정확도가 상대적으로 높고 범용적으로 사용할 수 있어, 핸드폰 등의 각종 장비에 들어가는 자기장 센서는 대부분 홀 센서를 활용하고 있다. cf, Hall sensor

Hall effect sensor(홀 효과 센서): 홀 효과 센서는 아날로그 전압이고 감지하는 자기장의 강도가 기준이다. 자석은 짐벌의 각 축에 부착되고 홀 효과 센서는 짐벌 프레임의 각 측면에 배치된다. 홀 효과 센서에서 자석이 더 가까이 또는 더 멀리 움직이면 축의 변화 값으로 표시된다. cf, potentiometer type gimbal

Head tracking(헤드 트레킹): 드론이 비행 중 카메라 각도를 자동으로 조절할 수 있는 기능

Headless Mode(헤드리스 모드): 드론/UAV의 방향 결정(orientation)과 관계없이 드론의 앞쪽이 가리키는 방식으로 스틱 동작을 따른다. Q&A 참고

Helicam(헬리캠): 기체에 비디오, 스틸 또는 모션 필름 카메라를 장착하여 항공사진이나 영상을 촬영하는 원격 조종 미니 헬리콥터이다. 일반적으로 원격 제어 카메라 마운트 시스템은 팬, 틸트 및 롤링 동작이 가능하다.

Helix mode(헬릭스 모드): 피사체를 중심으로 나선형으로 비행하면서 촬영하는 기법

Hexacopter(헥스콥터): 6개의 프로펠러가 있고, 3개는 시계방향으로 그리고 3개는 반시계방향으로 돌아가는 멀티로터 드론이다. cf, multicopter

Hexicopter(헥스콥터): 로터가 6개로 구성된 멀티로터 드론이다. 이 드론의 주요 장점은 한

모터의 고장에도 나머지 모터를 이용해서 안전하게 착륙할 수 있다.

Hexicopter(헥스콥터): 수평 프로펠러가 6개로 구성된 멀티로터 드론이다. 이 드론의 장점은 한 모터의 고장에도 안전하게 착륙할 수 있는 조종성을 갖추고 있다.
cf, multicopter

HF/VHF/UHF(단파, 초단파, 극초단파): 단파(High Frequency), 초단파(Very High Frequency), 극초단파(Ultra High Frequency). 이 값은 Hz(Hz) 단위로 측정된다.
cf, frequency, hertz

High Definition(고화질, HD, 1280×720): 아날로그 방식의 해상도보다 최대 5배 향상된 선명한 화질을 나타낸다. cf, Full HD

High-end(고급, 최상): 관련 분야에서 가격에 대한 고려 없이 최고의 기능과 성능, 디자인, 품질을 추구하여 개발된 제품을 의미한다. cf, low-end

High-tech(첨단/선도 기술): 현재 최첨단 기술이다. cf, low-tech

Histogram(히스토그램): 이 설정을 사용하면 프레임의 픽셀을 그래픽으로 표시하여 노출 설정(exposure settings)을 변경할 수 있다. 히스토그램을 사용하면 전경에 높은 물체가 있는 일몰을 캡처하는 것과 같은 높이 대비 촬영(high-contrast shots)에 대한 노출이 개선된다.

Hobby Drone(취미용 드론): 일반인이 쉽게 사용할 수 있도록 설계된 무인비행체(UAV) 또는 드론이다.

Hobby Grade(취미용 드론): 완구용(toy grade)보다 더 성능이 좋은 쿼드콥터로 합리적인 가격에 우수한 신뢰성과 작동을 제공한다.

Home lock(홈 로크): 기체의 현재 위치와 이륙 위치 기준으로 기체의 조종 방향을 고정 시키는 기능(GPS 필요)

Horizon Mode(호라이즌 모드): 이 모드는 중간 단계로 최대 경사각보다 드론을 롤 또는 요 기동을 할 수 있다. 이것은 스틱을 앞 또는 옆으로 움직일 수 있는 한 드론이 계속 회전한다는 것을 의미한다. 스틱을 놓자마자 드론이 다시 수평으로 되돌아온다.
cf, angle mode

Hover(hovering, 제자리비행): 헬리콥터 또는 드론의 비행 특성 중 하나로 일정 고도와 헤딩을 유지하면서 거의 움직이지 않고 한자리에서 비행하는 기술

hPa(Hectopascal, 헥토파스칼): SI 단위로서 모든 과학적 목적을 위해 권장되는 국제단위계이다. 1hPa=1mb(millibar)

Hybrid Pinch grip(하이브리드 핀치 그립): 엄지손가락 방식과 핀치 방식을 적절히 조합해서 사용하는 것으로 검지의 정확성을 더하면서 엄지손가락을 치면 익숙한 편안함을 얻을 수 있다. 이 방법은 엄지손가락을 스틱에 대고 검지로 스틱 윗부분을 부드럽게 감싼다. cf, thumbs method, pinch method

Hydrogen pressure(수소 압력): 수소는 기체나 액체로 저장할 수 있다. 기체 수소는 고압

탱크(5,000~10,000psi)에 저장해야 하고, 액화 수소는 대기압에서 비등점이 -252.8°C이기 때문에 극저온에서 저장해야 한다.

Hz(hertz, 헤르츠): 진동수 또는 주파수의 단위. 진동 운동에서 물체가 일정한 왕복 운동을 지속적으로 반복하여 보일 때 초당 이러한 반복 운동이 일어난 횟수를 의미한다. 1 헤르츠(Hz)는 1초에 한 번 왕복 운동이 반복됨을 의미하는 것으로 100Hz는 1초에 100회의 진동 또는 반복이다. cf, HF/VHF/UHF
- KHz(kilohertz): 10^3Hz
- MHz(megahertz): 10^6Hz
- GHz(gigahertz): 10^9Hz
- THz(terahertz): 10^{12}Hz

IC(Integrated Circuit, 집적 회로): 특정의 복잡한 기능을 처리하기 위해 많은 소자를 하나의 칩 안에 집적화한 전자부품이다. 주로 반도체(semiconductor)로 구성된 전자 회로와 여러 단자를 가지는 소형 패키지로 구성된다.

Imaging Radar(영상 레이더): 일반적으로 풍경에서 2차원 영상을 만드는 데 사용되는 레이더의 응용이다. 이 레이더는 지상의 한 지역을 비추고 라디오 파장에서 사진을 찍기 위해 빛을 제공한다. cf, RAR, SAR

IMU(Inertial Measurement Unit, 관성측정장치): 관성측정장치는 쿼드콥터의 방향과 안정화를 돕는 목적으로 가속도계와 자이로로 이루어진 제어장치이다. cf, FOG, Q&A 참고

Inertial Measurement Unit(IMU, 관성측정장치): 이 센서는 가속도계(accelerometers), 자이로스코프(gyroscopes), 때로는 자력계(magnetometers)를 사용하여 비행 중인 드론의 특정 힘, 각속도, 그리고 자기장을 측정하고 보고하는 전자 장치(electronic device)이다.

Infrared Drone(적외선 드론): 적외선(infrared) 영상 카메라를 탑재한 무인 원격 조종 비행체 또는 드론이다. 적외선 카메라는 열에너지가 방출되는 전자기 방사 스펙트럼(electromagnetic radiation spectrum)의 영역을 촬영한다. 적외선 영상 센서는 들어오는 적외선 에너지를 감지하고 소프트웨어는 신호를 디지털 적외선 이미지 또는 비디오로 해석한다. cf, infrared

Infrared(IR, 적외선): 가시광선보다 파장이 긴 전자기 복사(electromagnetic radiation; EMR)로 인간의 눈에는 보이지 않는다. 일반적으로 적외선은 가시(visible) 스펙트럼의 공칭 적색 가장자리에서 약 700나노미터(주파수 430THz), 1밀리미터(300GHz)까지의 파장을 포함하는 것으로 알려져 있다. 상온에 가까운 물체에서 나오는 흑체 방사(black-body radiation) 거의 모두 적외선 파장이 방출된다. cf, infrared drone

Infrared signature(적외선 신호): 적외선 신호는 적외선 센서에 나타나는 물체의 형상이다. 이 신호는 물체의 모양과 크기, 온도 및 방사, 물체 표면에서 반사되는 햇빛이나 별빛 등 외부 광원, 물체를 볼 수 있는 배경 및 감지 센서의 주파수 대역 등 여러 요소에 따라 다르므로 현장에서 바라본 물체의 적외선 신호는 날씨, 시간대 물체의 발열량 등에 따라 크게

달라질 수 있다. = Heat signature

Inner Loop/Outer Loop: 일반적으로 오토파일럿의 안정화 및 항법 기능을 지칭하는 데 사용된다. 안정화 기능은 실시간으로 그리고 초당 100회까지 실행되어야 한다. 이를 이너루프(inner loop)라 한다. 반면, 항법 기능은 초당 1회 간헐적으로 실행될 수 있고 지연과 중단이 허용될 수 있다. 이를 아웃터 루프(outer loop)라 한다.

INS(Inertial Navigation System, **관성항법**): 초기 GPS 판독 값(initial GPS reading)을 기준으로 위치를 계산하는 방법이다. 이후 추측항법(dead reckoning)으로 속도와 모션 센서 판독 값을 계산한다. 관성항법장치는 GPS가 일시적으로 신호를 상실했거나 사용할 수 없는 경우에 유용하다.

Inspire 1 Drone(**인스파이어 1 드론**): DJI에서 제작한 무인 원격 조종 비행체이다. 이 드론에는 Z3(광학 줌 카메라), X5(교환식 렌즈가 달린 대형 센서), Zenmuse XT(적외선 카메라) 등 호환 가능한 카메라 페이로드(interchangeable camera payloads)가 탑재돼 있다. Inspire 1은 카메라가 방해받지 않고 360도 시야를 제공하는 접이식 모터 작동 착륙장치(retracting motorized landing gear)를 갖추고 있다.

Interface(**인터페이스**): 컴퓨터 시스템에서 CPU와 단말 장치와의 연결 부분을 이루는 회로이고, 일반적으로 서로 다른 두 물체 사이에서 접촉면이나 중간 매체를 의미하기도 한다. cf, CPU

Internal resistor(**내부 저항기**): 배터리는 충전 상태에 따라 내부 저항을 사용한다. 내부 저항이 증가하면 배터리 효율이 떨어지고 더 많은 충전 에너지가 열로 변환된다. 이것은 배터리 열 안전성을 감소시킨다.

IOC(intelligent orientation control, **지능형 방향결정 제어장치**): 일반적으로 비행하고 있는 멀티로터의 전방 방향은 기수 방향(nose direction)과 동일하다. 그러나 IOC 모드는 멀티콥터 기수가 어느 방향을 향하고 있든 Home 지점으로 이동할 수 있다. 따라서 전방 방향(forward direction)은 기수 방향과 무관하다.

Ionosphere(**전리층**): 전리층은 지구 상층 대기의 이온화된 부분으로서, 약 48~965km의 고도로 열권과 중간권과 외기권 일부를 포함한다. 전리층은 태양 복사로 이온화된다. 이 층은 대기 전기에 중요한 역할을 하며 자기권의 안쪽 가장자리를 형성한다. 전리층은 지상에서 발사한 전파를 흡수 반사하며 무선 통신에 중요한 역할을 한다.

IoT(Internet of Things, **사물인터넷**): 유형 혹은 무형의 객체들을 다양한 방식으로 연결하여 구성된 인터넷 시스템이다. 컴퓨터를 매체로 한 인터넷 시스템과 달리 사물인터넷은 책상, 자동차, 가방, 나무, 애완견 등 세상에 존재하는 모든 사물이 연결되어 구성된 인터넷이다.

IP(Internet protocol, **인터넷 프로토콜**): 인터넷(internet)에 연결된 각각의 컴퓨터에 "123.456.789.101"과 같이 숫자와 "."으로 조합된 고유 IP address(주소)이다. 전 세계에 IP 주소는 최대 12개의 숫자와 32비트로 이루어진 IPv4 방식으로 약 42억 개의 주소가 사용된다. 컴퓨터를 포함한 모바일 전자기기의 급증으로 새로 개발된 버전이 IPv6이다. 이 방식은 최대 32개의 숫자와 128비트로 조합할 수 있는 거의 무한대의 주소를 생성할 수 있다.

IP Rating(International Protection or Ingress Protection, **방진/방수 등급**): 전기 제품이 분진 침투 또는 물과 같은 액체의 침투에 대한 보호 정도를 분류하는 등급 시스템(rating system)이다. 이 등급은 "IP××"와 같이 표기된다.

ISM band(industrial scientific medical band): 산업, 과학, 의료용 기기에서 별도의 사용허가 없이 사용할 수 있는 주파수 대역이다. 현재 전 세계적으로 900MHz, 2.4GHz, 5.7GHz 대역에 공통 ISM 대역이 설정되어있다. cf, 2.4GHz, 5.7GHz

Jamming(**전파 교란**): 통신 또는 레이더 체계의 사용을 방해하거나 제한, 또는 기능을 크게 떨어뜨리는 데 사용되는 전파 방해 장치이다. GPS와 같은 주파수로 무선 신호를 송출하여 수신기를 교란함으로써 GPS 장치가 정확한 위치를 결정하는 기능을 방해한다.
cf, spoofing

Jello effect(**젤로 효과**): 카메라가 장착된 드론에서 촬영된 화면이 젤리처럼 울렁거리는 현상

Joystick or stick(**조이스틱 또는 스틱**): 원격 조종기에 있는 조이스틱/스틱의 움직임을 조종기가 드론과 통신하는 데 사용할 수 있는 정보로 변환한다. 왼쪽 스틱은 드론을 위아래로 움직이고 오른쪽과 왼쪽으로 움직인다. 오른쪽 스틱은 드론을 앞뒤로 움직이며 오른쪽 또는 왼쪽으로 이동한다. cf, Remote controller

Kamikaze drone(**가미카제 드론**): = Loitering munition

Kbps(Kilobits per second): 1Kbps는 초당 1,000비트의 데이터 전송 속도를 나타내는 단위. 1,000Kbps=1Mbps

LAANC(Low Altitude Authorization and Notification Capability system, **저고도 승인과 통보성능시스템**): 국가 공역으로 UAS와 통합을 지원하기 위한 항공당국(FAA)과 민간기업 간의 협력(collaboration) 시스템이다. LAANC는 드론이 거의 실시간으로 관제공역에 접근할 수 있도록 허용한다.

LAN(Local Area Network, **근거리 통신망**): 사무실, 연구실이나 공장 따위에 분산 배치된 컴퓨터를 비롯한 각종 정보 통신 기기를 통신 회선으로 연결하여 정보를 교환하는 정보 통신망이다. cf, mobile device

Landing skid:(**착륙 스키드**): 헬리콥터 또는 드론이 착륙할 때 기체를 보호하기 위한 착륙장치.

Last mile delivery(**최종직접배송**): 드론에서 물류는 중요한 미래사업 영역이다. 배송업체의 서비스 차별화를 위해 배송 품질을 강조한다. 유통업계의 미래전략으로 서비스 측면에서 안전과 편의성이 높은 새로운 배송 서비스를 제공하는 것과 기술적 측면에서 물류와 IT 기술, 그리고 감성적 측면에서 고객 만족과 감동 등을 모두 포함하고 있다.

Latency(**지연시간**): 영상 신호가 전송되고 수신되는 시간 간격을 의미한다. 드론을 모니터에서 보고 있는 동안 빠르게 움직였을 때 화면에 영상이 움직이는 것을 볼 수 있다. 이때

영상의 지연을 지연시간이라 한다. 지연시간이 짧을수록 조종자는 더 빠르게 영상을 전송받을 수 있다.

LCD(Liquid Crystal Display, **액정표시장치**): 화면을 표현하는 수많은 액정을 규칙적으로 배열한 패널을 전면에 배치한 뒤, 뒤쪽에 백라이트(back light: 후방 조명)가 빛을 가하도록 한다. 각 액정 소자는 외부에서 가해진 전기 신호에 따라 내부 분자의 배열이 변화하며 각각 일정한 패턴의 방향성을 갖는다. 이에 따라 백라이트에서 전해진 빛은 각각의 액정을 통과하면서 각기 다른 패턴으로 굴절하며, 이 빛이 액정 패널 앞에 있는 컬러 필터와 편광 필터를 통과하면 굴절 패턴에 따라 각기 다른 색상과 밝기를 띤 하나의 화소(pixel: 화면을 구성하는 하나의 점)가 되므로 이들이 모여 전체 화면을 구성하게 된다. cf, pixel, OLED

LED(Light Emitting Diode, **발광 다이오드**): 드론 LED는 주로 야간이나 조명이 흐린 조건에서 드론을 볼 수 있도록 하는 역할을 한다. 화합물 반도체의 특성을 이용해 전기 신호를 적외선이나 빛으로 변환시켜 주는 반도체의 일종이다. LED의 장점은 변환 효율이 높아 소비 전력이 전구의 1/8, 형광등의 1/2에 불과하며, 작은 광원이기 때문에 소형화, 박형화, 경량화를 할 수 있고 반영구적이다.

LiDAR(Light Detection and Ranging, **라이다**): 레이저를 사용하여 탐지(detecting), 측정과 매핑(mapping, 지도제작)하는 기술이다. 일반적으로 LiDAR는 표준 조사 기법(standard survey techniques)이 어려운 상황에서 사용된다. 레이저(laser)를 발사해서 장애물에 부딪혀 되돌아오는 시간과 각도를 측정해 해당 장애물 위치와 형상을 정확히 인지하는 기술이다. cf, laser

Lightbridge(**라이트브릿지**): Wifi 기반에서 기체 조종을 위한 FDM(frequency Division Multiflexing)과 영상 전송을 위한 TDM(time division multiflexing) 기술을 조합하여 안정성과 보안성을 높이는 기술 기반으로 제작된 송수신기이다. 단점-고화질(720p, 1080p) 영상을 실시간으로 전송할 수 있지만, Latency가 약 200~500ms 정도이다. 또한, 전파 상황에 따라 영상 끊김이 자주 발생한다. 이외에도 배터리 소모가 크고 발열량이 큰 것이 단점이다.

Linear antenna(**선형 안테나**): 선형 안테나는 송신 안테나와 수신 안테나가 모두 직각인 경우에만 전체 정보 패키지를 수신할 수 있어 많이 사용되지 않는다. 타이니 훕(tiny whoops)과 같은 소형 드론에 있는 비디오 송신기에 달려 있다. cf, tiny whoop

LiPo battery(Lithium Polymer battery, **리포 베터리**): LiPo 배터리는 가볍고 충전 용량커 대부분의 드론 제조사들이 선호하는 배터리 종류이다. LiPo 배터리는 안전하지만, 과도하게 충전하거나 플렉시블 폴리머 케이스(flexible polymer case)가 파손되면 화재가 발생할 수 있다. 이 배터리는 리튬 이온 배터리(Lithium Ion battery; Li Ion)의 개량형으로 NiCad 그리고 NiMh 배터리보다 가볍고 더 큰 용량을 제공한다.
cf, Q&A 참고

Live feed(live broadcast, 생중계): 드론에서 보내온 영상을 불러오기 위해서 연결된다. 이 신호는 대부분의 Android/iOS 스마트폰 및 태블릿과 호환된다.

Loitering munition(체공 무인기 또는 자폭 드론): 상공에 일정 시간 동안 체공하면서 표적을 탐색하고, 표적이 나타날 때 공격하는 무기체계 분류이다. 이 드론의 용어에서 의미하는 것처럼 고가의 전략 자산을 전개하지 않고 체공 중 단기간에 은폐 또는 숨겨놓은 목표물에 급습할 수 있다. 또한, 공격 임무가 중단될 수 있어 신중한 목표물 선정이 가능하다. cf, suicide drone or kamikaze drone

LOS(Line of sight, 가시권): 공중에 있는 UAV를 볼 수 있는 가시선을 의미한다. 드론이나 쿼드콥터의 안전한 운용을 위해 항상 지상 통제 요원의 시야 안에 있어야 한다. cf, VLOS, field of view

LOS(Line of Sight, 가시권): 드론 또는 무인항공기가 조종자의 시선에 보이는 상태에 있어야 한다. 조종자 시야를 벗었을 때 제어할 수 없어 사고로 이어질 수 있다.

LOS(Line of Sight, 가시권): 드론 조종자가 비행체를 육안으로 볼 수 있는 가시선이다. 드론/UAV가 산이나 장애물 등으로 가려졌을 때 드론은 육안으로 볼 수 있는 선상에 놓여 있지 않다.

Low-end(저급): 컴퓨터와 관련된 제품들의 성능을 표시할 때 사용되는 용어로, 동일 목적으로 사용되는 제품군에서 성능이 가장 떨어지는 기종에 붙는 접두어 cf, High-end

Low-tech(낮은/후진 기술): 전통적이거나 기계적 기술이다. cf, high-tech

LTE(Long Term Evolution): 4G 이동통신 기술을 나타낸다. LTE가 3세대 이동통신과 구별되는 가장 큰 특징은 속도에 있다. LTE는 정지상태에서 1Gbps(1000Mbps) 이상의 속도를 제공한다.

Machine to machine(M2M): 유무선을 포함한 모든 통신 채널을 사용하는 장치 간의 직접 통신하는 것을 의미한다. 원래 원격의 센서 네트워크가 분석을 위해 중앙 허브로 정보를 중계하고, 그 후 개인용 컴퓨터와 같은 시스템으로 경로를 설정함으로써 기계 대 기계의 통신 방식이다.

Magnetic sensor(자기 센서): 자기 센서는 자기장의 크기와 방향을 측정할 수 있는 센서이다. cf, MI sensor, MR sensor, Hall sensor

Magnetometer(자력계): 저비용 로봇공학(low-cost robotics)에서 자력계는 때때로 나침반 방향(compass direction)을 제공하는 데 사용된다.

mAh (Milliampere Hours): 배터리 용량을 표기하는 데 사용되는 측정 단위

mAh(milli Amp Hour): 배터리를 재충전하기 전 배터리가 제공할 수 있는 "전력"을 나타내는 측정 단위이다. mA=Ampere/1000 cf, Ah(ampere hour), A(ampere)

Main Camera Board(메인 카메라 보드): 영상 센서와 짐벌 모터의 정보를 처리하여 안정된 영상(stable footage)을 보장한다. 또한, 이 보드는 카메라 정보를 처리하고 이미지를 마이크로 SD 카드에 기록한다. cf, SD card

Main Remote Controller Board(메인 원격 제어기 보드): 드론으로부터 드론의 위치, 고도, 그리고 카메라가 보고 있는 것에 대한 정보를 수신한다. 또한, 조이스틱에서 입력을 받아 FC에 명령을 전송한다.

Maldrone(몰드론): 최초로 보고된 드론 백도어(backdoor)를 자칭하는 악성코드다. 이 악성코드를 드론에 감염시켜 해커의 목적에 따라 드론을 조종할 수 있게 한다.

Malware(멀웨어, 악성코드): 컴퓨터 사용자 몰래 시스템에 침투하거나 파손하도록 설계된 소프트웨어로 "악성(malicious) 소프트웨어(software)"의 합성어다. 컴퓨터 바이러스(computer viruses), 웜(worms), 트로이 목마(Trojan horses), 스파이웨어(spyware), 애드웨어(adware) 등이 모두 이에 해당한다. cf, Maldrone

Maneuverability(기동성): 항공기가 비행경로를 따라 방향을 신속하게 바꾸고 항공기에 가해지는 G-하중을 견딜 수 있는 능력이다. 안정성과 반대 개념이다. 전투 항공기는 안정성보다 기동성을 우선한다. 기동성은 설계 고려요소로 성능 제한과 관련이 있다. 기동성이 높은 항공기는 높은 G-하중에 견딜 수 있어야 한다. cf, controllability, stability

Manned Aircraft(유인 항공기): 항공기에 승무원이 탑승하여 항공 관련 기술 또는 활동이 필요하다는 것을 명시하기 위해 사용하는 용어이다. cf, unmanned aircraft

Matrice 210 Drone(마트리스): DJI가 2017년 출시한 신뢰성(reliability)이 높은 산업용 드론(Industrial grade drone)이다. M210은 "DJI Zenmuse XT2 and DJI Zenmuse Z30"과 같은 DJI 계열의 기업용 카메라(line of enterprise cameras)를 탑재할 수 있다.

Matrice Drone(마트리스 드론): DJI의 상업용 드론/UAV 라인(DJI's line)이다. 여기에는 DJI Matrice 100, 200, 210, 600 Pro 등이 있다.

MAV(Micro Air Vehicle, 초소형 비행장치): 초소형 무인기로 5cm까지 작게 제작되고 자율비행이 가능할 수 있다. 상업, 연구, 정부 및 군사적인 목적으로 미래 곤충 크기로 개발될 것으로 예상한다.

Mavic 2 Enterprise Dual(매빅 상업용 드론): 기업전용 DJI의 업그레이드된 Mavic 2이다. Mavic 2 Enterprise는 2개의 다른 카메라 형상으로 제공된다. 표준 Mavic 2 Enterprise는 Mavic 2 Zoom에 있는 것과 같은 광학 줌 카메라(optical zoom camera)를 갖추고 있다. Mavic 2 Enterprise Dual은 표준 4k 비주얼 카메라와 소형 열 영상 카메라(standard 4k visual camera and a small thermal camera)를 갖추고 있다. Mavic 2 Enterprise에는 3개의 다른 첨부 장착(스피커, 스포트라이트, 스트로보, speaker, spotlight, strobe)을 연결할 수 있는 확장 포트(extended port)가 있다.

Max Altitude(최대 고도): 드론이 최대로 도달할 수 있는 높이 또는 고도

Max Distance(최대 거리): 드론이 최대로 비행할 수 있는 거리

Maximum continuous discharge current(최대연속방전전류): 배터리가 허용할 수 있는 최대로 연속해서 방전할 수 있는 전류이다. 배터리 제조업체는 배터리 손상 또는 용량을 감소시키는 과도한 방전을 방지하기 위해 이 값을 지정한다. 모터의 최대 출력과 함께 비

행체의 최고 속도 또는 가속력에 영향을 준다.

Mbps(Megabits per second): 초당 메가비트(백만 비트)를 전송할 수 있는 데이터 전송 속도를 나타내는 단위. cf, byte

Memory effect(메모리 효과): 전지를 완전히 방전시키지 않은 상태에서 재충전하면 전지의 충전 가능 용량이 줄어드는 니카드(NiCad) 전지 특성이다. 니카드 전지의 단점으로 Cad 결정 구조 때문에 일어나는 현상이며 메모리 효과가 생기면 전지의 충전 가능 용량이 줄어들어 심하면 초기 용량의 70% 정도 사용할 수 있게 된다.

MEMS(Micro Electro Mechanical Systems, 마이크로 전자기계 시스템): 초소형화된 기계와 전자기계 구성품(장치와 구조)으로 정의될 수 있는 기술이다. MEMS 장치의 중요한 물리적 치수는 1마이크론 이하에서 수 밀리미터까지 다양하다. MEMS 기기의 유형은 이동 요소가 없는 비교적 단순한 구조에서부터 통합 마이크로 전자 장치의 제어 하에 여러 이동 요소가 있는 매우 복잡한 전자기계 시스템에 이르기까지 다양하다.

Metadata(메타데이터): 데이터에 관한 구조화된 데이터로, 다른 데이터를 설명해 주는 데이터로 속성정보라고도 한다. 대량의 정보 가운데에서 찾고 있는 정보를 효율적으로 찾아내서 이용하기 위해 일정한 규칙에 따라 콘텐츠에 대하여 부여되는 데이터이다.
cf, geotag

METAR(Aviation Routine Weather Report, 정기항공기상보고): 기상 정보를 제공하는 지정된 형식의 정기항공기상보고이다.

MI sensor(magneto-impedance sensor, 자기-임피던스 센서): 이 센서는 특수 무정형 전선(special amorphous wire)의 자기 임피던스 효과(magneto-impedance effects)를 활용하는 차세대 자기 센서다. 홀 센서의 1만 배 이상 감도가 높아 자기장의 미세한 변화를 정밀하게 측정할 수 있다. 실내 위치결정, 금속 이물질 감지, 그리고 초저전류 방위각 검출(ultra-low-current azimuth detection; e-compass)과 같이 높은 감도가 필요한 애플리케이션에 적합하다. cf, MR sensor, hall sensor

Mobile device(모바일 기기): 휴대용 컴퓨터(handhold computer)라고도 한다. 일반적으로 LCD 또는 OLED 평면 스크린 인터페이스가 있어 터치스크린 인터페이스와 디지털 버튼, 키보드 또는 버튼이 함께 제공된다. 이들 장치는 인터넷에 연결되고 Wi-Fi, 블루투스, 셀룰러 네트워크 또는 근거리 통신망(LAN)을 통해 자동차 엔터테인먼트 시스템이나 헤드셋과 같은 다른 장치들과 상호 연결될 수 있다. 통합 카메라, 음성 및 비디오 통화, 비디오 게임, GPS(Global Positioning System) 기능 등을 배치 및 수신하는 기능이 일반적이다.
cf, LAN

Mobius Camera(뫼비우스 카메라): HD 영상 촬영과 자동노출(intervalometer; 항공사진 촬영할 때 셔터가 일정 간격으로 작동케 하는 장치) 사진 촬영이 가능한 경량 카메라 모델이다. 주로 RC 드론과 함께 사용하도록 개발되었다.

Mobius(뫼비우스): 소형 쿼드콥터 카메라로 1080p 고해상도(high definition) 가능하다.

MOD(modifications, 개조): 드론 애호가들은 새로운 기능이나 멋진 기능들을 통합하기 위해 자신 소유의 드론/UAV를 개조한다. 이러한 개조를 통상 "Modding(모딩)"이라 한다. cf, modding

Modding(모딩): 컴퓨터 부품이나 프로그램 등의 성능을 개량하거나 변경하는 것

Motor(모터): 모터는 프로펠러를 회전시키는 데 사용되는 드론 부품이다. 브러시 모터(brushed motors)와 브러시리스 모터(brushless motor)가 사용된다.
cf, brushless motor

Mount(마운트): 드론에 카메라를 장착하기 위해서 사용되는 장착대

MR sensor(magnetoresistive sensor, 자기저항 센서): 통산 MR 센서라 한다. 이 센서는 자기장을 기반으로 한 개별 전기 저항의 변화를 통해 자기장 강도를 측정한다. 이 센서는 홀 센서보다 감도가 높고 전력 소비량이 적어 많이 활용된다. MR 센서는 e-나침반의 지자기 감지 외에도 모터 회전 및 위치 감지(motor rotation and position detection)와 같은 용도에도 사용된다. cf, Hall sensor, MI sensor, e-compass

MRO(Maintenance, Repair and Overhaul, 정비, 수리, 오버홀): 항공기의 수리, 정비, 오버홀을 나타내는 약어이다. cf, overhaul

MSL(Mean Sea Level, 해수면): 평균 해수면으로부터의 높이 또는 고도이다. 예를 들어 표고 30피트 언덕 위 120피트(MSL)에서 비행하고 있는 UAV는 여전히 120피트(MSL)가 된다.
cf, Above Ground Level

Multicopter(멀티콥터): 멀티로터 또는 멀티콥터(multirotor or multicopter)는 2개 이상의 프로펠러로 구성된 회전날개 항공기(비행체)이다.

Multicopter(멀티콥터): 여러 개의 프로펠러를 장착한 드론의 총칭이다.

- Tricopter
- Quadcopter
- Hexicopter
- Octocopters

Multicopter(멀티콥터): 여러 프로펠러가 있는 드론의 총칭(generic name)으로 로터(rotors)라고도 한다. cf, Multi-rotor copters

MUM-T(Manned-Unmanned Teaming, 유무인 복합운영체계): 지상군, 유인 및 무인항공기 사이에 새로운 상호작용 작전수준을 제공한다. 이것은 유인과 무인 플랫폼의 전술적 장점을 결합해 복합적으로 운용하는 전투체계다. 전장 상황에서 전투 효율성을 극대화하며 인명피해를 최소화하기 위해 전투원의 능력을 보완하거나 기능을 대체할 수 있는 무인 플랫폼과 전투원을 포함하는 유인 전투체계를 운용해 시너지를 얻는다.

Nano Drone(나노 드론): 손바닥에 들어갈 수 있고 실내에서 날기도 쉬운 초소형 드론(extremely small drone). cf, nano

Nano(나노, 기호 n): 나노미터(nm)는 10^{-9}미터(10억 분의 1)이다. 이것은 머리카락 두께의

1/50,000에 해당하는 크기이고 수소 원자 지름의 10배에 해당하는 길이이다. nm(나노미터:1nm=10^{-9}m), ns(나노초:1ns=10^{-9}s) 등으로 사용한다.

Nanometer(나노미터, SI 기호: nm): 미터 단위로서 1×10^{-9}m(10억 분의 1)이다. 나노 기호는 "n"으로 표시되므로 "nm"로 나타낸다.

접두어	기호	배수 혹은 분수	10에 대한 지수
tera	T	1000000000000	+12
giga	G	1000000000	+9
mega	M	1000000	+6
kilo	K	1000	+3
hekto	H	100	+2
deka	D	10	+1
deci	d	0.1	-1
centi	c	0.01	-2
milli	m	0.001	-3
micro	μ	0.000001	-6
nano	n	0.000000001	-9
pico	p	0.000000000001	-12

NAZA: DJI Phantom 드론에 사용되는 비행 제어기(FC)로 메인 제어 칩(main control chip), 가속도계, 자이로스코프, 기압고도계(barometric altimeter)를 포함한다.

Net canon(그물 대포): 불법 드론을 퇴치하기 위한 수단으로 침입 드론에 그물을 쏴서 포획하는 방법이다. 불법 드론이 발견되면 지상에서 그물 대포를 쏴 포획해야 하지만, 드론이 낮은 고도와 대포 사거리 내에 있을 때만 효과적이라는 단점이 있다.

NFC(near field communication, 근거리 통신망): 주파수 대역 13.56MHz를 이용해서 약 10cm 이내의 가까운 거리에서 데이터를 교환할 수 있는 무선통신기술이다. 스마트폰에 NFC 기술이 탑재되어 있고, NFC 장치에 신용카드, 교통카드, 쿠폰, 신분증 등을 저장함으로써 스마트폰으로 모든 것을 해결할 수 있는 편리성이 향상되었다.

No control(노콘): 드론과 조종기 신호 사이에 문제가 발생하여 의도하지 않게 무선조종 항공기가 조종불능 상태에서 비행하는 것으로 기체를 잃어버리거나 파손, 또는 주변 사람들 뿐만 아니라 동식물과 시설물에 충돌하는 사고가 발생할 수 있다.

No fly zone(비행금지구역): 드론/UAV의 비행이 금지된 지역

No Fly Zone(비행금지구역): 항공안전법에 따라 드론 비행이 제한되는 지역. 드론이 유인 항공기 비행을 방해하거나 민감한 정보를 기록할 수 있는 지역이 주로 포함된다.

Node(노드): 네트워크의 분기점이나 단말 장치의 접속점

Noise(잡음, 노이즈): 통신 회선의 어느 부분에서 전송하려는 신호에 부가되어, 전송되는 신호를 모호하게 하거나 식별하기 어렵게 만드는 전기적 신호이다. 잡음은 도체 내의 전자의

열 교란에 의한 열잡음, 동일 전송 매체를 공유하는 서로 다른 주파수를 갖는 신호 사이의 상호 변조 잡음, 케이블 사이에서 전기적 유도로 인해 발생하는 누화 등과 같은 정상적 잡음과 짧은 기간에 큰 진폭을 갖는 비정상적인 잡음인 임펄스 잡음이 있다.

Nominal capacity(**공칭 용량**): 배터리가 100% 충전된 상태에서 차단 전압(cut-off voltage)까지 특정 크기의 방전 전류(Amp)가 방전되는 상황에서 사용할 수 있는 Ampere-hour의 크기이다. 용량(capacity)은 방전 전류에 방전될 때까지 걸리는 시간(hour)을 곱한 값이다. 용량은 C-rating이 증가함에 따라 감소한다.

Nominal voltage(**공칭/표준 전압**): 회로 또는 시스템에 할당되어 편리하게 전압 정격을 지정할 수 있는 값이다. 회로가 작동하는 실제 전압은 장비의 만족스러운 작동을 허용하는 범위 내의 공칭 전압과 다를 수 있다. 공칭 전압은 배터리, 모듈 또는 전기 시스템을 설명하는 전압 기준으로 사용된다. cf, open circuit voltage

Nondirectional antenna(**무지향성 안테나**): = Omnidirectional antenna, cf, Directional antenna

NOTAM (Notice to Airmen, **노탐, 항공고시보**): 항공기나 드론 조종자에게 비행경로나 특정 위치에서 발생할 수 있는 위험이나 비행 제한을 경고하기 위한 통지이다.

Obstacle Avoidance Sensors(**장애물 회피 센서**): 일부 드론은 앞과 아래에 입체 시각 센서(stereo vision sensors)가 달려 있다. 이 센서는 쌍으로 작동하여 인간의 눈과 같다. 이들 각 센서에서 동일 지점에 해당하는 이미지 픽셀(image pixels; 화소)을 식별하여 깊이를 계산한다. 이를 통해 센서 간 거리가 일정해 드론 앞 물체와의 거리를 계산할 수 있다. 즉, 드론은 피타고라스 정리(Pythagorean Theorem)를 반복적으로 해결하여 물체가 드론으로부터 떨어져 있는 거리를 계산한다.

Octocopter(**옥토콥터**): 프로펠러 8개로 구성된 멀티로터 드론이다. 4개의 프로펠러는 시계 방향으로 회전하고 4개는 반시계 방향으로 회전한다. cf, multicopter

Octocopters(**옥타콥터**): 일반적으로 블레이드 수가 많은 멀티로터는 더 크고 더 무거운 페이로드를 운반할 수 있다. 예를 들어 최근 아마존이 무인항공기(UAV)를 이용해 패키지 배송을 발표한 것은 비행거리 증가와 안정성, 그리고 적절한 무게의 운반 능력 등을 고려할 때 옥타콥터의 활용성이 입증되었다. cf, multicopter

OcuSync(**오큐싱크**): DJI의 독자적인 전송 기술 주로 상위급 드론에 적용되어 있고 매우 먼 거리까지 데이터를 전송할 수 있는 것이 특징이다. 영상 전송을 위한 광대역폭 확보와 끊김없이 안정적인 전송을 위해 압축 기술과 함께 지연시간 최소화 및 hand-over 통신을 위한 독자적 프로토콜을 개발하였다. 기체 제어를 위한 “RC Control+실시간 영상 전송”을 가능하게 한 DJI 기술의 명칭이다.

OCV(Open circuit voltage, **개회로 전압**): 열린 회로 상태로 외부의 부하(load)가 없는 조건의 전압. cf, closed circuit voltage

OLED(Organic Light Emitting Diode, **유기발광다이오드**): 형광성 유기화합물에 전류가

흐르면 스스로 발광하는 자체발광형 유기물질이다. OLED는 LCD보다 정확하고 깊은 색상, 넓은 시야각, 무한대 명암비, 잔상 없는 화면이 장점이다. 대부분 FPV 화면은 발광 백라이트 위에 액정(LCD)으로 색을 구형하는 데 빛을 가려 만드는 색은 검은색을 표현하는 데 한계가 있다. 예를 들어 EV300O의 경우 OLED는 발광 소자가 색을 갖기 때문에 완벽하게 검은색을 표현한다. 따라서 OLED 화면이 더 선명하게 느껴지는 이유이다. cf, LCD, FPV

Omni-directional antenna(**전 방향성 안테나**): 안테나를 중심으로 구체 모양의 방사 패턴을 형성한다. cf, Directional antenna

Omnidirectional antenna(**전방향성 안테나**): 특정 방향이 없이 단일 평면상에서 전 방향성에서 전파를 송신 또는 수신하는 안테나. cf, antenna

Oneshot(**원샷**, Oneshot125): 원샷(Oneshot125)은 당신의 FC가 ESC와 더 빨리 통신할 수 있도록 해주는 기능이다. 원샷을 사용하려면 FC에 BlHeli 및 Oneshot이 활성화된 ESC가 있어야 한다.

Optoisolator(OPTO, **옵토아이솔레이터**): BEC, UBEC가 포함되어 있지 않은 ESC로 제어 신호를 전기가 아닌 빛(opto)으로 주고받는 통신 방식이다. OPTO 내부에는 LED와 광검출기가 있어 모스부호 형태 방식으로 통신한다. 대부분 대형 멀티콥터처럼 고출력이 필요할 때 사용되며, BEC 방식보다 노이즈가 현저히 줄기 때문에 제어 오차가 적을 뿐 아니라 BEC가 없으므로 가격도 저렴하다. 그러나 5V 전압이 필요한 모터에 전압을 공급하기 위해서는 별도의 UBEC가 필요하다. cf, Battery Eliminator Circuit

Orthomosaic Image(**정사 모자이크 이미지**): 정사사진(수직투사)은 렌즈 왜곡, 카메라 기울기, 원근법, 지형 완화 등을 위해 보정된 항공사진으로 왜곡이 전혀 없으며 이미지 전체에 걸쳐 균일 축척이 적용된다. 특정 지역을 여러 사진을 찍어 함께 붙여 보정한 지도 정밀 이미지이다.

OSD(On Screen Display, **온-스크린 디스플레이**): 드론의 배터리 전압이나 비행시간, 기체의 기울기(자세), 방위, 출발 위치의 방향과 거리, 고도, 속도 등의 정보를 화면에 표시해준다. 기체에 장착되며, 카메라와 영상 송신기 사이에서 가속도 센서나 자력계 센서, GPS 등을 통해 들어온 정보를 카메라의 영상에 섞어 영상 송신기에 보내는 역할을 한다.

OTH(Over-the-Horizon, **초지평선**): 일반 레이더의 거리 제한인 수평선 너머 수백에서 수천 킬로미터까지 매우 먼 거리에서 목표물을 탐지할 수 있는 레이더 시스템이다. 이들 레이더는 위성통신과 공중조기경보기로 대체되었다. 최근 드론을 이용한 해상 정찰, 마약 단속 등의 역할로 저렴한 지상 레이더들이 다시 검토되면서 OTH 레이더가 다시 사용되고 있다.

Over the horizon(**초지평선**): UAV가 조종자의 가시권을 벗어난 상황
cf, beyond line of sight

Overexposure(**과다노출**): 이 설정을 선택하면 얼룩말 줄무늬(zebra stripes)가 이미지 미리

보기 및 카메라 보기에서 과다노출 영역에 나타난다. 이 경고를 사용하면 과다노출 영역의 밝기와 일치하도록 카메라 설정을 조정할 시기를 알 수 있다.

Overhaul(**오버홀, 분해수리**): 항공기의 점검이 필요할 때 정비공장에 입고하여 기체 및 엔진 등 관련 구성품을 완전 분해해서 점검, 수리 및 조정하는 정비의 한 방법이다.

Pa(pascal, **파스칼**): 내부 압력, 응력 등을 정량화하는 데 사용되는 SI 압력 단위이다. 이 단위는 제곱미터당 1뉴턴으로 정의되며 표준 대기의 측정 단위는 101,325Pa로 정의된다. 일반적으로 파스칼은 1밀리바(millibar; mb)와 등가인 헥토파스칼(1hPa=100Pa) 단위로 많이 사용한다. 기상관측보고에서 세계기상기구의 권고에 따라 대기압을 헥토파스칼 단위로 보고한다.

PAN(Personal Area Network, **개인 통신망**): 개인의 업무 공간을 중심으로 전자기기를 상호 연결하기 위한 컴퓨터 네트워크이다. 스마트폰, PDA, 랩톱, 그리고 디지털카메라, 블루투스 등으로 네트워크를 형성한다. cf LAN

Part 107(FAA): 무게가 25kg(55 pounds) 미만의 드론을 위한 광범위한 상업적 용도로 운용하는 드론에 관한 규정(regulations)을 다루고 있다.

Part 107: FAA 상업용 드론 비행에 대한 제한과 안전 기준을 규정하기 위한 드론 운용자 규정이다.

Patch Antenna(**패치 안테나**): 패치 안테나는 원형 편광 안테나보다 통달범위가 큰 지향성 안테나이지만, 마주 보는 방향에서만 신호를 포착할 수 있다. 이 때문에 하나의 원형 편광 안테나와 하나의 패치 안테나를 설치해서 운용하는 이유이다. 원형 편광 안테나는 조종자 주변을 비행하는 데 사용되며, 한 방향으로 더 멀리 비행하고자 할 때는 패치 안테나가 사용된다. cf, linear antenna

PAV(Personal Air Vehicle, **자가용 항공기**): 무인기 기술을 한 단계 높여 비행기를 개인 교통수단으로 발전시킨 개념이다. PAV는 택시처럼 승객이 호출할 때 항공 서비스를 제공하기 위해 제안된 새로운 유형의 항공기로 지상과 공중의 교통망을 이용해 이동할 수 있는 미래형 자가용 항공기이다. cf, Personal Plane project

Payload(**페이로드**): 드론이 자체 무게(own weight)와 배터리 외에 추가로 운반할 수 있는 무게이다. 드론에 카메라와 짐벌 등을 부착하면 총 중량이 페이로드이다.

Payload(**페이로드, 유상 하중**): 드론/UAV가 운반할 수 있는 중량의 양이다. 예를 들어 카메라 혹은 택배 물건 등은 전형적인 유상 하중이다. 상업용 드론 운용에서는 수익이 되는 물건의 무게를 의미하기도 한다.

PCB(Printed Circuit Board, **인쇄 회로 기판**): 평평한 유리섬유 보드에 많은 소재의 부품이 납땜한 보드이다. 대부분 전자제품은 PCB를 사용한다.

PDB(Power Distribution Board, **전원배전반**): PDB는 장치의 정확한 안정성을 제공하기 위해서 멀티콥터에 사용되는 보드로서 각 모터에 전력을 분배한다.

PED(Personal Electronic Device, **개인전자기기**): 소형 드론을 포함하여 휴대용 컴퓨터,

핸드폰, MP3 플레이어 등 항공기 승객이 위탁하거나 휴대할 수 있는 전자기기. 항공기에서는 무선 송신기를 사용하는 드론을 비롯한 PED 사용을 금지하고 있다.
cf, portable electronic device(휴대용 전자기기)

Perching(퍼칭): 드론/UAV가 기울어진 표면에서 능동적 기동 또는 안전하게 착륙하는 것으로 더 나은 통신 지점을 향해 상승하도록 프로그램화될 것이다.

Person Manipulating the Controls: 원격 조종자(PIC)의 감독하에 소형 무인기(sUAS)의 비행을 제어하고 있는 원격 조종자 외의 사람. 이것은 FAA Part 107 규정에 따라 소형 무인기가 상업적 목적으로 운용되고 있을 때 FAA가 정의한 공식적인 역할이다. 원격 조종기를 조작하고 있는 사람은 원격 조종자 자격증명을 소유할 필요는 없다.

Photogrammetry(사진측량): 여러 사진을 조합하여 하나의 큰 이미지를 만들기 위해 측량하고 매핑하는 방법이다.

Photogrammetry(사진측량법): 항공사진으로 촬영한 사진을 이용해서 측정하는 과정이다. 드론 관련 애플리케이션에는 2차원 또는 3차원 생성 기능이 포함된다.

Photoscan(포토스캔): UAV 시스템으로 시작하는 GIS 작업 흐름에서 필수 부분이 되었다. PhotoScan은 대규모 피사체의 정밀한 다각형(polygon) 모델의 재구성과 더욱 정밀한 DSM/DTMs 계산과 고해상도 연속 직교모자이크 내보내기를 위한 고밀도 점 구름 생성과 분류를 할 수 있는 전문 수준의 후처리 도구(post-processing tool)임이 입증되었다.
cf, post-processing

PIC(Pilot in Command, 기장): 항공기 운항에 대한 책임을 지는 사람으로 모든 종류의 항공기에 적용되는 일반적인 용어이다. 일반적으로 무인항공기 PIC는 드론을 원격으로 조종하는 사람을 지칭한다. 국내에서는 PIC보다 조종자라고 하고 무인항공기 운용의 전반적인 책임을 갖는 사람이다.

PID(proportional-integral-derivative): PID 컨트롤러는 두뇌이다. 센서로부터 정보를 수신하고 적절한 응답을 도출한 후 드론의 다른 구성품에 명령하여 원하는 상태를 유지하도록 한다. PID 컨트롤러는 드론 센서로부터 입력을 수신하여 광범위한 알고리즘 세트를 통해 이 정보를 처리하는 전기 구성품이다. PID 컨트롤러가 수신하는 일반 정보 집합에는 드론의 고도, 방향과 각속도 방향, 그리고 위치 등이고 PID 컨트롤러는 현재 드론 상태를 원하는 상태와 비교한다.

Piezoelectric effect(압전 효과): 압전 소재(piezoelectric material)의 압축을 통해 발생한다. 압전 효과를 발생시키기 위해서 두 금속판 사이에 비전도성 압전 세라믹/수정체(ceramic or crystal) 재료를 끼워 넣는다. 압전 소재를 가로질러 전압 전위가 존재하고 이 물질을 압축하거나 압착(compressed or squeezed)했을 때 압전 세라믹 소재에 가해지는 기계적 응력으로 인해 전기가 발생하는 원리이다. 압전 효과에 의한 전기는 초소형 배터리처럼 작용한다. 이를 다이렉트 압전 효과(direct piezoelectric effect)라 하고 압력 센서 등 다양한 감지 장치에 사용된다.

※ 석영 결정(Quartz crystal), PZT(Lead zirconate titanate)

PEM(polymer electrolyte membrane, **고분자 전해질막**): 수소연료전지의 4대 구성요소 중 하나로 선택적 투과능력을 보이는 분리막이다. 외부에서 유입된 수소가 전극 층에서 수소이온과 전자로 분리되는데 이 전자가 도선을 따라 전류를 생성한다.

Pinch grip(**핀치 그립**): 송신기 스틱을 엄지와 검지로 잡아 조종하는 방식이다. 이 방법은 쿼드콥터를 조종하는 가장 직관적인 방법이 아닐 수도 있고, 편안하지 않을 수도 있지만, 정확성과 정밀도가 더해져 모든 결점을 보완한다. cf, thumbs method

Pitch(**피치**): 드론 가로축을 기준으로 헤딩이 위아래로 움직이는 운동. cf, roll, yaw

Pitch(**피치**): 항공기의 한 축 선상에서 항공기의 운동을 기술하는 것으로 피치는 가로축(lateral axis=from wing to wing)을 기준으로 기수의 숙여짐과 들림(nose up and down)에 관한 운동이다.

Pitot Tube(**피토관**): 드론의 대기속도를 측정하는 장치

Pixel(**픽셀, 화소**, Picture Element): 컴퓨터나 모바일 기기 등의 화면 이미지를 구성하는 최소 단위이다. 사각형 모양으로 그 수가 많을수록 고해상도의 선명한 이미지 표현이 가능하다. cf, High Definition

PNF(Plug-N-Fly): PNP

PNP(Plug-N-Play): 반제품(서보, 모터, ESC 포함, 송신기, 수신기 배터리와 충전기 별도). cf, RTF, BNF

Point of interest tracking(POI, **관심 지점 트레킹**): 사용자가 유용하거나 흥미를 느낄 수 있는 특정 지점 위치이다. 사용자들은 호텔, 야영지, 주유소 또는 자동차 내비게이션 시스템에 사용되는 다른 범주를 지칭할 때 이 용어를 사용한다. 모바일 장치 사용자는 가까운 지리적 위치를 권장하고 시간적 관련성을 갖는 지리적 위치 및 시간 인식 POI 서비스를 제공할 수 있다. 이 용어는 지도제작, 특히 GIS, GPS 내비게이션 소프트웨어와 같은 전자기기에서 널리 사용된다. GPS POI는 특정 지도 기준을 가정하여 최소한 POI의 위도와 경도를 지정한다. GPS 응용프로그램은 일반적으로 아이콘을 사용하여 지도에서 다양한 범주의 POI를 그래픽으로 나타낸다. UAV가 도달할 것으로 예상하는 장소 또는 UAV에 있는 카메라가 영상을 캡처해야 하는 영역이 관심 지점(POI)일 수 있다.

Point Cloud(**포인트 클라우드**): 공간에 3차원 좌표(X, Y, Z)를 갖는 데이터 점들의 집합이다. 3D 스캐닝 프로세스의 결과물로서 포인트 클라우드는 제조된 부품을 위한 3D CAD 모델 제작, 도량형 및 품질 검사, 다양한 시각화, 애니메이션, 렌더링(rendering) 및 대량 사용자 지정 애플리케이션 등 다양한 용도로 사용된다. cf, rendering

Position Mode(**위치 모드**): 드론의 기본 비행 모드(default flight mode)이며 GPS 및 장애물 센서를 포함한 필수 항공기 기능에 액세스할 수 있다. 이 모드에서 드론은 제자리비행할 수 있고, 안정적 촬영에 이상적이며, 장애물 센서가 활성 상태를 유지하여 안전하게 비행할 수 있다.

Post Processing(후처리): GPS 측량 등에서 실시간(real time) 처리와 상반되는 개념으로 위성 신호 자료 등을 저장한 후 실내에서 소프트웨어 등을 사용하여 처리, 계산하는 방법이다.

Potentiometer type gimbals(전위차계 짐벌): 전위차계는 내부의 저항성 스트립을 따라 와이퍼(wiper; 저항기의 가동자)의 위치에 따라 값이 변하는 저항기(resistor)이다. RC 송신기에서 와이퍼는 스틱의 각 축에 연결되어 있어 송신기의 프로세서는 전위차계의 아날로그 전압을 판독하여 이를 축의 값으로 변환한다. 전위차계 유형의 짐벌은 스틱 입력의 값을 포착하기 위해 브러시를 사용하기 때문에 훨씬 더 빨리 마모되기 쉽다.

cf, Hall effect sensor

Power Port Module(전력 포트 모듈): 배터리에서 공급되는 전력량을 모니터한 후 드론의 ESC와 FC에 분배한다. 전력 모듈(power module) 또는 전력 전자 모듈은 여러 관련 구성품을 한 세트(집합체)로 구성한 것이다.

PPK(Post-processing Kinematic, 후처리 키네마틱): RTK의 대체 기법으로 드론 데이터를 캡처하고 업로드한 후 지오태그 정확도를 수정한다. 데이터는 비행 데이터 관리자(flight data manager; FDM)에서 수정되고 클라우드에서 처리된다.

cf, RTK, GCP, geotag

Pre Flight Planning(비행 전 플래닝): 프로그램 전 비행경로를 사전에 프로그램하기 위해 사용되는 비행 계획

Preflight Planning(비행 전 계획수립): 이륙 전 조종자와 관련 요원이 수행하는 모든 해당 표준과 규정에 따라 안전하게 비행을 수행할 것을 보장하기 위한 활동이다. 이 활동은 기상, 비행경로, 공역, 장비 구성, 지원 인력, 지형 및 통신 요건을 포함하며 이에 국한되지 않는다.

Professional Drone(전문가용 드론): 최신 기술과 영상 센서를 갖춘 최고급(High-end) UAV를 의미한다. 때로는 드론 자체와 카메라를 별도로 판매하기도 한다.

Prop Adapter(프로펠러 어댑터): Prop 어댑터는 프로펠러를 모터에 연결한다.

Prop Saver(프로펠러 세이버): Prop Saver는 모터 상단에 장착된 허브(hub) 유형이며 프로펠러 어댑터를 대체한다. 충돌이 발생했을 때 프로펠러 보호기의 일부가 떨어져 나가고 프로펠러는 안전하다.

Propeller Guards(프로펠러 보호기): 프로펠러 가드는 프로펠러가 다른 물체와 접촉하지 않도록 프로펠러를 감싸준다. 이들 드론 부품은 드론 파손을 최소화하고 안전 기능(safety feature)을 실행한다.

Prosumer(프로슈머): 프로듀서(producer, 생산자)와 컨슈머(consumer, 소비자)의 합성어이다. 일반적으로 상용 비행뿐만 아니라 레크리에이션 비행에 사용되는 드론과 같은 sUAS 항공기를 설명하는 데 사용되는 용어이다. 이 범주에 속하는 대부분 드론은 항공 비디오와 사진을 찍을 수 있고 GPS와 같은 위성 기반 항법 시스템을 사용할 수 있으며 제한된 자율

비행 성능이 있다.

Protocol(프로토콜, 통신규약): 컴퓨터끼리 정보를 주고받을 때 자료의 형식, 통신 방법에 관한 규약

Proximity sensor(근접 센서): 다른 드론 또는 물체가 접근해 왔을 때 위치를 검출하기 위한 센서이다. 특히 드론 군집 비행에서 근접 센서는 드론이 서로의 존재를 감지하고 충돌을 피하기 위해 특히 중요하다.

psi(pound per square inch): 압력을 나타내는 단위이다. 1제곱인치 면적에 1파운드의 힘이 가해지는 압력이다. 1psi는 대략 6,895Pa와 같다. 해수면에서 대기압은 약 14.7psi이다. cf, Pa(pascal)

Pulse-width modulation(펄스 폭 변조, PWM): 전기 신호에 의해 전달되는 평균 전력을 효과적으로 분리하여 줄이는 방법이다. 부하에 공급되는 전압(및 전류)의 평균값은 공급과 부하 사이의 빠른 속도로 on/off 전환하여 제어한다. 스위치가 off 기간에 비해 오래 켜져 있을수록 부하에 공급되는 총 전력이 높아진다.

cf, Pulse-duration modulation(PWM)

QUAD: cf, Quadcopter

Quadcopter Grades(쿼드콥터 분류)

① Toy Grade: 장난감 등급은 아주 작고 가벼운 쿼드콥터로 저렴하고 대부분 초보자에게 적합한 크기이다.

② Hobby Grade: 경험이 있는 초보 조종자가 사용하는 중간크기의 드론(Mid-sized Drones)이다. 이 종류의 드론은 대부분을 카메라를 장착하고 있거나 장착할 수 있다.

③ Professional Grade: 프로펠러를 4개 이상 갖춘 고성능(High end copters) 드론이다. 대부분 항공 촬영을 위한 HD 카메라를 갖추고 있으며, 가장 긴 비행시간과 함께 다양한 기능을 제공한다.

Quadcopter(쿼드콥터): 4개의 수평 프로펠러(horizontal propellers)로 구성된다. 회전성 토크를 상쇄하기 위해서 2개는 시계방향으로 회전하고 다른 2개는 반시계방향으로 회전한다. 이러한 특성 때문에 쿼드콥터는 일반 원격 조종 헬리콥터보다 더 안정적인 비행이 가능하다. 소형 무인항공기(sUAV)로 가장 대중적으로 활용되는 드론이다.

cf, multicopter

Quadcopter(쿼드콥터): 프로펠러 4개로 구성된 멀티로터 드론이다. 2개의 프로펠러는 시계 방향으로 회전하고 2개는 반시계 방향으로 회전한다. cf, multicopter

Quick dhot(퀵 샷): 고급 카메라 드론에서 전문가가 공중 촬영을 자동으로 진행하는 기능

Raceband(레이스밴드): 여러 조종자가 경주 비행할 때 드론 레이싱에 주로 사용되는 5.8 GHz 주파수 세트이다.

Racing Drone(경주용 드론): 경주용 소형 쿼드콥터는 주로 FPV 레이스에 참가하고 경쟁하기 위한 드론으로 속도와 기동성이 우수하다.

Radio controlled (RC) aircraft(무선조종 항공기): 무선으로 원격 조종되는 모든 종류의 항공기이다. 드론 또는 쿼드콥터 역시 무선조종 항공기의 한 종류이다.

Radio wave(전파, RF): 전파 속도는 초속 300,000km(초속 186,000마일)이며, 이는 빛의 속도이다. 전파가 빛의 속도로 이동하는 이유는 전파가 전자기파이기 때문이다.
cf, radio wave, electromagnetic radiation, speed of light

RAR(Real Aperture Radar, 실개구면 레이더): 항공기 또는 드론에서 발사되는 좁은 에너지 빔은 비행경로에 수직으로 향한다. 에너지 펄스는 레이더 안테나에서 전송되며, 반사 강도는 좁은 지형의 이미지를 생성하는 데 사용되고, 오직 거리 방향(방위)에 대한 정밀한 해상도를 얻을 수 있다. cf, imaging radar, SAR

Rate gyro(비율 자이로): 자이로스코프의 한 종류로 방향을 지시하기보다 시간에 따른 각(angular) 변화율을 나타내는 데 사용된다. 이 자이로는 자유도 1도 한 평면에 한 개의 짐벌 링만 있어 각운동 비율(rate of angular movement)을 측정하기 위한 자이로 사용된다. 이 자이로는 비율 통합 자이로에 사용되고, 비행체의 자세 제어, 그리고 관성항법장치를 위한 다른 센서와 함께 사용된다.

RC(Radio Controlled, 무선조종): 무인항공기의 비행 지시를 무선을 통해서 전송하는 방식이다. 조종자는 게임 조종기와 같은 휴대용 장치를 사용하거나, UAV가 WiFi 기능이 있다면 컴퓨터나 태블릿을 사용할 수 있다.

RC(Radio Controller, 무선 조종기): 드론/UAS의 비행을 제어하는 데 사용되는 무선 휴대용 조종기이다.

Ready to fly(RTF): 완제품 드론과 쿼드콥터를 의미한다. 완제품 드론은 박스에서 포장을 열어 바로 사용할 수 있다.

Reflection(반사): 빛, 열, 그리고 소리 등이 물체에 부딪힌 후 되돌아오는 현상.
cf, diffraction

Refraction(굴절): 파동이 서로 다른 매질의 경계면을 지나면서 진행 방향이 바뀌는 현상이다. cf, reflection, diffraction

Remote Pilot Certificate(원격 조종자 자격증명): 항공안전법에 따라 자격증명 보유자가 상업적 또는 레크리에이션 목적으로 소형 UAS(드론)를 운용할 수 있도록 하는 허용하는 자격증명서

Remote Pilot in Command(remote PIC or Remote Pilot, 원격 조종자): 항공 규정에 따라 발행한 sUAS 등급의 원격 조종사 자격증을 소지하고 있으며, 관련 규정에 따라 상업적 목적으로 비행하는 무인항공기(드론)를 직접 조종할 수 있는 사람. 원격 조종자는 직접 또는 간접적으로 sUAS(드론) 항공기의 비행에 대한 책임을 지기도 한다. cf, PIC

Rendering(랜더링): 2차원의 이미지에 광원, 위치, 색상 등 외부의 정보를 고려하여 사실감을 불어넣어, 3차원 이미지를 만드는 과정을 뜻하는 컴퓨터그래픽스 용어이다.
cf, point cloud

Retractable landing gear(접개들이 착륙장치): 착륙장치는 이륙과 착륙하는 동안에는 내리고 비행 중에는 접어 넣을 수 있는 구조의 착륙장치. cf, fixed landing gear

Return to Home(RTH, 홈 복귀): 드론 조종자가 원격 조종기의 기능을 작동시키거나 배터리 전원이 부족하거나 송신기의 신호가 끊기면 드론이 자동으로 원래 위치로 돌아가도록 설정된 기능이다.

RFID(radio frequency identification, 무선인식): 전자기장을 사용하여 물체에 부착된 태그(tag)를 자동으로 식별하고 추적하는 시스템이다. RFID 시스템은 소형 무선 트랜스폰더, 무선 송수신기로 구성된다. 태그가 달린 모든 물품이나 비행체 역시 언제 어디서나 자동 확인 또는 추적이 가능하며 태그는 메모리를 내장하여 정보의 갱신 및 수정할 수 있다.

RGB sensor: RGB(red, green, blue) 센서는 카메라가 캡처되는 장면을 분석하고 잘 노출된 이미지를 생성하는 데 필요한 빛의 양을 결정하는 데 도움이 되는 계측 센서이다. 프레임의 픽셀 하나하나를 분석하여 상세하게 만들어진 전체적인 이미지를 생성해 낸다.

Rocket mode(로켓 모드): 피사체를 중심으로 기체가 수직으로 상승하면서 촬영하는 기법

Roll(롤): 드론 세로축을 기준으로 드론이 좌우로 움직이는 운동. cf, pitch, yaw

Rotor(회전자): 모터의 회전 부품(자석이 원통 모양으로 부착된)이다. cf, Stator

Rotorcraft(회전날개 항공기): 날개가 고정된 형태의 비행기와 달리 2개 또는 그 이상의 로터 블레이드를 이용해서 양력과 추력을 얻는 항공기이다. 헬리콥터는 전형적인 회전날개 항공기이다. cf, fixed-wing aircraft

Router(라우터): 컴퓨터 네트워크 사이에 데이터 패킷(data packets)을 전달하여 네트워크를 구성하는 일종의 공유기이다. 네트워크는 여러 대의 컴퓨터가 연결선을 통하여 구성된다. 그러나 통신 방법이나 신호가 달라 다양한 네트워크들이 정보를 주고받기 위해서는 중간에서 이것을 정리하고 길을 안내해줄 장치가 있어야 하고 이를 라우터라고 한다.

RPM(Revolutions Per Minute, 분당 회전수): 드론 모터 축이 1분(60초) 동안 회전하는 횟수

RPV(Remote Person View): 드론 조종자는 멀리 있는 물체나 장면을 마치 자신의 눈으로 보는 것과 같은 상태이다. cf, FPV

RSSI(Received Signal Strength Indicator, 수신신호강도지시기): 무선 원격 조종기에서 무인항공기로 전송하는 무선 신호의 강도를 나타내는 지시기

RTF(Ready To Fly): 박스 안에 들어 있는 드론이나 쿼드콥터가 언제든지 비행할 준비가 되어 있는 상태를 의미한다.

RTF(Ready to Fly): 완제품의 의미하는 것으로 사용 설명서에 따라 조립한 후 배터리만 장착하면 운용 준비가 완료되는 제품

RTF(Ready-to-Fly): 완제품, 취미용으로 구입 즉시 사용할 수 있는 모델의 제품.

RTH(Return to Home): 드론이 GPS 기능을 이용해서 이륙한 지점으로 되돌아올 수 있는 기능

RTK drone: 드론은 위성과 정지 기지(지상) 관측소에서 데이터를 수집하는 탑재 GNSS RTK 수신기를 탑재해 비행하면서 영상 위치를 실시간으로 더 정확하게 보정한다.

RTK(Real Time Kinematic, **실시간 이동측위**): GNSS 정밀 위치 정보(전리층, 대류권 오차 등)를 이용해서 기준국의 반송파 위상에 대한 보정치를 이용하여 이동국에서 실시간으로 1~2cm 정도의 정밀한 측위 결과를 얻는 방식이다.

RUD(Rudder, **러더, 방향타**): 드론을 요(yaw)를 조종하는 장치

S/N Ratio or SNR(**신호 대 잡음비**, signal-to-noise ratio): 원하는 신호의 수준을 배경 잡음 수준과 비교하는 데 사용되는 측정치이다. SNR은 소음 전력에 대한 신호 전력의 비율로 정의되며, 종종 데시벨로 표현된다. 비율이 1:1(0dB 이상)보다 크면 잡음보다 신호가 더 크다는 것을 나타낸다.

SAFE technology(**안전 기술**): "Sensor-Assisted Flight Envelopment"의 약자이다. 혁신적 센서 지원전자 비행영역 보호 시스템이다. SAFE 기술이 적용된 모델에는 다양한 점진적 성능 옵션(초보자, 전문가급)이 있어 안전성과 비행 제어를 쉽게 조정할 수 있다. 이것은 바람 부는 상황이나 다양한 모드를 위해 더욱 유연한 비행 능력을 제공함으로써 특정 비행 순간에 적합한 보호 및 지원 수준에 따라 비행할 수 있다.

Sagnac effect(**사냑 효과**): 링 자이로와 광섬유 자이로 원리에 적용된다. 회전으로 유도되는 간섭계에서 마주치는 현상이다. 광선이 분할되고 두 광선은 동일 경로로 이동하지만 방향이 반대이다. 정지상태일 때 광선은 어느 방향으로든 링을 횡단하는 데 동일 시간이 소요된다. 그러나 간섭계 시스템을 돌리면 기계 프레임의 한 회로를 완성하기 위해 한 빔의 빛이 다른 빔보다 이동경로가 길어지기 때문에 두 빔의 위상차가 발생한다. Sagnac 효과를 이용한 레이저 자이로와 광섬유 자이로는 재래식 기계식 자이로를 대체하고 있다. cf, FOG, inertia navigation system

SAR(Synthetic Aperture Radar, **합성개구레이더**): 레이더의 한 형태로서 2차원 영상이나 풍경과 같은 물체의 3차원 재구성을 만드는 데 사용된다. SAR은 표적 영역 상에서 레이더 안테나의 움직임을 이용하여 기존의 빔 스캐닝 레이더보다 미세한 공간 해상도를 제공한다. cf, imaging radar, RAR

Scattering(**산란**): 빛이나 소리의 파동 입자선이 원자, 분자 또는 물질 입자에 부딪혀서 운동 방향을 바꾸거나 흩어지는 현상. cf, absorption

SD card(Secure Digital card, **보안 디지털 카드**): 항공기 항법, 휴대전화, 전자책, PDA, 스마트폰, 디지털카메라, 개인용 컴퓨터 등 대용량 메모리와 다양한 휴대용 장치를 위해 고안된 작은 플래시 메모리 카드(flash memory card or storage card; 비휘발성 기억장치)이다.

Security patch(**보안패치**): 컴퓨터 운영체계나 응용프로그램의 보안 취약점을 보완하는 소프트웨어다. 보안패치를 설치했을 때 취약점을 악용하는 악성코드 감염을 방지하고, 다양한 PC 오류의 원인을 제거해 준다.

Selfie Drone(셀피 드론): 항공 원근법(aerial perspective)으로 사진이나 비디오를 촬영하는 데 사용되는 소형 휴대용 드론(small portable drone)이다. cf, Dronie

Selfie(셀피): 자기 혼자 스마트폰 등을 이용해서 찍은 사진을 의미하는 자가 촬영 사진(self-portrait photograph) 또는 동영상이다. cf, 셀카(self-camera, 우리말)

Sense and avoid(감지와 회피): 드론/UAS가 다른 비행체 및 항공기와 충돌하지 않고 피할 수 있는 기능이다. 감지와 회피는 자체 분리와 충돌 방지(self-separation and collision avoidance) 기능을 제공한다.

Servo(서보): 해당 기기를 시스템이 요구하는 특정 위치로 이동하거나, 특정 속도나 토크로 작동시킬 때, 피드백이나 오류 정정을 통해 정확하게 제어할 수 있는 구조를 갖추고 있음을 의미한다. 예를 들어 조종자의 조종기 명령에 따라 제어되는 모터를 서보모터라고 한다. cf, gimbal

Servo(서보, servomotor or servomechanism): 공중 비행체는 지상에서 제어할 수 있는 팬 카메라(pan cameras)와 날개 플랩(flaps) 조절 같은 다양한 기능을 위해 서보모터(servomotors)를 사용한다. 서보는 지정된 신호에 따라 특정 각도 위치로 움직이도록 하는 작동기(actuator)의 한 종류이다.

Servomotor(서보모터): 각도 또는 선형 위치, 속도 및 가속도를 정밀하게 제어할 수 있는 회전식 작동기 또는 선형 작동기이다. 드론 위치 피드백을 위해 센서에 결합된 적합한 모터로 구성된다. 서보모터라는 용어는 특정 종류의 모터는 아니다. cf servo

Sheer away: 급히 방향을 바꾸어 나아가다; (옆으로) 벗어나다, 헤딩에서 벗어난다.

Shell(쉘): 외부 부품에 대한 저항을 개선하고 때로는 공기역학적 향상과 외관(aesthetic and functional cover)을 보기 좋게 하는 덮개이다. 일부 드론은 프레임 역할을 하는 플라스틱 쉘만 갖추고 있다. cf frame

Short-hop flight(단거리 비행): 지역 항공사 또는 경항공기를 이용한 단거리 비행을 의미한다.

Sideslip(사이드슬립): 가운데 포인트를 중심으로 원을 그리면 비행하는 것

Signal for aerial survey(대공표지): 항공사진을 촬영하기에 앞서 좌표값을 알고 있는 삼각점이나 표정점 등에 설치하는 백색 표지(합판 또는 플라스틱판)이다.

Signal interference(신호 간섭): 무선 송수신에서 원하지 않는 무선 주파수 신호가 무선 조종기와 드론 사이의 통신에 간섭을 일으키는 현상이다.

Sketch/Code(스케치/코드): 드론의 비행 제어기(사고 과정과 유사한)에 업로드된 프로그램이다. cf, thought process

Sky wave(공중파): 전리층에서 반사되어 지표면으로 되돌아오는 전자기파이다. 공중파에 의해 수평선 너머까지 무선파가 전달된다. cf, ground wave

SLAM(simultaneous localization and mapping, 동시 위치확인과 지도제작): 미지 환경의 지도를 구성하거나 업데이트하면서 동시에 운반체의 위치를 추적하는 기술이다. SLAM 알고리즘은 가용 수단에 맞게 조정되므로 완벽함을 목적으로 하는 것이 아니라 운용상의 조건에 순응할 수 있도록 한다. SLAM은 자율주행차, 무인항공기, 수중자율선박, 행성 탐

사 로봇 그리고 인체 내부에서도 적용된다. cf, mapping

SNS(Social Network Service, 소셜 네트워크 서비스): 특정 관심이나 활동 또는 실제 관계를 공유하는 다른 사람들과 관계를 형성하기 위한 온라인 서비스이다. 사용자는 개인 정보 및 사진으로 프로필을 만들고 다른 프로필과의 연결을 형성하여 다른 사용자와 정보를 공유하여 관계를 증가시킨다. 페이스북(Facebook), 트위터(Twitter), 카카오스토리(KakaoStory), 밴드, 틱톡(TikTok), 인스타그램(Instagram), 밴드(Band) 등은 많이 알려진 SNS이다. cf, Dronie

SOC(State of charge, 충전 상태): 충전용(rechargeable) 셀 또는 배터리(예: 리튬 이온 셀 또는 배터리)의 전기 저장 용량 비율이다. 완전충전된 리튬 이온 배터리의 충전 상태는 100%(SOC)이다. cf, battery

Solar flare(태양 플레어): 태양 플레어는 태양의 밝기가 갑자기 증가하는 것으로, 보통 태양 표면 근처와 태양 흑점 집단 가까이에서 관측된다. 플레어는 많은 전파를 방출한다. 만약 방출이 지구 방향이라면 이 교란과 관련된 입자는 대기 상층부(전리층)로 침투하여 밝은 오로라를 일으킬 수 있으며, 장거리 무선 통신을 방해할 수도 있다. cf, sun spot

Sonar(sound navigation and ranging, 소나): 음파는 물속에서 더 멀리까지 진행되는 특성이 이용해 물속의 지형이나 물체를 파악할 수 있다. 파장이 짧은 파동은 직진성이 강하므로 높은 진동수(짧은 파장)의 초음파(20,000Hz 이상)를 발생시켜 반사파를 측정하면 물속의 물고기 떼 또는 잠수함 등을 탐지할 수 있다. 이때 펄스를 사용하여 반사되어 돌아오는 시간을 측정하면 물체까지의 거리를 계산할 수 있다.

Sound wave(음파): 매질을 통해 전달되는 역학적 파동(wave)의 한 종류로 파동의 진행 방향과 진동 방향이 나란한 종파이다. 매질은 고체, 액체, 기체를 포함한다. 그리고 전달 속도는 고체, 액체, 기체 순서이다. 음파의 가청주파수는 약 16~20,000Hz이다. 이 중 20Hz 이하의 음파는 초저주파, 20,000Hz 이상의 음파는 초음파라고 한다.

Spatial awareness(공간 인식): 무인항공기가 공중에서 자체를 스스로 인식하는 성능이다. SAFE 기술을 갖춘 항공기는 이 인식을 이용하여 원격 조종 조종자가 특정 비행영역 선도(flight envelope) 내에서 제어될 수 있도록 하는 것을 보조한다.
cf, SAFE technology

Specific energy(비에너지): 단위 질량 당 에너지이다. 에너지 밀도는 단위 부피당 에너지를 더 정확하게 의미하지만, 때로는 중력 에너지 밀도 또는 에너지 밀도라고도 한다.

- Lithium ion: 460
- NiMH(Nickel-metal hydride): 360
- NiCd(nickel-cadmium): 140

Spoofing(스쿠핑): 스푸핑이 주로 군사작전에 사용되는 전파 기만 기술이다. GPS 위성의 위치와 시간을 계산해 위성으로부터 받을 신호와 동일 신호를 송출하여 해커가 원하는 위치로 위성의 위치를 옮기거나 시간을 이동시켜 GPS 수신기가 위성으로 받은 신호 대신 GPS 스푸핑 신호를 택하도록 위치와 시간을 조작하는 것이다. cf, jamming

Sports mode(스포츠 모드): 최신 DJI 드론 대부분에서 사용할 수 있는 비행 모드다. 이 모드는 최대 속도와 기동성을 위해 설계된 모드로 모든 충돌 방지 시스템이 비활성화되어 있다. GPS 유도를 통해 안정성을 제공할 수 있지만, 일반적으로 스포츠 모드는 초보자에게 권장되지 않는다.

Spread spectrum(확산 스펙트럼): 특정 데이터를 전송하는 데 필요한 이론적 대역폭보다 훨씬 넓은 대역폭을 사용하는 방법이다. 예를 들어 데이터를 전송할 때 5kHz의 대역폭이면 가능하나 이보다 훨씬 넓은 1MHz의 주파수 대역을 이용하여 전송하면 주파수 대역의 이용 효율은 떨어지나 오류 효율 또는 신호 대 잡음비(S/N)는 좋아진다. 또한, 송신 신호가 매우 약해도 통신할 수 있고 잡음 신호에 강하기 때문에 많은 송신자가 동시에 신호를 송출하더라도 특정 코드를 가진 특정 수신자에게 신호를 전달할 수 있다. 즉, 한 채널을 여러 사용자가 동시에 사용할 수 있으므로 그만큼 용량이 증대될 수 있다.

Speed of light(빛의 속도): 빛의 속도는 초속 300,000km(186,000마일)이며, 전파 속도(radio wave)와 같다. cf, radio wave

SRTM(Shuttle Radar Topography Mission): 2009년 ASTER GDEM이 출시되기 전에 지구상에서 가장 완전한 고해상도 디지털 지형 데이터베이스를 생성하기 위해 56°S에서 60°N에 가까운 규모로 디지털 고도 모델을 획득한 국제적인 연구 노력이다.

Stability(안정성): 안정성은 기본적으로 항공기가 원래 비행경로를 유지하거나 회복할 수 있는 능력이다. 항공기는 일정한 비행 조건을 유지하고, 외부의 방해로부터 회복할 수 있음으로써 조종사 업무량을 최소화한다. 안정성에는 다음과 같이 분류한다.

cf, maneuverability, controllability

- Static stability(정적 안정성): 비행 중인 항공기가 외부 방해받은 후 최초로 나타나는 경향
- Dynamic stability(동적 안정성): 정적 안정성에서 일정 시간이 지난 후 나타나는 안정성

Starter Drone(초보자용 드론): 초보자에게 적합한 기능을 갖춘 드론 cf, hobby drone

Stator(고정자): 모터의 고정 부품(권선, 코일이 감겨 있는)이다. cf, Rotor

Streaming(스트리밍): 인터넷에서 음성이나 동영상 등의 파일을 하드디스크 드라이브에 내려(download)받아 재생하던 것을 다운로드 없이 실시간으로 재생해 주는 기법이다. 전송되는 데이터가 마치 물이 흐르는 것처럼 처리된다고 해서 붙여진 용어이다.

sUAS(Small Unmanned Aircraft System, 소형무인항공기시스템): 비행체 무게가 55파운드(pounds, 25kg) 미만의 드론이나 쿼드콥터와 같은 무인항공기(FAA)

Suicide drone(자폭 드론): = Loitering munition

Sunspot(태양 흑점): 태양 흑점은 태양 광구(photosphere)에서 주변보다 어두운 점으로 나타나는 일시적인 현상이다. 대류를 억제하는 자기장 플럭스(magnetic field flux)의 농도로 인해 표면 온도가 낮아지는 영역이다. 태양 흑점은 보통 반대 자기 극성으로 쌍으로 나타나고 대략 11년의 태양 주기에 따라 달라진다. 태양 흑점은 강한 자기활동을 나타내고 대부분의 태양 플레어(solar flare)와 코로나 질량 방출은 가시적 흑점 그룹 주변의 자

기활동 영역에서 발생한다. cf, solar flare

Surveillance Drone(감시 드론): 감시 드론은 공중에서 수많은 사람의 개인 정보를 쉽게 판단하고 범위 경력이 있는 사람을 식별해 낼 수 있는 긍정적 측면이 있지만, 모든 시민이 잠재적 감시 대상이 된다는 점에서 심각하게 우려하고 있다. 감시 드론은 스캐너 드론(Scanner Drone)이 있다.

SWaP(size, weight and power, 크기, 중량 및 전력 요건): 소형 무인항공기 또는 군 장비의 소형 그리고 경량화 소요제기와 추세에 따라 전자기기를 포함한 장비의 크기와 무게를 줄이고 저비용 솔루션을 제품이나 플랫폼의 수가 폭발적으로 증가하고 있다.

Tdrone: cf, Coaxial twin-propeller

Telemetry(원격 측정법): UAV와 지상국 사이의 양방향 디지털 데이터 스트리밍은 UAV를 제어하기 위한 비행 데이터와 지시를 전달하는 데 사용된다. cf, streaming

Terminal voltage(터미널 전압): 부하가 연결된 배터리 단자 사이의 전위차이다. 이 전압은 SOC와 방전 또는 충전 전류의 크기에 따라 달라진다.

TFR(Temporary Flight Restriction, 임시비행제한구역): 이 구역은 정부 귀빈(VIP), 특별 행사, 자연재해 및 기타 비정상적인 사건 때문에 특정 공역 지역에 대한 비행 제한이 지정되는 구역이다.

Thermal drift(서멀 드리프트): 정상 작동 중 전자기기의 내부 열 또는 외부 온도 변화로 인한 드리프트이다. 반도체는 상온 이상으로 상승하면서 온도 변화에 매우 민감하여 회로 설계에서는 사용 중 장치의 작동 안정성을 유지하기 위해 일부 온도 제어 또는 온도 보상 장치를 갖추어야 한다. 그렇지 않으면 장치 작동 특성의 서멀 드리프트로 인해 회로 고장이 발생할 수 있다.

Throttle(스로틀): 드론의 프로펠러/모터의 회전수를 제어하는 장치

Thrust(추력): 특정 모터와 프로펠러가 (특정 전압에서) 제공하는 힘이다. 추력은 통상 킬로그램(kg) 또는 파운드(LBS)로 측정된다.

Thumbs grip(엄지손가락 그립): RC 비행기 송신기뿐만 아니라 대부분 오락용 쿼드콥터 송신기 조종에 엄지손가락을 사용하는 방법이다. 다른 손가락으로 보조 스틱을 조종할 수 있지만, 스틱 제어력이 떨어질 수 있다. cf, pinch method

Tiling(타일링): 면적 분할 3차원 데이터 압축, 복원 기술은 데이터 용량은 최소화하면서 데이터 손실이 발생하지 않도록 하는 기술이다. 이 기술을 통해 대용량 데이터 관리와 처리의 효율성을 증대시킬 수 있다. 이 기술은 자료의 입력이나 출력, 연산 시 하나의 타일을 기본 단위로 하여 작업을 수행한다. 1 Tile의 크기는 128,356,512,1024byte 중 임의 설정이 가능하다. cf, byte

Tilt sensor(틸트 센서): 가속도계와 자이로스코프를 결합하여 작은 움직임의 변화를 감지하여 수평 비행을 유지하기 위한 비행 제어 시스템에 입력을 제공한다.

Time of flight sensor(비행시간 센서): 센서와 광원을 조합해 주변 깊이 지도(depth map)를 만든다. 초음파 센서와 유사하지만, 음파 대신 빛을 사용한다. 먼저, 센서 시스템은 드론

앞에 있는 장면 전체를 비추는 빛의 펄스(pulse of light)를 조사(illuminate)한 후 각 광선이 물체에 부딪혀 센서로 반사될 때까지 기다린다. 각 광선의 "비행시간(time of flight)"을 측정해 주변의 3D 깊이 지도를 만들어 물체의 거리에 따른 강도 정보를 제공한다.

Time stamp(타임스탬프): 어느 시점에 데이터가 존재했다는 사실을 증명하기 위하여 특정 위치에 표시하는 시각이다. 공통으로 참고하는 시각에 대해 시간의 기점을 표시하는 시간 변위 매개변수이다.

Tiny Whoop(타이니 훕): FPV 카메라와 송신기가 탑재된 마이크로 브러시드 모터를 장착한 초미니 쿼드콥터이다. 이 드론은 실내라든지 숲속 깊은 곳까지 비행할 수 있어 선호도가 높다. 전체 설정은 일반적으로 FC, 모터, 수신기, 배터리, 카메라(마운트 및 비디오 송신기가 탑재되어 있음)가 있는 쿼드콥터 프레임과 조종자용 송신기와 비디오 수신기/디스플레이 장치로 구성된다. 조종자는 비디오 고글 세트나 모니터에 나타나는 드론 전면에서 실시간 피드를 받는 동안 원격으로 조종할 수 있다. 일반적으로 Tiny Whoop 크기는 폭과 길이가 8cm 미만이고 높이가 5cm 정도이다. 전기 덕트 팬(electric ducted fan; EDF) 설계는 블레이드를 보호할 뿐만 아니라 효율적 추진 시스템을 제공한다. 자이로와 통합된 내장 소형 FC는 드론이 새롭고 더 도전적인 비행 상황에서 사용될 수 있다. 전자부품의 소형화로 마이크로 쿼드콥터 제작이 가능할 수 있었다.

cf, linear antenna, patch antenna

Toy grade(오락용 드론): 쿼드콥터의 기본 수준의 오락용 쿼드콥터는 여전히 다양한 기능을 제공할 수 있다. 이 등급의 쿼드콥터는 다양한 흥미를 제공할 수 있으므로 초보자들에게는 훌륭한 출발 방법이 될 수 있다.

Tracking(트래킹, 추적): 이동 수단을 통해 카메라를 움직이면서 촬영하는 것으로 주로 시야에 변화를 주고자 할 때, 피사체와 배경에 변화를 주고자 할 때, 화면에 운동감을 부여하고자 할 때, 극적 효과를 높이고자 할 때 이를 구사한다. 한편 피사체 움직임을 추적하면서 촬영하는 것을 팔로 트래킹(follow tracking), 피사체를 중심으로 회전하면서 촬영하는 것을 회전 트래킹이라고 한다.

cf, Visual tracking(Cameraman), Pilot tracking(Follow Me)

Transmitter(Tx, 송신기): 조종자가 드론에 명령을 전송하는 장치

Transmitter(송신기): 비행 중인 무인항공기에 무선 신호를 전송하는 장치로 드론 조종자의 원격 조정기와 같이 의미로 사용된다. ≠ Recevier(수신기)

Triangulation point(삼각점): 삼각측량을 할 때 기준으로 선정된 지상의 세 꼭짓점을 말한다. 삼각점은 국토해양부 국토지리정보원이 실시하는 기본 측량에 의한 다각점, 수준점 등과 같이 국가기준점이다.

Trim control(트림 조절): 제자리비행 상태에서 조종하지 않았음에도 드론이 움직이는 경우, 제자리를 지키도록 모터의 속도를 조절하는 것

Trim(트림): 피치, 롤, 요 및 스로틀을 제어하는 원격 조종기에 있는 버튼이나 스틱

Trimming(트리밍): 스로틀로 상하 움직임에서 어느 한쪽으로 쏠리는 현상이 발생했을 때 중

앙(영점)을 잡아주는 조작

Tripod mode(삼각대 모드): 드론이 저속 안정적으로 움직이는 모드

TVL camera: TVL(TV Lines)은 아날로그 보안 카메라의 캡처 또는 카메라 해상도라고 할 수 있다. 카메라의 센서 등급은 센서의 픽셀 수(768H × 494V) 또는 카메라의 수평 해상도(TVL)를 나타낸다.

Turn by turn navigation(턴 바이 턴 내비게이션): 일부 GPS 내비게이션 장치의 기능으로 목적지까지 선택된 경로 방향을 음성 또는 시각적 지침의 형태로 사용자에게 계속 이동 정보를 제공한다. 이 시스템은 차량 내비게이션과 같이 최단 경로에 대해 사용자를 최신 상태로 유지하며, 교통 및 도로 상황과 같은 요인에 따라 지속 업데이트 정보를 제공한다.

Turtle Turn(터틀 턴): 드론이 불시착하여 뒤집힌 드론이 조종자 손을 대지 않고도 뒤집힌 자세에서 정상 자세를 회복하는 기능이다.

UAM(Urban Air Mobility, 도심항공교통): 고도로 자동화된 항공기를 이용하여 도시와 교외 지역 내에서 저고도에서 승객이나 화물을 운항하고 운송하기 위해서 구상하고 있는 안전하고 효율적인 항공 운송 시스템이다. UAM은 항공기의 발전과 안전성, 운용 체제, 공역 접근, 인프라 개발, 지역사회 참여 등을 고려한 생태계로 구성된다. 초기 UAM 생태계는 항공기 특성을 고려할 때 가능한 경우 노선, 헬기장, 항공교통관제(ATC) 서비스 등 기존 헬리콥터 인프라를 활용할 예정이다.

UAV(unmanned aerial vehicle): 조종사가 탑승하지 않아도 공중에서 스스로 움직일 수 있는 비행장치이다. 드론과 쿼드콥터는 UAV이다.

UAV(무인항공기, 무인비행체): 무인항공기를 뜻하는 약어이다. UAV는 조종사가 탑승하지 않고도 비행할 수 있는 비행장치이다.

- RPAS(Remotely Piloted Aerial System)
- UAV(Unmanned Aerial Vehicle)
- UAS(Unmanned Aircraft System)
- SUAS(Small Unmanned Aircraft System)

Ultrasonic sensor(초음파 센서): 초음파 파장을 이용하여 송신기와 교신하는 센서. 비행체에서 초음파 센서는 음파(sound waves)가 지상에 부딪혀 되돌아오는 시간을 계산해서 지상까지의 거리를 계산하는 데 사용된다. 초음파 센서는 지상에서 몇 미터에서는 작동하지 않을 수 있다.

Ultrasonic wave(초음파): 주파수가 가청주파수 20kHz(킬로헤르츠)보다 커서 인간이 청각을 이용해 들을 수 없는 음파이다. cf, sound of wave

Uncontrolled Airspace(비관제 공역): 항공교통관제(ATC) 서비스가 필요하지 않거나 가용하지 않은 공역이다. ICAO는 공역 F등급 공역과 G등급 공역을 비관제 공역으로 설정한다. cf, ATC

Uncrewed flying craft: 레크리에이션 용도에서 드론(UAV와 달리)은 FPV, 자율 기능 또는 이들 둘 모두를 갖춘 모형 항공기이다.

Unibody(유니바디): 멀티콥터 프레임과 암의 일체형으로 되어 있는 구조이다.

Universal Battery Eliminator Circuit(UBEC, 범용배터리소거회로): 스위치 형식으로 전원 공급을 고속으로 스위칭하여 필요 전압을 제어하는 방식이다. BEC보다 배터리 효율이 높고 발열도 적지만 고속으로 스위칭이 이뤄지는 과정에서 노이즈(noise)가 발생하는 경우가 있어 노이즈를 줄이기 위해 신호라인에 원형 노이즈 필터를 사용하기도 한다. UBEC가 점점 더 표준 용어로 사용되고 있다. cf, Battery Eliminator Circuit

Upright launch(수직 발진): 드론을 수직 위치로 세워 놓고 발진하는 것

User equivalent range error(사용자 등가 거리 오류, UERE): 전체 오류 값의 원인이 되는 수신기 및 위성과 관련된 다양한 오류의 상호 효과이다. 이는 위성과 수신기 사이의 범위에서 등가 오차로 정의한다. 이들은 서로 독립적으로 다른 출처에서 도입될 수 있고, 모든 오류의 제곱 합계의 제곱근을 구하여 계산한다. cf, user range accuracy

User range accuracy(사용자 거리 정밀도, URA): 특정 신호와 SV를 통해 얻을 수 있는 GPS 범위 정확도의 통계 지표이다. GPS 수신기는 위치결정을 위해서 여러 위성으로부터 거리를 측정한다. 위치를 계산하기 위해 GPS 장치는 여러 GPS 위성과의 거리(거리)를 측정합니다. URE는 거리 정밀도의 측정치이고 URA는 수신기의 계산된 위치가 실제와 얼마나 가까운지 나타내며 반지름으로 표시된다. cf, user equivalent range error

UWB(Ultra Wide Band, 초광대역): 협대역 시스템 및 3G 셀룰러 기술로 설명되는 광대역 시스템과 구분하기 위해 중심 주파수의 20% 이상의 점유 대역폭을 차지하는 시스템이나 500MHz 이상의 점유 대역폭을 차지하는 무선 전송기술이다. 블루투스가 2.4GHz, 무선랜이 5GHz로 특정 주파수 대역을 사용하는 데 반해, UWB는 3.1GHz~10.6GHz에 이르는 넓은 주파수 대역을 사용할 수 있어 주파수 부족 문제를 획기적으로 해결할 수 있다. UWB는 500Mbps의 고속 전송이 가능한데, 이는 54Mbps 정도의 속도를 나타내는 무선랜의 약 10배에 달하는 속도이다. 따라서 UWB가 상용화되면 대용량의 고화질 · 고음질 동영상 정보의 기기 간 전송이 원활해지면서 다양한 서비스가 생겨날 것이다. 최대 전송거리가 무선 랜의 10배에 해당하는 1km로 서비스 통달 범위가 넓은데, 이처럼 전송 거리가 확대되면 자동차나 드론 통신, 재난 구조를 위한 통신 등 양방향 서비스의 구현이 가능해질 것이다.

Variable-pitch propeller(가변 피치): 조종사가 비행 중 프로펠러의 피치를 비행 상황에 맞게 조절할 수 있는 형식의 프로펠러이다. cf, fixed-pitch propeller

Vectored thrust(벡터 추력): 엔진 배기구의 각도를 조절해서 추력 방향의 각도를 변경할 수 있는 형태의 제트 추력 장치이다.

Vertiport(vertical airport): 수직이착륙 항공기용 공항/비행장. cf, UAM

Visual observer(VO, 시각 관찰자): 드론/UAV을 운용 중 충돌 회피와 관련된 임무에서 UAS 조종자를 돕는 보조원. 이 임무에는 다른 항공기, 공중 물체, 구름, 장애물 및 지형이 포함되며 이에 국한되지 않는다. FPV 비행과 가장 관련이 있다. cf, FPV

VLOS(Visual line of sight, 가시권): 가시권은 조종자가 인공 시각(artificial vision; 차세

대 로봇의 눈으로 개발되고 있는 광전자 공학 시스템)을 사용하지 않고도 지상에서 드론/UAV를 볼 수 있는 상태에서 제어하는 방식이다.

VLOS(Visual Line of Sight, 가시권): 교정 렌즈(corrective lenses) 또는 안경(glasses)을 제외한 장비(예, 망원경)를 사용하지 않고 전 시간 무인항공기가 조종사의 시야 내에 있어야 한다. cf, BVLOS

VO(Visual Observer, 시각 관찰자): 드론의 안전한 비행을 보장하기 위해 UAV와 시각적 접촉을 감시하고 유지할 수 있도록 훈련을 받은 보조자

Voltage(전압): 전기 회로에 전류를 흐르게 하는 능력을 전압이라고 하며, 단위는 V(볼트)를 사용한다. cf, watt

VPN(virtual private network): 인터넷을 통해 기기에서 네트워크로 암호화된 연결이다. 암호화된 연결은 중요한 데이터를 안전하게 전송하는 데 도움이 된다. 승인받지 않은 사람이 트래픽을 도청하는 것을 방지하고 사용자가 원격으로 작업을 수행할 수 있도록 한다. VPN 기술은 기업 환경에서 널리 사용된다.

VR(Virtual Reality, 가상현실): 디지털 세계 또는 현실을 컴퓨터로 시뮬레이션한 것으로 3D 영화와 비디오 게임에 사용된다. 가상현실(가상 75%/현실 25%)은 실제 세계와 유사한 시뮬레이션을 만들고 헤드셋과 장갑과 같은 감각 장치와 컴퓨터를 사용하여 실제 체험하는 것과 같은 상황을 만들어낸다. cf, AR

VRX(video receiver, 영상 수신기): FPV 비디오 수신기는 드론의 비디오 전송기(VTX)에서 나오는 무선 신호를 포착하여 고글과 디스플레이에서 볼 수 있는 비디오로 변환하는 데 사용된다. 이 장치는 5.8Ghz 주파수 대역을 사용하고 대부분 약 48개의 채널을 갖추고 있다.

VTX(video transmitter) antenna: 비디오(영상) 발신기 안테나

VTOL(vertical takeoff and landing, 수직이착륙): 수직으로 이륙과 착륙할 수 있는 기능의 항공기로 멀티콥터와 헬리콥터는 전형적인 수직이착륙 항공기이다.

Waiver(면책): 항공기 또는 무인항공기를 특정 규정에서 벗어나 운용할 수 있도록 하는 일종의 면책 허가(permission)이다. 일반적으로 이 허가는 여러 작업에 대해 무제한이 아닌 연장 기간까지만 허용된다.

Watt hours(Wh) rating(와트시 정격): 1시간 1와트에 해당하는 에너지 단위. 배터리의 전압과 암페어 시간(amp hours) 값을 곱하여 결정하는 배터리 정격이다. cf, watt

Watt(W, 와트): 전력의 단위로 전기 계산에서는 'P'를 기호로 하며, 전력은 전압과 전류를 곱해서 얻는다(P= V·I). 예를 들어 100V 전구에 1A의 전류가 흐를 때 그 전구의 소비 전력은 100W이다.

Waypoints(웨이포인트): 공간의 한 점을 지정하는 좌표이다. 웨이포인트는 드론을 위한 비행경로를 설정하는 데 사용된다. 웨이포인트는 쿼드콥터를 위한 다양한 자율 임무를 설계하는 데 유용하다.

Wh(watt hour, 와트시): 와트(W)와 시간의 단위인 시(h)를 합쳐 와트시(Wh)로 표기한다.

따라서 1와트시는 1와트의 전력을 1시간 동안 공급한 에너지이다. 예를 들어 200와트의 전력을 1시간 사용할 때와 100와트의 전력을 2시간 사용할 때의 전력량은 200와트시로 같다.

White hacker(화이트 해커): 컴퓨터와 온라인의 보안 취약점을 연구해 해킹을 방어하는 보안 전문가다. 전 세계 네트워크로 소통이 이루어지고, 현대 산업의 대부분이 사이버 네트워크에서 이루어지고 점점 더 의존도가 높아진다는 점에서 사이버 보안은 필수이다. 사이버 전쟁에 대한 우려가 커지면서 세계 각국은 경쟁적으로 사이버 부대 양성에 나서고 있다. cf, hacker

Wifi FPV(와이파이 FPV): 대부분 저가 드론에서 볼 수 있으며, 통상 다운로드한 APP에 의해 수행된다.

WiFi(wireless fidelity, 와이파이): 좁은 지역에서 고성능 무선 통신을 가능하게 하는 통신 기술이다. WiFi를 이용하려면 WiFi를 지원하는 지역에 있어야 하며, 컴퓨터에는 무선 랜 카드와 무선 랜 카드를 위한 드라이버가 설치해야 한다. 집이나 회사에서는 무선 공유기를 사용하면 WiFi를 사용할 수 있다. WiFi를 설치하면 컴퓨터끼리의 통신뿐만 아니라 스마트폰도 데이터 통신을 할 수 있다.

Winding(권선): 전기기기 내부에서 자기극을 형성하기 위해서 철 자기 코어 주변에 전선 코일들이 조합 배열 배치되는 구성 형태이다.

Wingspan(날개 길이): 한쪽 날개끝에서 반대쪽 날개끝까지의 길이

Wireless communication(무선 통신): 무선 기술에 사용되는 전파와 같이 전기 도체를 매개체로 사용하지 않는 2개 이상의 지점 간 통신을 수행하는 정보 전송이다. 전파의 사용은 블루투스와 같이 몇 미터에서부터 GPS 통신과 같이 수백만 킬로미터까지 통달 범위가 확장될 수 있다. 현대인 많은 무선 전자기기를 사용하고 있다. cf, electronic device

Y6 model drone: Y6 모델은 통상 헥사콥터의 한 종류이지만, 3개의 지지 암으로 구성되어 있고, 모터는 상하로 연결(총 6개의 모터)되어 있다.

Yaw(요): 드론 수직축을 기준으로 드론 헤딩이 좌우로 움직이는 운동. cf, pitch, roll

ZigBee: 전송 속도가 비교적 느린 홈오토메이션 및 데이터 네트워크를 위한 표준기술이다. 버튼 하나로 하나의 동작으로 홈오토메이션, 빌딩 자동화, 공장 자동화, 무선 리모콘, 자동차와 드론 센서 등 보안 및 제어 기능이 요구되는 분야에 적용 가능한 기술이다. ZigBee는 zig-zag로 날아다니면서 다른 동료들에게 정보를 전달하는 Bee(벌)의 정보전달 체계에 착안한 명칭이며, Bluetooth의 고가격, 고전력 소비의 단점을 보완한 기술이다.

【참고서적】

- 드론 용어사전, (2016), 이강원, 손호웅, 구미서관
- 항공우주용어사전, (2014), 이강희, 최연철, 비행연구원
- DJI.com
- NAVER 인터넷 뉴스
- NAVER 인터넷 사전
- Wikipedia, the free encyclopedia
- https://pinimg.com
- https://toptoyusa.s3
- https://www.dronesglobe.com
- http://storage.ning.com
- https://www.mdpi.com
- https://www.rstteknoloji.com.tr
- https://upload.wikimedia.org
- https://newscenter.lbl.gov
- https://www.microcontrollertips.com
- http://www.chfca.ca
- https://www.flyingmag.com
- https://www.guinnessworldrecords.com
- https://o.aolcdn.com
- https://www.dslrpros.com/
- https://www.ifsecglobal.com
- https://content.assets.pressassociation.io
- https://www.armytimes.com
- https://cdni.rt.com
- https://www.4armed.com